U0352907

"十四五"时期国家重点出版物出版专项规划项目

废旧锂离子电池 再生利用新技术

董 鹏　孟 奇　张英杰　著

扫码看图

北　京

冶金工业出版社

2023

内 容 提 要

本书以三元材料、钴酸锂、磷酸铁锂等类型废旧锂离子电池的湿法回收、短程回收为主线，系统介绍了废旧锂离子电池回收利用过程中的预处理、湿法浸出、材料再生、短程回收等机理与调控技术。全书分为 4 章，主要内容包括：废旧锂离子电池回收利用现状、废旧锂离子电池中三元材料回收利用、废旧锂离子电池中磷酸铁锂材料回收利用、废旧锂离子电池中钴酸锂材料回收利用，书后附有废旧锂离子电池回收利用的相关政策、标准等。

本书可供金属资源回收及废旧锂离子电池资源化利用等相关的工程技术人员阅读，也可供大专院校有关专业师生参考。

图书在版编目（CIP）数据

废旧锂离子电池再生利用新技术/董鹏，孟奇，张英杰著. —北京：冶金工业出版社，2022.3（2023.6 重印）
ISBN 978-7-5024-8875-8

Ⅰ. ①废… Ⅱ. ①董… ②孟… ③张… Ⅲ. ①锂离子电池—废物综合利用 Ⅳ. ①X760.5

中国版本图书馆 CIP 数据核字（2021）第 146992 号

废旧锂离子电池再生利用新技术

出版发行	冶金工业出版社	电　话	（010）64027926
地　　址	北京市东城区嵩祝院北巷 39 号	邮　编	100009
网　　址	www.mip1953.com	电子信箱	service@mip1953.com

责任编辑　郭冬艳　美术编辑　吕欣童　版式设计　郑小利
责任校对　石　静　责任印制　禹　蕊
三河市双峰印刷装订有限公司印刷
2022 年 3 月第 1 版，2023 年 6 月第 2 次印刷
710mm×1000mm　1/16；19 印张；369 千字；293 页
定价 89.00 元

投稿电话　（010）64027932　投稿信箱　tougao@cnmip.com.cn
营销中心电话　（010）64044283
冶金工业出版社天猫旗舰店　yjgycbs.tmall.com
（本书如有印装质量问题，本社营销中心负责退换）

前　　言

　　锂离子电池凭借其能量密度高、循环寿命长、自放电率低等优点已被广泛应用于智能电子终端、新能源汽车等领域，但其使用结束之后造成的大量浪费正在以惊人的速度增加。据预测，到2030年全球报废的锂离子电池将达到1100万吨以上。如果废弃电池得不到良好的循环利用，不仅对人类的健康造成危害，并且还会破坏生态环境。废旧锂离子电池中含有丰富的锂、钴等关键战略性金属资源，经济价值巨大。近年来我国科技工作者通过自主创新在锂电池技术方面取得了巨大发展，我国政府对新能源汽车产业链的大力支持，也助推了锂离子电池良好的发展势头，因此，锂离子电池的再生利用技术迫在眉睫。

　　利用传统物理或化学方法回收废旧锂离子电池，具有溶剂昂贵、气体排放量大、循环路线复杂、化学试剂消耗量大等缺点，这些工艺难以在工业上大规模实施。

　　本书是云南省绿色化学与功能材料研究创新团队在新能源电池材料清洁循环利用多年研究成果的基础上参考有关文献资料编写而成的，书中融合新能源材料、冶金工程、环境科学等多领域的理论与知识，力求在废旧锂离子电池循环利用方面提供新理论与新策略，可解决废旧锂离子电池资源化利用中的关键科学问题，突破了金属资源回收与高值材料制备共性技术难题，以期对从事废旧锂离子电池再生利用的工程技术人员提供一些帮助。

　　本书由张英杰教授总审，第 1 章和第 3 章由董鹏教授撰写，第 2 章和第 4 章由孟奇博士撰写。此外，郝涛、许斌、宁培超负责整理数据，周思源、杨轩、刘佩文、费子桐、邹昱凌、朱博文等进行了文字校对。

　　书中内容所涉及的相关研究获得了国家自然科学基金项目（No. 52004116）、云南省基础研究计划项目（No. 202101AS070020，202001AU070039，202101BE070001-016，CB22052C153A）的大力支持，在此表示感谢！

　　由于作者水平所限，书中不足之处，敬请读者批评指正。

著　者

2021 年 10 月

目　　录

1 废旧锂离子电池回收利用现状

1.1 锂离子电池的用途、分类及产量

1.1.1 锂离子电池应用领域

为解决能源短缺和环境污染等问题，新能源开发利用得到了快速发展，储能成为新能源产业发展的重要方面。锂离子电池凭借其具有能量密度大、工作电压高、充放电效率高、无记忆效应、自放电率低、温度适用范围宽、工作寿命长等优势，现已逐步取代传统二次电池，广泛应用于智能消费电子产品上，如手机、笔记本电脑、数码相机、平板电脑等，与日常生活工作息息相关。同时，我国政府正推动新能源汽车产业发展，动力电池性能是新能源汽车产业发展的关键，锂离子电池以其优良的性能已被普遍选作新能源汽车的动力电池。此外，我国正大力发展的风能发电、太阳能发电等可再生能源，以及智能电网、微电网等电网新技术均对储能材料提出更高要求，锂离子电池以其循环寿命长、能量密度高、自放电率低等优点同样在储能领域得到广泛应用，所以锂离子电池在动力电池及储能材料领域均将有广阔的发展前景。

1.1.2 锂离子电池正极材料类型

锂离子电池通常是由正极片、外壳、电解质、负极片、隔膜等部分组成，并以壳层包裹形式构成（见图1-1），其中，正极片是由正极材料（80%）、黏结剂（3%~4%）、导电剂乙炔黑（7%~8%）混合均匀涂布在铝箔集流体上制得，负极片则是石墨等负极物质、乙炔黑、黏结剂混合涂布于铜箔基质上制得，电解液通常由六氟磷酸锂等含锂有机电解质和EC、DEC、DMC等有机物溶剂组成，隔膜材质为聚乙烯或聚丙烯，外壳多为铝、镀镍钢壳、不锈钢等。常见的锂离子电池根据形状分为圆柱形、纽扣型、方形和聚合物锂离子电池，如图1-1所示。外包组成通常为镀镍钢壳、复合铝塑膜等。

正极材料是锂电池中最为关键的组分，其成本占比高达40%，其同时影响锂离子电池能量密度、安全性、循环寿命等性能，是决定电池性能的关键。为此，基于正极材料的不同，锂离子电池也可分为钴酸锂、三元材料、磷酸铁锂、锰酸锂、钛酸锂等类型（见表1-1）。其中，钴酸锂为最早商业化应用的锂离子电池

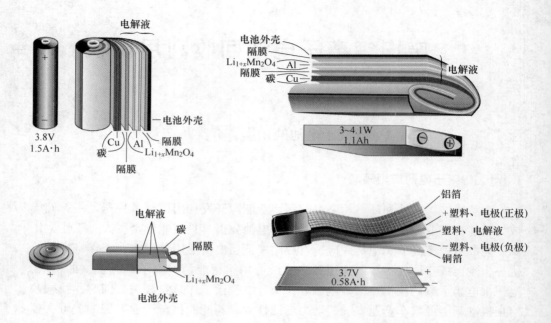

图 1-1 常见 18650 锂电池构成示意图

表 1-1 常见锂离子电池类型

类 型	钴酸锂 （$LiCoO_2$）	三元材料 （$LiNiCoMnO_2$）	锰酸锂 （$LiMn_2O_4$）	磷酸铁锂 （$LiFePO_4$）
标称电压/V	3.7	3.6	3.8	3.2
电压范围/V	2.8~4.2	2.8~4.2	3.0~4.2	2.0~3.8
理论比容量 /mA·h·g^{-1}	274	273~285	148	170
实际比容量 /mA·h·g^{-1}	135~150	155~220	100~120	130~140
锂离子表观扩散系数 /cm^2·s^{-1}	10^{-12}~10^{-11}	10^{-11}~10^{-10}	10^{-14}~10^{-12}	10^{-16}~10^{-14}
压实密度 /g·cm^{-3}	3.6~4.2	>3.4	>3.0	2.2~2.3

类 型	钴酸锂 ($LiCoO_2$)	三元材料 ($LiNiCoMnO_2$)	锰酸锂 ($LiMn_2O_4$)	磷酸铁锂 ($LiFePO_4$)
循环性能/次	500~1000	800~2000	500~2000	2000~6000
晶型结构	层状	层状	尖晶石	橄榄石形
安全性	差	较好	良好	优秀
原材料来源	稀有贵金属	稀有贵金属	材料来源广	材料来源广
高温性能	好	良好	差	优秀
环保	含钴	含镍钴	无毒	无毒

正极材料，具有能量密度高、安全性好的特点，广泛用于消费电池领域，如手机、笔记本电脑、相机等。$LiCoO_2$ 具有 $\alpha\text{-}NaFeO_2$ 层状岩盐结构，$R\bar{3}m$ 空间群，理论比容量为 273mA·h/g。由于我国钴资源相对短缺，原料价格高，而且钴是有毒的重金属元素，这限制了其在电动汽车和大型电化学储能方面的应用。$LiMn_2O_4$ 具有尖晶石结构，$Fd\bar{3}m$ 空间群，理论比容量为 148mA·h/g。锰资源储量大、价格低廉、安全性高，但是其比能量低、高温性能差，限制了其在高能量密度电池中的应用。

三元材料 $LiNi_xCo_yMn_zO_2$ 同样是层状岩盐（$\alpha\text{-}NaFeO_2$）结构，$R\bar{3}m$ 空间群，理论比容量为 273~285mA·h/g。$LiNi_xCo_yMn_zO_2$ 比能量高、循环性能好、放电电压高、热稳定性好，但是生产原料成本较高。三元材料综合了钴酸锂正极材料出色的循环性能，镍酸锂正极材料高的比容量以及锰酸锂正极材料好的安全性能以及低成本等突出优势，目前已成为锂离子电池正极材料的先锋，占据了市场的主导地位。三元正极材料中随着 Ni、Co、Mn 含量的不同，从而表现出不同的性能，因此发展形成了多型号的正极材料，包括 $LiNi_{0.33}Co_{0.33}Mn_{0.33}O_2$（NCM111 型）材料、$LiNi_{0.5}Co_{0.2}Mn_{0.3}O_2$（NCM523 型）材料、$LiNi_{0.6}Co_{0.2}Mn_{0.2}O_2$（NCM622 型）材料、$LiNi_{0.8}Co_{0.1}Mn_{0.1}O_2$（NCM811 型）材料。NCM111 型的三元材料凭借着相比于其他锂离子电池正极材料具有出色的安全性能以及高的比容量等优势，在汽车领域中被大规模商业化。而随着新能源汽车与储能领域的快速崛起，对材料的比容量和能量密度提出了更高的要求，同时考虑到材料的成本问题，急需探索出一种新的材料。有研究者发现增加材料中 Ni 含量比例可明显改善材料的比容量和提高能量密度，因此发展成为后来的 NCM523，NCM622 以及 NCM811 型的正极材料，如图 1-2 所示。为了在比容量以及电池的安全性能上寻求一种平衡，NCM622 材料成为了最佳选择。

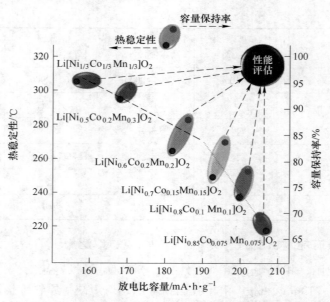

图 1-2　不同类型三元正极材料的放电比容量、热稳定性以及容量保持率

　　磷酸铁锂为橄榄石结构，空间群为 $Pnma$，理论比容量为 170mA·h/g。其充放电平台稳定、结构稳定、安全无毒、价格低廉，但是 $LiFePO_4$ 存在振实密度低、电子、锂离子电导率低等缺点。1997 年美国材料科学家 J. B. Goodenough 首次报道了 $LiFePO_4$ 的可逆嵌入/脱出特性。由于 $LiFePO_4$ 离子、电子电导率低，不适合大电流循环充放电，早期并未引起学者们的太大关注。直到 2002 年发现经过掺杂改性后，$LiFePO_4$ 的导电性得到显著的提高，在大电流循环下比容量大幅提升。此外，由于 $LiFePO_4$ 无毒、电化学性能稳定、原料成本低且来源广泛等，该材料得到了学者们的大量关注和研究。

　　$LiFePO_4$ 正极材料具有以下优点：无记忆效应，安全性能优良，热稳定性好，材料环保、无毒；工作电压较高（3.4~3.5V），极化电压小，倍率性能良好；分子结构稳定，稳定的循环性能，寿命长；充放电时的体积变化小，且刚好与碳基负极材料配合。而 $LiFePO_4$ 正极材料的缺点为：电子传导率低；压实密度与振实密度低，体积比容量低；低温性能差；产品粒径不均匀。三元材料和磷酸铁锂材料正极材料均成熟应用于新能源汽车动力电池领域，随着近几年新能源产业的发展，其用量及产量也逐渐增大。

1.1.3　锂离子电池正极材料产量

　　锂离子电池凭借其诸多优点广泛应用在动力电池、储能器件、智能消费电子等领域。市场的大量需求进一步促进了锂离子电池产销量的扩大。据统计，2008

年，我国锂离子电池产量为 10.33 亿只，2016 年，其产量增加至 78.42 亿只（见图 1-3），2021 年，我国锂离子电池产量达到 102.0 亿只。同时，2016 年，我国锂离子电池正极材料产量为 16.16 万吨，其中，钴酸锂正极材料产量仍高达 3.49 万吨，同比增长 9.4%，主要是受移动电子产品的持续增长影响；三元材料、磷酸铁锂正极材料产量分别为 5.43 万吨、5.7 万吨，同比增长分别为 49%、75%，主要受新能源汽车等动力电池增长影响。锂离子电池用量及产量正逐渐增大，钴酸锂类型锂电池仍占有相当大比例。

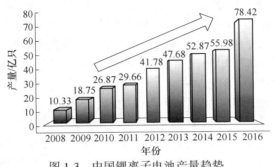

图 1-3 中国锂离子电池产量趋势

1.1.3.1 三元材料产量趋势分析

近年来，三元锂离子电池的需求量与产量呈对调式增长，数据显示，2017 年全国正极材料的总产量为 21 万吨，相比于 2016 年的 16 万吨增长 31.25%。其中，三元材料在 2017 年的总产量为 8.6 万吨，在正极材料中占比最大，取代了磷酸铁锂，增幅最快。如图 1-4a 所示。2018 年，三元材料的产量达到了 14.12 万吨，增长较快，其中 NCM523 型的三元材料仍占有较大的市场份额，NCM622 型的三元材料约占三元材料的 1/4，如图 1-4b 所示。

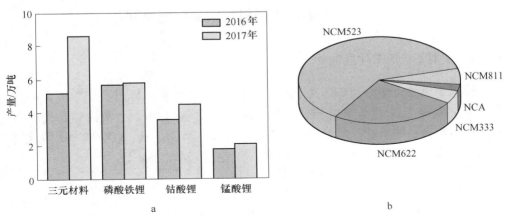

图 1-4 不同类型正极材料产量（a）和各型号三元材料 2018 年的占比（b）

据报道，目前国内外电池材料生产企业大多已实现了 NCM622 型三元材料的大量量产，以 NCM622 为首的高镍系三元材料将进入高速的发展阶段，而 NCM811 型的三元产品已经部分产业化生产。

1.1.3.2 磷酸铁锂材料产量趋势分析

磷酸铁锂电池具有安全性能、高温性能优良，合成成本低等优点，其在动力电池市场上拥有很大份额。据统计，在 2015 年动力电池市场中，磷酸铁锂电池出货量（电池出货量 = 车型搭载电池容量 × 车型产量）为 15.7GW·h，占据了 69% 的市场份额；2016 年磷酸铁锂电池出货量达 20GW·h，占据了 73% 的市场份额；2017 年中国动力电池产量 44.5GW·h，磷酸铁锂电池占比 49.4%；2018 年 1~10 月，我国动力电池产量为 53.1GW·h，其中磷酸铁锂电池产量为 23.1GW·h，占总产量的 43.5%。

近年来，我国加速开发和利用可再生能源，积极开发太阳能发电、风力发电等。此外，通信基站、不间断电源（UPS）、用户端削峰填谷、轨道交通、微电网、智能电网等均对储能材料提出更高要求。锂离子电池在电化学储能方面的用量将进一步增大。据高工产研锂电研究所（GGII）统计，2015 年我国储能锂电池产量为 3GW·h；到 2016 年底，我国的电化学储能项目中，以锂离子电池为主，锂电池储能产量为 3.1GW·h，达到了 52%；2017 年我国储能锂电池产量为 3.48GW·h。预计到 2020 年我国风电、光伏等可再生能源电化学储能系统累计需求将达 20GW·h（数据来源于 https://libattery.ofweek.com/2016-11/ART-36001-8120-30066316）。由于电化学储能对电池的安全、寿命、效率、成本等要求较高，磷酸铁锂电池逐渐成为了电化学储能的最佳选择，占据了大多数的市场份额。2018 年前两季度我国电化学储能项目装机规模高达 100.4MW，锂离子电池占据了 99% 的市场份额，其中大多是磷酸铁锂电池。

1.2 锂离子电池正极材料结构性能及制备

1.2.1 锂离子电池工作原理

锂离子电池工作原理如图 1-5 所示。充电时，Li^+ 和 e 从 MO_6 中脱出，部分 Ni、Co 被氧化，Li^+ 进入电解液最后到达负极，e 则从导电剂、集流体和外电路回到电池负极；放电过程与上述过程相反。以 $LiNi_{1/3}Co_{1/3}Mn_{1/3}O_2$ 材料作为正极为例，其反应原理如式（1-1）~式（1-3）所示。

负极：
$$xLi^+ + xe + C \Longleftrightarrow Li_xC \tag{1-1}$$

正极：
$$Li_xMO_2 \Longleftrightarrow xLi^+ + xe + Li_{1-x}MO_2 \tag{1-2}$$

电池总反应：
$$LiMO_2 + C \Longleftrightarrow Li_{1-x}MO_2 + Li_xC \tag{1-3}$$

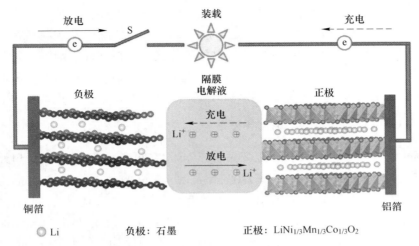

图 1-5 锂离子电池工作原理图

1.2.2 三元材料结构特性

$LiNi_xCo_yMn_{1-x-y}O_2$ 是 α-NaFeO$_2$ 型层状岩盐结构化合物，晶体结构属于六方晶系，空间群为（$R\overline{3}m$），O^{2-} 位于 6c 位置，呈面心立方堆积构成结构的骨架，3b 位置的 Ni、Co、Mn 与 O^{2-} 形成 MO$_6$ 八面体结构，3a 位置的 Li^+ 位于过渡金属与氧形成的八面体层中，在（111）晶面上呈层状排列分布，其结构示意图如图1-6所示。

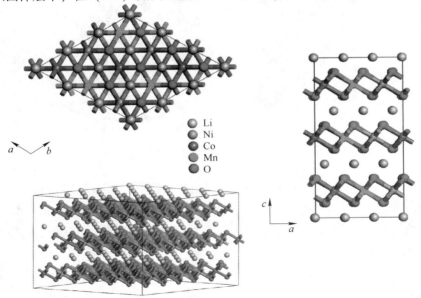

图 1-6 $LiNi_xCo_yMn_{1-x-y}O_2$ 的结构示意图

$LiNi_xCo_yMn_{1-x-y}O_2$ 根据 Ni 含量的不同，可以分为两类：一类为低镍型，如 $LiNi_{1/3}Co_{1/3}Mn_{1/3}O_2$（111 型）、$LiNi_{0.4}Co_{0.2}Mn_{0.2}O_2$（422 型），这类材料在充放电过程中，发生 $Ni^{2+} \rightleftharpoons Ni^{4+}$ 和 $Co^{3+} \rightleftharpoons Co^{2+}$ 的氧化还原反应，Mn 保持+4 价；另一类是高镍型，如 $LiNi_{0.5}Co_{0.2}Mn_{0.3}O_2$（523 型）、$LiNi_{0.6}Co_{0.2}Mn_{0.2}O_2$（622 型）、$LiNi_{0.8}Co_{0.1}Mn_{0.1}O_2$（811 型），其中 Co 为+3 价、Ni 为+2/+3 价、Mn 为+4 价。

1.2.3 $LiFePO_4$ 材料结构与电化学特性

$LiFePO_4$ 具有橄榄石结构，正交晶系，$Pnma$ 空间群。4 个 $LiFePO_4$ 单元构成一个晶胞，晶胞参数分别为：$a = 1.0324nm$，$b = 0.6008nm$，$c = 0.4694nm$，晶胞体积为 $0.2914nm^3$。如图 1-7 所示，FeO_6 具有八面体结构，PO_4 具有四面体结构。其中 O 的排列方式是六方密堆，P 位于四面体的 $4c$ 位，Fe 和 Li 分别在八面体的 $4c$ 位和 $4a$ 位。$LiFePO_4$ 可以完全脱出 Li^+ 转变为 $FePO_4$ 相，而不会造成晶体结构坍塌，充放电过程相变模型如图 1-8 所示。通过计算可知 Li^+ 在 $LiFePO_4$ 晶体中 [101]、[001] 和 [010] 方向的扩散系数分别为 $10^{-45}cm^2/s$、$10^{-19}cm^2/s$ 和 $10^{-8}cm^2/s$。故在 Li^+ 嵌入/脱出过程中，Li^+ 是沿一维通道扩散的，在室温下该过程的扩散速度很小，限制了 $LiFePO_4$ 的导电性和 Li^+ 扩散性能。

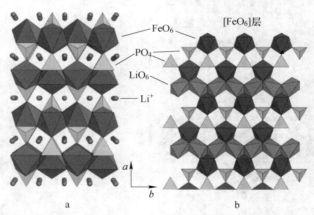

图 1-7 $LiFePO_4$ 晶体结构(a)和平面结构(b)示意图

$LiFePO_4$ 理论容量为 $170mA \cdot h/g$，充电时，Li^+ 从 FeO_6 层中脱嵌，进入电解液中最后进入负极，Fe^{2+} 转化为 Fe^{3+}，电子则经过导电剂、集流体和外电路回到电池的负极；放电过程与上述过程正好相反。其充放电化学方程式如式 (1-4) 和式 (1-5) 所示。

充电：$\qquad LiFePO_4 - xLi^+ - xe \longrightarrow xFePO_4 + (1 - x)LiFePO_4 \qquad$ (1-4)

放电：$\qquad FePO_4 + xLi^+ + xe \longrightarrow xLiFePO_4 + (1 - x)LiFePO_4 \qquad$ (1-5)

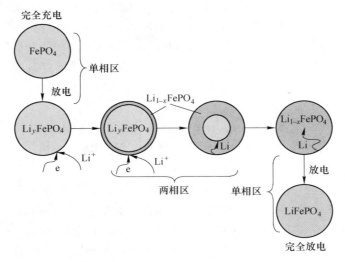

图 1-8 $LiFePO_4$ 充放电过程的相变模型

但是 $LiFePO_4$ 的电导率大约为 10^{-10} S/cm，限制了 $LiFePO_4$ 电化学性能的发挥。原因在于纯相 $LiFePO_4$（Fe 全部是二价）属于 n 型导电机制，以电子导电为主，而掺杂后 Fe 以二价和三价共存，掺杂后的 $LiFePO_4$ 属于 p 型导电机制，以空穴导电为主。

1.2.4 $LiFePO_4$ 材料制备及改性

1.2.4.1 磷酸铁锂材料常用制备方法

磷酸铁锂材料常用制备方法主要有：

（1）固相法：固相法一般是将二价铁源（二水合草酸亚铁、醋酸亚铁等）、磷酸根源（磷酸铵、磷酸氢二铵、磷酸二氢铵等）、锂源（氢氧化锂、醋酸锂、碳酸锂等）经过均匀混合，在惰性气氛下于 350~450℃ 预烧 4~10h，以分解草酸盐、磷酸盐等；然后再在 600~750℃ 煅烧 6~15h 得到 $LiFePO_4$。此方法生产 $LiFePO_4$ 工艺简单、产量大，但是也存在煅烧温度高、能耗多、产品粒度分布不均匀和形貌差等问题。

（2）碳热还原法：碳热还原法通常是将三价铁源（磷酸铁、氧化铁、四氧化三铁等）、上述锂源、磷酸根源和过量的碳源（炭粉、蔗糖、葡萄糖等）均匀混合，在惰性气氛下经过煅烧得到 $LiFePO_4$（具有碳包覆层）。在高温下，碳源将铁源中的 Fe^{3+} 还原为 Fe^{2+}，同时过量的碳包覆在 $LiFePO_4$ 颗粒表面，提高了材料的电导率。

（3）溶胶-凝胶法：溶胶-凝胶法一般先是将物料溶解在溶剂中，然后经过一系列水解、缩合反应，形成溶胶。溶胶经过一段时间的陈化，生成具有一定空间结构的凝胶，最后经过干燥和热处理后得到所需的材料。通过将柠檬酸铁溶液和 LiH_2PO_4 溶液混合在一起得到溶胶，在 60℃下干燥得到凝胶，最后经过高温煅烧合成了具有 3D 微孔网状结构的 $LiFePO_4/C$。溶胶-凝胶法具有溶液均一性好、凝胶煅烧温度低、产品粒径细小均匀等优点。但是溶胶-凝胶法干燥体积收缩大，合成流程较长，工业生产难度大。

（4）水热法：水热法是指一种在高压反应釜中，使水与原料溶解混合，在高压下再结晶制备粉体材料的方法。通过以二价铁盐、H_3PO_4、LiOH 为原料，采用水热法在 120℃反应 5h 制备 $LiFePO_4$。

（5）溶剂热法：溶剂热法与水热法相似，只是将水换为有机溶剂。若以乙二醇为溶剂，$FeC_2O_4 \cdot 2H_2O$、LiH_2PO_4、GDL 为原料，则可制备具有纳米板状结构的磷酸铁锂（含碳包覆）。其中，它的放电比容量为 165mA·h/g（0.1C，相当接近理论比容量）、100mA·h/g（10C），50 次循环后无衰减。该方法制备的 $LiFePO_4$ 纯度高、结晶度好、产物形貌可控、颗粒直径小。但是该方法产量低，无法满足大批量生产。

（6）微波合成法：微波合成法采用微波辐射加热原料，可以快速制备性能优良的 $LiFePO_4$。

（7）共沉淀法：共沉淀法则是以上述常见的可溶性锂盐、铁盐、磷酸盐为原料，通过调节溶液的 pH 值，得到前驱体沉淀。将前驱体过滤、洗涤、干燥，然后再高温煅烧得到 $LiFePO_4$。所得产物颗粒细小均匀、具有良好的电化学性能，但是存在工艺复杂、废液难处理等问题。

1.2.4.2　磷酸铁锂材料常用改性方法

磷酸铁锂材料常用改性方法主要有：

（1）碳包覆：碳包覆是指在合成 $LiFePO_4$ 时，在原料中均匀混合碳或者有机物（一般是蔗糖 $C_{12}H_{22}O_{11}$、葡萄糖 $C_6H_{12}O_6$ 等），经过高温煅烧制得 $LiFePO_4/C$。另一种方法是先合成纯相 $LiFePO_4$，然后再加入有机物，经过高温分解，最终在 $LiFePO_4$ 表面形成碳包覆层。碳会起到如下几个作用：1）均匀分布在 $LiFePO_4$ 颗粒周围，抑制晶粒生长，提高 Li^+ 的扩散能力；2）在高温煅烧过程中，提供还原氛围，保证 $LiFePO_4$ 中的铁以二价的形式存在；3）包覆在 $LiFePO_4$ 表面的碳层，为电子传输的提供了导电网络，增强了 $LiFePO_4$ 的导电性，进一步提高了 $LiFePO_4$ 的电化学性能。

（2）元素掺杂：元素掺杂是指通过元素掺入改变 $LiFePO_4$ 的晶体结构，进而提升其结构稳定性和电子、离子导电性。常以高价离子 Ti^{4+}、Zr^{4+}、Al^{3+}、Nb^{5+} 和 Mg^{2+} 等，来取代 Li^+，制备具有高价金属离子掺杂的固溶体。经过金属阳离子

掺杂后的 $LiFePO_4$ 电导率提高了 10^8 倍，作者认为这是高价离子的掺杂使 Fe 呈现出二价和三价的混合态，有利于提高材料的电导性。也有学者将 V 掺杂在 $LiFePO_4$ 的 Fe 位上，提高了材料的电化学性能。

（3）纳米化：由于 $LiFePO_4$ 中 Li^+ 扩散系数是一定的，材料粒径大小影响着 Li^+ 的扩散能力。Li^+ 的扩散能力与其扩散系数成正比，与材料的长度平方成反比（D/r^2）。因此，抑制颗粒的长大会减小离子的扩散半径、电子的传输距离，进而促进离子、电子的传导。同样，经过调控 $LiFePO_4$ 的结晶度、形貌等，可以细化 $LiFePO_4$ 晶粒，提高该材料的离子、电子传输性能。一般可以通过控制煅烧温度、添加成核促进剂或者使用均相前驱体来制备。但是，纳米 $LiFePO_4$ 存在容易团聚、振实密度低、比表面积大、易吸潮等问题。

1.3　废旧锂离子电池的产量及分布

1.3.1　废旧锂离子电池产生与产量

大量锂离子电池的使用势必会引起废旧锂离子电池的产生。废旧锂离子电池产生主要原因是锂离子电池经过成百上千次的循环充放电后，一方面，正极材料在不断充放电过程中发生结构坍塌或腐蚀，造成其性能急速下降；另一方面，电极材料、电解质、隔膜等电池组分发生失效或者堵塞等变化，造成锂离子电池的失活报废，锂电池寿命一般约为 3 ~ 5 年。

随着锂离子电池需求和产量的不断攀升，废旧锂离子电池的数量势必随之增大。2020 年，我国锂电池年报废量将达 32.2GW·h，约 50 万吨/年；到 2023 年，年报废量将达到 101GW·h，约 116 万吨/年。据统计，废旧手机锂电池由 2005 年的 3 亿只增加至 2012 年的 12 亿只，随着智能手机迅速发展，废旧手机电池报废量仍在增加。相对而言，废旧动力电池报废量相对较小，2015 年，废旧动力电池报废量仅有 50 万只，但随着新能源产业深入发展，2020 年迎来废旧动力电池产生的爆发期。据预测，到 2030 年全球废旧 LIBs 的处置量将超过 1100 万吨，产值将达到 237.2 亿美元。而中国的形式更为严峻，2020 年累计废旧动力电池将超过 50 万吨，并且我国将比全球总体水平有更快的锂电池报废速度，2020 年可达百亿级的市场规模。各类动力电池逐年退役量预测如图 1-9 所示，其中，三元锂电池在 2021 年的退役量将达到 13.5GW·h，并实现对磷酸铁锂电池的反超。据中国储能网讯，2020 ~ 2023 年，废旧锂电回收市场规模将进一步扩大到 21.7 亿美元至 49.6 亿美元。废旧锂离子电池现以智能手机等移动电子产品锂电池为主，而后则会转入废旧动力锂电池爆发期。

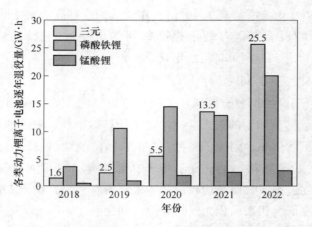

图 1-9　2018~2022 年各类动力电池逐年退役量预测

数据来源：《动力电池回收利用行业报告（2018）》

1.3.2　废旧锂离子电池分布

目前，我国的废旧锂离子电池分布较广，全国大部分省份均出现大量废旧锂离子电池，废旧电池分布较高的省份为广东、上海、江苏、山东、河南等。可见，东部经济发达地区废旧锂离子电池分布密度相对更高，废旧锂离子电池分布密度与人口密度、经济发展程度呈正相关趋势，这可能与智能手机普及程度及新能源汽车产业发展程度相关。

1.4　废旧锂离子电池资源价值与环境危害

1.4.1　废旧锂离子电池资源价值

大量废旧锂离子电池蕴含丰富的金属资源，其中，各主要组成部分含量占比如图 1-10 所示，锂、铜、铝、铁等主要有价金属比较见表 1-2，其中，钴含量约占 15%，占有比例较大，同时，钴作为稀有金属价格相对较高，潜在价值最大，约占整个电池的 78.59%；铜和铝含量达 18.7%，潜在价值约占 18.87%；锂含量约占 1%，资源量同样较大。

据统计，全球陆地钴储量为 1100 万吨，钴资源高度集中在刚果（金），约占 47.22%，其次为澳大利亚 15.28%、古巴 10.53%，全球钴资源分布很不平衡，我国钴资源储量相对缺乏仅为 8 万吨，占全球总量 1.11%，同时，我国钴资源存在原矿品位低、生产工艺复杂、回收率低、成本高的不足。2015 年，我国钴精矿产量为 0.72 万吨，仅占全球总产量的 5.8%。而我国是钴消费大国，并保持逐年递增的趋势，2015年，我国钴消费量达到4.54万吨，缺口严重，钴消费严重依赖国外进口。从全球钴供求平衡情况来看（见图1-11），未来几年，全球钴的供求仍会呈现供小于求的局面。目前，我国钴的消费结构与世界钴消费结构一致，电池材料是钴产品的最大应用领域。2015年，我国电池材料领域钴的消费量为3.48万吨，占总消费量的76.59%，是我国钴的第一大消费领域。

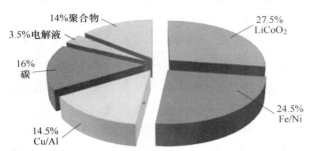

图 1-10 常见锂电池中各主要部分占比

表 1-2 常见锂离子电池中主要金属及潜在价值

元 素	钴	铜	铝	铁	锂	合计
含量/%	15	14	4.7	25	1	58.8
每吨元素市场价格/万元	37	4.8	1.4	0.18	13	—
每吨元素潜在价值/万元	5.55	0.67	0.66	0.05	0.13	7.06
潜在价值比例/%	78.59	9.47	9.40	0.70	1.82	100

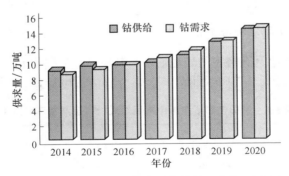

图 1-11 全球钴产量的供求平衡情况（单位：万吨）

全球锂资源量为3950万吨，锂储量为1400万吨，主要分布在玻利维亚、智利、阿根廷、美国、中国，我国锂资源量为540万吨，约占全球总量的13%，资源较为丰富。据统计，2015年，我国锂消费量为7.87万吨，约占世界总量的40%，我国已经成为名符其实的锂消费大国。从中国锂市场供求平衡情况来看（见表1-3)，未来几年，中国锂的供求相对平衡，但其消费量及价格仍在不断上涨。

表 1-3　中国锂市场的供求平衡情况　　　　（万吨碳酸锂当量）

年　份	2015	2016	2017	2018	2019
消　费	7.87	9.24	10.63	12.22	14.06
产　量	6.14	8.62	9.43	11.52	13.36
净进口	0.8	0.7	0.7	0.8	0.9
平衡差值	0.4	0.08	-0.5	0.1	0.2
消费增速/%	20	17	15	15	15

我国锂的消费结构中，与世界锂消费结构一致，全球锂消费分布表明，电池市场消费占比 35%，是锂消费中最大部分的消费市场。随着锂电池在便携式电子设备动力及储能方面应用的不断增加，锂在电池市场消费比重仍不断增加。此外，电池材料同样是我国锂消费的主要领域，约占总消费量 70%。随着我国新能源汽车产业的进一步发展，锂消费会越来越大。据 SQM 预测，2017~2025 年锂需求的复合增速将达到 8%~16%，预计，2025 年我国锂需求将达到 20 万吨。

值得注意的是，我国钴、锂金属资源产业发展正面临供需日趋紧张的局面，这势必威胁到我国移动电子设备、新能源汽车等产业的持续发展。而废旧锂离子电池中含有丰富的钴、锂资源，钴、锂含量分别约为 15%、1%，以 2020 年废旧锂离子电池报废量 50 万吨为例，钴、锂资源含量分别为 7.5 万吨、0.5 万吨，资源量巨大，回收的潜在价值大。回收废旧锂离子电池中钴、锂等资源可以较好地缓解钴、锂资源进口压力，同时促进我国锂离子电池产业良性发展。

1.4.2　废旧锂离子电池环境危害

废旧锂离子电池具有潜在的环境危害。其极易在环境中发生各种化学反应进而产生污染（见表 1-4），废旧 LIBs 中主要含有正负极材料、电解质、隔膜和黏

表 1-4　废旧锂离子电池中常用组成材料及潜在环境污染

类别	常用材料	潜在环境污染
正极材料	$LiCoO_2/LiMn_2O_4/LiNi_xCo_yMn_{1-x-y}O_2$	重金属污染
负极材料	石墨/炭材	粉尘污染
电解液	六氟磷酸锂/四氟硼酸锂/碳酸乙烯酯/二甲基碳酸酯	有机物及氟污染
隔膜	聚乙烯/聚丙烯	有机物污染
黏结剂	聚偏二氟乙烯/聚丙烯酸/聚四氟乙烯	有机物及氟污染

结剂，如果随意丢弃，这些组分会对环境产生极大的危害。电解质如六氟磷酸锂（LiPF$_6$）通常会溶于碳酸乙烯酯（EC）、二甲基碳酸酯（DMC）、碳酸二乙酯（DEC）、碳酸甲乙酯（EMC）等有机溶剂中，如果电池破裂 LiPF$_6$ 就会与水反应生成 HF，其化学反应方程式（1-6）所示。

$$LiPF_6 + H_2O \longrightarrow LiF + POF_3 + 2HF \tag{1-6}$$

同时这些有机溶剂都是剧毒物，如果遇到空气、水分则会挥发造成大气的污染，严重危害人类身体健康。黏结剂如聚偏氟乙烯（PVDF），隔膜如聚丙烯（PP）、聚乙烯（PE）、偏氟乙烯（VDF）等，这些会造成有机物污染；炭材和石墨容易造成粉尘污染；而正极材料中含有 Ni、Co、Mn 金属，则会造成重金属污染。可见，废旧锂离子电池已成为环境污染的重要源头。另外，废旧锂离子电池的分布密度与人口密度、经济发展程度呈正相关趋势，废旧锂离子电池所具有的环境危害对我国公共健康、经济发展影响巨大。

综上，废旧锂离子电池的回收具有资源、环境和社会多重效益，在钴、锂等矿产资源日益紧张的形势下，如何科学有效地回收废旧锂离子电池中有价金属成为重要课题。

1.5 废旧锂离子电池回收利用现状

目前，废旧锂离子电池回收利用主要是回收其中含有经济价值较高、含量占比大的正极材料，可依据正极材料类型不同分为废旧三元材料回收利用、磷酸铁锂回收利用、钴酸锂回收利用等。

1.5.1 废旧三元材料的回收利用

目前，废旧锂离子电池中三元材料的回收利用主要可分为预处理、短程直接再生、湿法间接回收、材料再生制备等过程，分述如下。

1.5.1.1 废旧三元材料预处理

由于正极活性物质涂覆在 Al 箔上，为了将活性物质从 Al 箔上剥离下来，通常必须对废旧电池进行预处理。一般利用 NaOH 与 Al 反应生成 H$_2$ 和 NaAlO$_2$，从而将活性物质剥离下来。通过将废旧三元材料正极片浸泡于 70℃ 的 NMP 溶液中，再经超声处理 90min 后将活性物质从 Al 箔上剥离下来。若对废正极片 450℃ 煅烧 2h，同样可除去 PVDF，然后搅拌过筛 400 目得到正极材料的富集物。机械粉碎研磨、离心分离、静电分离等方法也用来分离正极材料和 Al 箔。常见的废旧三元材料正极片预处理方法见表1-5。

表 1-5　废旧三元材料正极片预处理方法

预处理方法	预处理条件
碱溶液浸泡	NaOH
有机溶剂浸泡	NMP, 70℃, 240W, 90min
热处理	450℃, 2h 热处理正极片, 搅拌后过 400 目筛
机械粉碎研磨	研磨 5min, 纸浆浓度: 40g/L, 叶轮速度: 1960r/min, 曝气量: 0.75L/min, MIBC: 200g/t, 正十二烷: 200g/t
离心分离	水压力: 0.025MPa, 旋转频率: 50.00Hz, 粒径: 0.045~0.09mm
静电分离	辊转速: 20r/min, 电极电压: 25kV, 极距: 6cm
$AlCl_3$-NaCl 熔融盐	温度: 160℃, 时间: 20min, $AlCl_3$-NaCl 熔融盐: 正极片质量比为 10:1

　　碱溶液浸泡处理正极片简单有效，有机溶剂浸泡处理正极片温度较高，可能会造成有机溶剂的挥发，对环境污染较大。机械粉碎研磨、离心分离、静电分离、$AlCl_3$-NaCl 熔融盐等方法能够分离大量的铝箔和正极材料，但是富集物的产率较低和纯度较低，也就限制了其工业化的推广。

1.5.1.2　废旧三元材料短程直接再生利用

　　对于容量轻微衰减的三元正极材料，直接添加锂源通过高温烧结法进行原位逆向补锂修复再生，对于严重容量衰减、表面晶体结构发生改变的三元材料，可进行水热处理和短暂的高温烧结再生。短程直接再生是一种能够快速实现废旧锂离子电池正极材料循环再利用的回收技术，但其对于废旧三元材料初始失效程度有一定要求。

　　通常容量轻微衰减的废旧三元材料直接向其中添加一定量的锂盐，然后在氧气气氛下进行高温煅烧，最终可以再生制备出新三元材料。首先使用三氟乙酸（TFA）将废旧正极材料与铝箔完全分离，并将废旧正极材料在 700℃煅烧 5h 以除去 PVDF 和碳，用 NaOH 除去杂质 Al。然后补加镍盐、锰盐、钴盐、锂盐调节其成分，最后 450℃煅烧 5h，900℃煅烧 20h 得到再生电极材料，电化学检测结果表明，其电化学性能良好。此外，可利用添加醋酸锂固相技术再生 $LiNi_{0.5}Co_{0.2}Mn_{0.3}O_2$ 正极材料，通过添加醋酸锂固相弥补材料晶格中锂的缺失，同时发现裂解和破碎的颗粒消失，$LiMn_2O_4/NiO$ 被完全去除，大部分 LiF/Li_2CO_3 被消耗。若将废旧 $LiNi_{0.6}Co_{0.2}Mn_{0.2}O_2$ 与碳酸锂球磨均匀后，并在 800℃下进行烧结，同样可以再生制备 $LiNi_{0.6}Co_{0.2}Mn_{0.2}O_2$，实验发现 $n(Li)/n(Ni+Co+Mn)=1.05$ 为最佳工艺条件。电化学测试表明，在 0.2C 倍率下放电比能量为 173.8 mA·h/g，并且具有优异的循环性能，循环 50 次容量保持率在 99% 以上。

这说明球磨补锂-高温烧结联合再生工艺可以实现 Li$^+$ 的原位可逆修复。

同时，采用草酸浸出废旧 LIBs 并也可再生制备 LiNi$_{1/3}$Co$_{1/3}$Mn$_{1/3}$O$_2$ 正极材料。首先将 0.6mol/L 草酸和废旧正极粉末放入反应器中，固液比为 20g/L，水浴温度保持在 70℃，随着反应时间的增加，锂发生溶解，过渡金属以草酸盐的形式沉积在材料表面，从而实现了锂和过渡金属的分离。在 90℃ 下将饱和 Na$_2$CO$_3$ 加入到沉淀滤液中得到 Li$_2$CO$_3$，将滤渣与 Li$_2$CO$_3$ 混合后，直接煅烧成 LiNi$_{1/3}$Co$_{1/3}$Mn$_{1/3}$O$_2$ 材料。电化学测试结果表明，仅浸出 10min，再生制备的 LiNi$_{1/3}$Co$_{1/3}$Mn$_{1/3}$O$_2$ 电化学性能最佳，该工艺简单高效、环保，具有工业应用潜力。

基于简单的热处理方法，也可将废旧锂离子电池中的 Ni-Co-Mn 氧化物制备成空气电极，从而再生利用 100% 的有价金属（钴，镍和锰）。该方法首先将正极材料在 600℃ 下煅烧 5h，Ni-Co-Mn 氧化物发生从 α-NaFeO$_2$ 型结构到尖晶石结构的显著相变，从而得到再生的 Ni-Co-Mn 氧化物，其显示出 ORR 的四电子通路。电化学测试表明，再生制备的 Ni-Co-Mn 氧化物在 KOH 电解质中的析氧和氧还原反应表现出显著的双功能催化活性。将 Ni-Co-Mn 氧化物粉末应用于空气电池中，在 10mA/cm 的电流密度下能量效率为 75%，这优于目前商用锌-空气电池的性能。

对于容量严重衰减、表面晶体结构发生改变的正极材料，进行水热处理和短暂的高温烧结再生。可通过将废旧正极材料粉末加入到含有 4mol/L LiOH 溶液的高压釜里，220℃ 水热进行锂化 4h，然后与 Li$_2$CO$_3$（Li 过量 5%）混合在氧气中于 850℃ 烧结 4h，得到再生正极材料。与直接固相烧结得到的新材料相比，此方法具有相当的电化学性能。其原理示意图如图 1-12 所示，这种方法可以消除三元正极材料表面的阳离子混排（Li、Ni）、岩盐相 NiO、以及尖晶石相，使相变点或区重新转化为 α-NaFeO$_2$ 型层状岩盐结构，从而实现电极材料的原位修复再生。其主要的反应机理如式（1-7）所示。

$$MO + 0.5Li_2CO_3 + 0.2O_2 \longrightarrow LiMO_2 + 0.5CO_2 \tag{1-7}$$

短程直接再生方案对废旧正极材料品质要求（活性物质表面的 Li/Ni 混排较低、结构破坏低）较高，如果能够对废旧电池进行品质筛选，然后筛选出具有一定电化学性能的电池去进行补锂再生和水热补锂修复再生，就可以缩减回收的成本。同时如何高效地补锂也是值得思考的问题。

1.5.1.3 废旧三元材料湿法间接再生利用

目前，大量冶金方法被用于废旧三元材料回收利用研究方面，其主要可以分为火法、湿法。火法回收处理工艺简单、但存在再生制备产品纯度低、性能差、产生大量废气等问题。而湿法研究相对较多，主体技术有浸出、分离、再生等工艺。浸出是指将废旧三元正极材料由固体转化为液体，从而获得材料再生的浸出

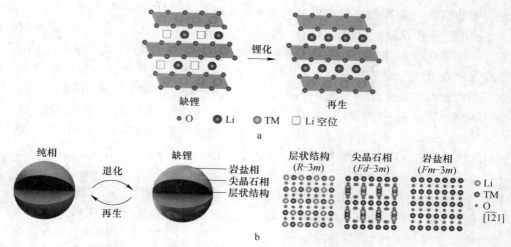

图 1-12   水热补锂(a)和高温烧结修复电极材料原理图(b)

液。分离主要对浸出液进行净化除杂，使溶液中杂质达到材料再生制备的要求。再生是指从浸出液中再生制备出新三元正极材料。与火法回收工艺相比，典型的浸出-再生联合工艺凭借制备产品纯度高、性能良好等优点被广泛地研究和应用，所以目前主要对湿法冶金工艺中浸出、再生等工序进行重点研究。

A   湿法浸出工艺

目前，根据浸出体系不同，湿法浸出大致可分为酸浸、碱浸、微生物浸出 3 大类。

a   酸浸方案

酸浸是指用酸性溶液将金属转化成对应的金属离子，并转入到浸出液中。酸通常包括无机酸、有机酸或者有机酸和无机酸组成的混合酸。

对比无还原剂条件下 H_2SO_4、HCl 对废旧 NCM 正极材料的浸出效果，可以发现在 H_2SO_4 中的金属浸出率随温度变化较大，而在 HCl 中，它受温度、酸浓度及其相互作用的影响，主要原因是氯化物显示出一些氧化还原性质而表现出较高活性。同时将 Cu、Al（相对较低的氧化还原电位）作为还原剂分别加入到浸出溶液中，在 H_2SO_4 浓度为 1mol/L、温度为 30℃、$w(NCM)/w(Cu)=1/1.2$ 的条件下，NCM 材料在 1h 全部溶解。NMC/Al 摩尔比为 1/0.7 时，由于铝的水解及金属铝与水的反应导致生成氧化铝，溶解速率降低，经过 24h 浸出反应才进行完全。

为提高酸浸的效率，研究工作者开发了还原焙烧和湿法冶金联合浸出法。首先可通过将废旧电极材料与质量分数为 10% 的焦炭混合均匀并在 650℃ 下焙烧 30min，然后将焙烧产物用水浸出得到富 Li 溶液，最后通过蒸发结晶得到 Li_2CO_3。过滤掉 Li 的滤渣，用 H_2SO_4 酸浸（无添加还原剂）获得了含有二价金属离子的溶液，Li、Ni、Co 和 Mn 的浸出率分别为 93.67%、93.33%、98.08%、98.68%。这种方法降低了还原剂带来的成本，并且金属溶液可用于制备三元前驱体，从而实现再循环。同样也可用碳质还原剂焙烧废旧正极废料，然后采用碳酸水从焙烧产物中选择性地提取 Li。最后，将所得残余物浸入硫酸溶液中以回收 Co、Ni 和 Mn。通过向浸出系统中注入 CO_2 可以显著提高 Li 的浸出率，并且在低固液比下，10min 内可浸出 80% 以上的 Li，再通过直接蒸发从浸出液中制备出高质量的 Li_2CO_3。在硫酸盐用量为理论值的 1.15 倍、时间为 2.5h、温度为 55℃、固液比为 285g/L 的条件下，提取超过 96% 的 Ni、Co 和 Mn。酸浸工艺更有效和经济，这归因于还原焙烧后高价态金属向低价态转变。还原焙烧还可将 $LiNi_xCo_yMn_{1-x-y}O_2$ 转化分解为 Li_2CO_3、Ni、Co 和 MnO，然后使用碳酸水浸出处理焙烧产品，并蒸发滤液制备出纯 Li_2CO_3，沥滤残余物用 H_2SO_4 溶解并再提取其他金属。结果表明，在碳含量为 19.9%，650℃下焙烧 3h 条件下，Li、Ni、Co、Mn 的回收率大于 84.7%。最后，得到 Li_2CO_3、$NiSO_4$、$CoSO_4$ 和 $MnSO_4$。该工艺具有很大的潜力，可以对废旧 LIBs 进行工业化回收。

与有机酸相比，无机酸浸出体系能够实现对废旧三元材料的高效率浸出，但在浸出过程中浸出剂与废旧 LIBs 会反应产生 Cl_2、SO_3 及 NO_x 等危害气体，同时溶液中 SO_4^{2-}、Cl^-、PO_4^{3-} 等离子会带来酸废液的二次污染，对环境不友好。为了降低二次污染，可选用酸性较强的有机酸作为浸出剂。若采用天然 L-酒石酸浸出废旧 $LiNi_{0.5}Co_{0.2}Mn_{0.3}O_2$ 材料，在 $C_4H_6O_6$ 浓度为 2mol/L、固液比为 17g/L、时间为 30min、H_2O_2 体积分数为 4%、温度为 70℃ 的条件下，Li、Mn、Co、Ni 的浸出率分别为 99.07%、99.31%、98.64%、99.31%。而用乙酸会将锂、钴、镍和锰选择性地浸出到溶液中，同时铝以金属形式保留。在最佳条件下，Co、Li、Mn 和 Ni 的浸出率可达 93.62%、99.97%、96.32% 和 92.67%，但仅浸出 2.36% 的 Al。

由于单纯的无机酸或有机酸浸出均存在着无法完全克服的缺点，为综合两种酸体系的优势，研究工作者用有机酸加无机酸的混合酸进行实验，从而获得较高的浸出率和低的污染性。也有学者用磷酸（浸出剂）和柠檬酸（浸出剂和还原剂）组成混合酸来浸出废旧三元材料。在 0.2mol/L H_3PO_4、0.4mol/L $C_6H_8O_7$、温度为 90℃、固液比为 20g/L 的条件下，对废旧 $LiNi_{0.5}Co_{0.2}Mn_{0.3}O_2$ 材料浸出 30min，Li、Ni、Co、Mn 的浸出率分别为 100%、93.38%、91.63%、92.00%。

　　b　碱浸方案

酸浸法对不同金属（Li、Ni、Co、Mn 以及 Fe、Cu）的选择性较差，使金属从浸出液中的分离和纯化比较复杂，并常导致过量的废水排放。采用碱性体系，则有望实现 Co、Ni 的选择性浸出，从而使 Ni、Co 与 Li、Mn 的分离难度降低，简化实验流程。目前多项研究结果表明，$NH_3 \cdot H_2O$ 是一种理想的选择性浸出

Cu、Ni 以及 Co 的浸出剂。在适当的 pH 值范围下，其反应如式(1-8)和式(1-9)所示。

$$Ni^{2+} + nNH_3 \longrightarrow Ni(NH_3)_n^{2+} \tag{1-8}$$

$$Co^{2+} + nNH_3 \longrightarrow Co(NH_3)_n^{2+} \tag{1-9}$$

　　有学者使用由氨、碳酸铵和亚硫酸铵组成的氨基浸出体系对混合废料进行了氨浸，在浸出过程中可以完全浸出 Co 和 Cu，而 Mn 和 Al 几乎不被浸出，Ni 则显示出一定的浸出率。Ni 和 Co 的浸出在 40min 内完成，而 Cu 的浸出率在不到 10min 内迅速达到 100%。Ni 和 Co 的浸出机制为化学反应控制。经过实验优化后表明，最佳的试剂浓度为：1mol/L NH$_3$·H$_2$O、0.5mol/L (NH$_4$)$_2$SO$_3$、1mol/L (NH$_4$)$_2$CO$_3$，温度为 80℃，时间为 1h，这种回收工艺可以减少氢氧化钠的消耗，简化 Mn 和 Al 的分离工序，相比于酸浸具有流程短、效率高等工艺优势。实验研究表明，Ni、Co 和 Li 的总选择性大于 98.60%，并由电极颗粒转入浸出液中，而 Mn 的选择性仅为 1.36%，主要以浸出渣形式存在。通过对滤渣的分析发现，Mn 由 Mn^{4+} 先还原成 Mn^{2+}，然后以 (NH$_4$)$_2$Mn(SO$_3$)$_2$·H$_2$O 的形式沉淀到残余物中，Ni、Co 和 Li 则以金属离子或氨络合物的形式保留在溶液中。

　　此外，可采用一种热处理-氨浸工艺来处理废旧 LIBs，首先将正极活性粉末在 300℃ 和 550℃ 空气气氛中煅烧，用 (NH$_4$)$_2$SO$_4$-(NH$_4$)$_2$SO$_3$ 体系进行氨浸。实验发现，随着氨浓度的增加，Co 和 Mn 以 (NH$_4$)$_2$Co(SO$_4$)$_2$·H$_2$O、(NH$_4$)$_2$Mn(SO$_3$)$_2$·H$_2$O 和 (NH$_4$)$_2$Mn(SO$_4$)$_2$·6H$_2$O 的形式沉淀入渣。基于此研究，可通过控制复盐的形成来实现金属的选择性浸出。

　　为进一步提高氨浸的效率，研究工作者采用两步氨浸法对废旧 LIBs 进行处理。使用氨-亚硫酸钠浸出体系来浸出 LiNi$_x$Co$_y$Mn$_{1-x-y}$O$_2$(x = 1/3，0.5，0.8)，在对锰渣分析后发现，锰首先以 Mn^{2+} 形式进入浸出液，而后在添加剂亚硫酸钠的作用下，转化为 Mn$_3$O$_4$，最终以 (NH$_4$)$_2$Mn(SO$_3$)$_2$·H$_2$O 沉淀进入到滤渣中。与紧密包裹在未反应材料表面的 (NH$_4$)$_2$Mn(SO$_3$)$_2$·H$_2$O 相比，松散多孔的 Mn$_3$O$_4$ 更有利于离子扩散和浸出反应。通过两步浸出工艺，Li、Ni、Co 的浸出率分别为 93.3%、98.2%、97.9%，远高于一步氨浸法。该方法用于处理 LiNi$_{0.5}$Co$_{0.2}$Mn$_{0.3}$O$_2$ 时，Li、Ni 和 Co 的浸出率分别为 94.4%、99.7%、99.5%；用于处理 LiNi$_{0.8}$Co$_{0.1}$Mn$_{0.1}$O$_2$ 时，Li、Ni 和 Co 的浸出率分别达到 95.0%、98.4% 和 96.9%。两步氨浸法原理图如图 1-13 所示。

　　氨浸法是一种可实现 Ni、Co、Mn 选择性分离的有效方法，Mn 以复合盐形式进入浸出渣，可简化 Mn 和 Ni、Co 的分离工序。相比一步氨浸法，两步氨浸法具有更高的浸出效率。但与酸浸法相比，由于氨气对环境也造成了较大的危害，是该方法大规模应用于工业化的瓶颈。有学者采用加压氨浸法-蒸氨联合工艺，这是一种废旧三元正极材料的低成本、短流程回收再利用新工艺。通过控制

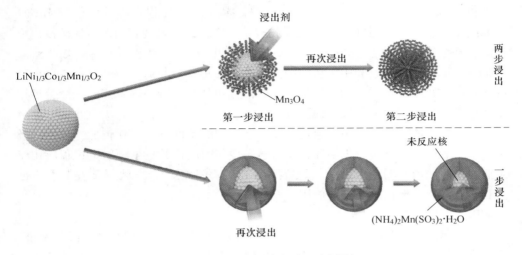

图 1-13 两步氨浸法原理示意图

溶液的酸碱度和氨浓度，调控合成过程中镍、钴和掺杂盐的配比，可实现浸出、共沉淀的循环作业和氨气的闭路循环，有价金属综合浸出率达到 92%。

c 微生物浸出方案

微生物浸出是一种由微生物强化的矿物生物氧化过程，在此过程中，不溶性金属氧化物转化为水溶性金属硫酸盐，从而可以实现废旧电池材料的浸出。其性能主要取决于微生物将不溶性固体化合物转化为可溶和可提取形式的能力。

对比嗜酸性硫氧化细菌（SOB）、铁氧化细菌（IOB）、混合细菌体系（MS-MC）3 种生物浸出系统对电极材料的浸提性能，纯 SOB 系统可以从 $LiFePO_4$ 中浸出 98% 的 Li，MS-MC 系统可以从 $LiMnO_2$ 中浸出 95% 的 Li 和 96% 的 Mn。通过 pH 值调节，MS-MC 系统可以从 $LiNi_xCo_yMn_{1-x-y}O_2$ 中浸出超过 95% 的金属。Li 的浸出机制主要是细胞不断产生的 H_2SO_4 和接触机制赋予了生物浸提性能，而 Co、Ni 和 Mn 的溶解主要是由于 Fe^{2+} 还原和酸溶解的共同作用。同时，研究发现当固液比从 1% 增加到 4% 时，Co 和 Li 的浸出率急剧下降。通过控制反应温度，增加混合能量底物的剂量以及调节 pH 值后发现，固液比为 2g/L 时，Co、Li 的最大浸出效率分别为 89%、72%。若使用酸性氧化铁硫杆菌在 pH=2.5、温度为 30℃ 的条件下，即使增加沥滤时间且 Fe^{2+} 作为催化剂，Co 和 Li 的沥滤效率也相当低。而 Cu^{2+} 也可以用作酸性氧化铁硫杆菌浸出过程中的催化剂，在 Cu^{2+} 浓度为 0.75g/L 条件下，生物浸出 6 天后，99.9% 的 Co 都进入溶液，研究表明钴酸锂能够与 Cu^{2+} 发生阳离子交换反应，从而加快了反应速率。

可以发现细菌的浸出过程要求有较低的 pH 值且变化较小，这无疑增加了浸出的成本。如果能找到一种在较宽 pH 值范围生存且对金属有高浸出率的菌类，那么将能够代替细菌浸出。对比黑曲霉菌株 MM1 和 SG1 以及酸性硫代氧化硫杆菌 80191 对废旧 LIBs 中 Co 和 Li 的生物浸出效率，最后发现真菌对金属的浸出率很高，甚至比细菌或酸浸更好。在菌株 MM1 中观察到大量的 Co（82%）和 Li（100%）溶解，但是在 80191 菌株中金属溶解性很差，只有 22% 的 Co 和 66% 的 Li 溶解。这项研究的结果表明，真菌生物浸出可能是一种环境友好的方法，可用于从废旧 LIBs 中溶解和回收大量金属。

与传统方法相比，生物冶金过程发生在温和的条件下，能耗较低，是一种环保技术。然而，其细菌较难培养且动力学缓慢和固液比低是生物冶金过程应用于工业生产时的致命弱点。因此，处置废旧 LIBs 的生物冶金方法尽管在节能方面具有显著优势，但仍远非工业应用。

B 正极材料回收与再生制备

从浸出滤液中分离出各种有价金属，具有工艺过程长、成本高、回收率低、工艺复杂等缺点，而合成纯化法能够直接实现新电极材料的再生，可避免直接分离金属的困难。目前，用于三元正极材料再生制备的方法主要有沉淀分离法、溶胶-凝胶法、共沉淀法。

a 沉淀分离方案

沉淀分离法是将经过拆解分离得到的废旧 $LiNi_xCo_yMn_zO_2$ 正极材料用无机酸或有机酸溶解，得到含有 Li^+、Ni^{2+}、Co^{2+} 和 Mn^{2+} 等离子的浸出液；而后加入相关的沉淀剂，实现上述离子的选择性沉淀并分别回收的方法。

有学者用柠檬酸和 D-葡萄糖浸出废旧 $LiNi_{1/3}Co_{1/3}Mn_{1/3}O_2$，在时间为 120min、温度为 80℃、柠檬酸浓度为 1.5mol/L、固液比为 20g/L、还原剂质量分数为 0.5 条件下，金属浸出率大于 91%。随后，使用 $H_2C_2O_4$ 和 H_3PO_4 直接沉淀 Ni、Co 和 Li 等金属，在优化的沉淀条件下，Ni、Co 和 Li 的回收率分别约为 96%、97% 和 93%。

此外，若首先用硫酸浸出废旧 $LiNi_xCo_yMn_{1-x-y}O_2$ 正极材料，在 H_2SO_4 浓度为 3.0mol/L、温度为 50℃、H_2O_2 体积分数为 4%、固液比为 20g/L、时间为 30min 的条件下，Li、Ni、Co 和 Mn 的浸出率均可大于 98%。并通过三步法分离获得了相应的金属盐产品，第一步先调节溶液 pH=2.5，控制 $n(KMnO_4)$: $n(Mn^{2+})=1.2$，同时保持温度和时间分别固定在 80℃ 和 1h，98% 的 Mn^{2+} 以 MnO_2 形式沉淀。第二步将除去 Mn 的溶液 pH 调节至 5.0，在温度为 80℃、时间为 1h 的条件下，当 $n(DMG)$: $n(Ni^{2+})=2.0$ 时，99% 的 Ni^{2+} 以 Ni-DMG 形式沉淀，并且 DMG 可再生使用，从而实现了锰和镍的选择性沉淀。随后，在 pH=5.0 和 O : A=1 : 1 条件下，使用 0.64mol/L Cyanex 272（50% 皂化）二阶段溶剂萃取回收高纯度的 $CoSO_4$ 溶液。最后，Li^+ 以 Li_2CO_3 形式沉淀，从而实现了废旧 LIBs 的再循环。

有学者在固液比为 20g/L、HCl 浓度为 1.75mol/L、温度为 50℃、时间为 2h

条件下浸出正极材料，Co、Mn 和 Li 浸出率均大于 99%。在 30℃下将 NaOCl 溶液加入到浸出液（pH=1.5、$n(NaOCl) : n(Mn^{2+})=1.5$）中反应 30min，发现沉淀物为 MnO_2、$Na_{0.55}Mn_2O_4 \cdot 1.5H_2O$ 和 Mn_3O_4 等锰氧化物的混合物，钴和锰的回收率分别为 90% 和 95%。

同时，可先用硫酸和亚硫酸氢钠浸出废 LIBs 得到浸出液，再用草酸将 Co^{2+} 转化为草酸钴（$CoC_2O_4 \cdot 2H_2O$）沉淀，Co 的回收率大于 98%。然后从钴的贫化溶液中沉淀出 $MnCO_3$(pH=7.5)，$NiCO_3$(pH=9) 和 Li_2CO_3(pH=14)。通过该方法，以碳酸盐和草酸盐的形式，分别实现 Li、Co、Ni、Mn 的选择性分离，可获得较高的综合回收率。现有报道的 Li、Ni、Co、Mn 的沉淀分离原理见表 1-6。

沉淀分离法处理废旧三元正极材料的浸出液，具有 Ni、Co、Mn、Li 元素的回收率高、产品纯度高等优点，回收产品有 Li_2CO_3、MnO_2、$Mn(OH)_2$、$CoSO_4$、$CoC_2O_4 \cdot 2H_2O$、$MnCO_3$、$NiCO_3$ 等，但该方法的工艺流程相对较为复杂，控制参数较多，同时会产生各种有危害的气体，会造成二次污染。

表 1-6 废旧 $LiNi_xCo_yMn_{1-x-y}O_2$ 中金属离子的分离原理

元 素	原 理
Li	$H_3PO_4+3Li^+ \longrightarrow Li_3PO_4+3H^+$ $Na_2CO_3+2Li^+ \longrightarrow Li_2CO_3+2Na^+$
Ni	$Ni^{2+}(aq)+2C_4H_8N_2O_2(aq)+2OH^-(aq) \longrightarrow Ni(C_4H_7N_2O_2)_2(s) \downarrow +2H_2O(aq)$
Mn	$MnCl_2+2NaOCl \longrightarrow MnO_2+2NaCl+Cl_2$ $2MnO_2+3NaOCl+2NaOH \longrightarrow 2NaMnO_4+3NaCl+H_2O$ $3Mn^{2+}(aq)+2MnO_4^-(aq)+2H_2O(aq) \longrightarrow 5MnO_2(s) \downarrow +(4H^+)(aq)$
Co	$Na_2CO_3+Co^{2+} \longrightarrow CoCO_3+2Na^+$

b 溶胶-凝胶方案

溶胶-凝胶法以有机酸为浸出剂，然后调节金属离子的成分，金属富集液将在高温下进行水解和缩合化学反应，并形成干胶，最后经过烧结固化再生出三元正极材料。

有学者用乙酸和马来酸浸出废旧 $LiNi_{1/3}Co_{1/3}Mn_{1/3}O_2$ 材料，并实现了电极材料的再生制备，结果表明用马来酸浸出液再生的正极材料具有更好的性能。这主要是因为马来酸通过酯化可建立稳定的网络来螯合金属离子，而乙酸的弱螯合作用则导致杂质的形成。若用柠檬酸加双氧水体系处理 $LiCoO_2$、$LiCo_{1/3}Ni_{1/3}Mn_{1/3}O_2$、$LiMn_2O_4$ 的混合废料，金属浸出率均达到 95% 以上。而后，对浸出液进行蒸干、煅烧，再生制备出 $LiCo_{1/3}Ni_{1/3}Mn_{1/3}O_2$ 材料，在 0.2C 下初始比容量为149.8mA·h/g。

同样，采用乳酸作为浸出剂浸出废旧 LIBs，在 $C_3H_6O_3$ 浓度为 1.5mol/L、固液比为 20g/L、H_2O_2 体积分数为 0.5% 条件下浸出 $LiNi_{1/3}Co_{1/3}Mn_{1/3}O_2$ 20min，金属浸出率超过 97.70%。并通过溶胶-凝胶法再生制备出 $LiNi_{1/3}Co_{1/3}Mn_{1/3}O_2$，再生样品与新材料电化学性能相当。

此外，用柠檬酸和 H_2O_2 浸出废旧 $LiNi_{1/3}Co_{1/3}Mn_{1/3}O_2$，最佳浸出条件下，金属浸出率超过 98%。然后通过向浸出滤液添加 $LiNO_3$、$Ni(NO_3)_2 \cdot 6H_2O$、$Co(NO_3)_2 \cdot 6H_2O$ 和 $Mn(NO_3)_2$，调节金属离子摩尔比 $n(Li):n(Ni):n(Co):n(Mn)=3.05:1:1:1$，pH 调节至 8.0，在 80℃ 水浴中加热得到透明溶胶，最后干燥凝胶经过煅烧从而再生三元材料。电化学测试结果显示其与商业 $LiNi_{1/3}Co_{1/3}Mn_{1/3}O_2$ 的电化学性能相当。

c　共沉淀方案

共沉淀法是指向浸出液中加入沉淀剂，经缓慢的沉淀反应，得到成分均匀的前驱体，最后混锂煅烧成所需的正极材料。

从混合型废旧正极材料的浸出液中同样可再生制备电极材料。结果表明，在 pH≈10.5 和 NH_3 浓度为 0.5mol/L 条件下，能够得到粒度和结晶度良好的球形前驱体，固相烧结再生的 $0.2Li_2MnO_3 \cdot 0.8LiNi_{1/3}Co_{1/3}Mn_{1/3}O_2$ 材料具有良好的层状结构，并显示出优异的电化学性能。

若首先将废旧 $LiNi_{1/3}Co_{1/3}Mn_{1/3}O_2$ 与质量分数为 10% 炭黑在氩气气氛下，600℃ 下煅烧 0.5h，还原焙烧得到 Li_2CO_3、NiO、MnO、Ni、Co。然后在常温下水浸，90℃ 蒸发结晶，将 Li^+ 转化为 Li_2CO_3，随后用 H_2SO_4 浸出滤渣，得到 Ni^{2+}、Co^{2+} 和 Mn^{2+} 的溶液，调节 $n(Ni^{2+}):n(Co^{2+}):n(Mn^{2+})=5:2:3$，并将 NaOH 溶液（7mol/L）和氨（7.5mol/L）泵入 5L 搅拌釜反应器中，在搅拌速度为 300r/min、pH=10.7~10.8、温度为 55℃、反应时间为 30h 条件下，得到氢氧化物前驱体。制备出的 LNCM 与商业 LNCM 的形态和结构相似。电化学测试表明，再生 LNCM 的初始放电容量为 172.9mA·h/g（2.5~4.3V，0.2C），循环 50 次后也可以提供 160.9mA·h/g 的放电比容量。

此外，将废旧三元材料溶解在 1mol/L H_2SO_4 和体积分数为 1% H_2O_2 的溶液中，通过加入 $NiSO_4 \cdot 6H_2O$、$CoSO_4 \cdot 7H_2O$ 和 $MnSO_4 \cdot H_2O$，将浸出液中 Ni、Co、Mn 的摩尔比调节为 1:1:1。然后在 pH=7.5、温度为 60℃ 条件下反应 12h，将沉淀物煅烧得到 $(Ni_{1/3}Co_{1/3}Mn_{1/3})_3O_4$ 中间体。然后按照 $n(中间体):n(Li_2CO_3)=1.06$ 充分混合。最后煅烧得到再生 $LiNi_{1/3}Co_{1/3}Mn_{1/3}O_2$。再生的样品在 1C 下的放电比容量为 135.1mA·h/g，循环 50 次容量保持率为 94.1%。

有学者采用 D2EHPA+煤油的萃取体系来进行酸性浸出液的除杂和金属分离。首先实现对 Ni、Co、Mn 的分离，并用 0.5mol/L H_2SO_4 反萃有机负载相得到 Ni、Co、Mn 溶液，然后从萃余液中回收 Li_2CO_3，其纯度为 99.2%，然后通过共沉淀法直接从反萃液中再生制备出 $LiNi_{1/3}Co_{1/3}Mn_{1/3}O_2$ 的前驱体。优化结果表明，通过该萃取体系可以实现 100% 的 Mn、99% 的 Co、85% 的 Ni 与 Li 分离。再生制备的三元材料为球形状，无任何杂质且具有良好的电化学性能。此外，还引入了废电池管理模型，以保证废旧电池回收的材料供应。

若将 6.262g 废旧 $LiNi_{1/3}Co_{1/3}Mn_{1/3}O_2$ 正极材料，用 2mol HNO_3 溶解，然后用 10mol/L NaOH 调节浸出液 pH=14。在磁力搅拌下形成深蓝色沉淀物，通过离心分离沉淀物并将沉淀物与 Li_2CO_3 混合，在 700℃ 下煅烧得到 $LiCo_{0.415}Mn_{0.435}Ni_{0.15}O_2$。最后通过在 6mol/L $NaNO_3$ 溶液中进行 Li-Na 电化学交换得到了 $NaCo_{0.415}Mn_{0.435}Ni_{0.15}O_2$。在 100mA/g 的电流密度下，放电比容量为 93mA·h/g。

共沉淀法主要通过碳酸盐、氢氧化物、草酸盐等沉淀法来合成三元材料的前驱体，在合成过程中严格控制 pH 值、氨浓度、进料速度、温度、气氛、沉淀时间以及搅拌速度等参数，以合成 $LiNi_{1/3}Co_{1/3}Mn_{1/3}O_2$ 材料的前驱体为例，其反应机理分别如下所示：

（1）碳酸盐沉淀法。

$$1/3Ni^{2+}(aq) + 1/3Co^{2+}(aq) + 1/3Mn^{2+}(aq) + nNH_3 \cdot H_2O(aq) \longrightarrow$$
$$Ni_{1/3}Co_{1/3}Mn_{1/3}(NH_3)_n^{2+}(aq) + nH_2O$$
$$Ni_{1/3}Co_{1/3}Mn_{1/3}(NH_3)_n^{2+}(aq) + CO_3^{2-} + nH_2O \longrightarrow$$
$$(Ni_{1/3}Co_{1/3}Mn_{1/3})CO_3(s) + nNH_3 \cdot H_2O(aq)$$

（2）氢氧化物沉淀法。

$$1/3Ni^{2+}(aq) + 1/3Co^{2+}(aq) + 1/3Mn^{2+}(aq) + nNH_3 \cdot H_2O(aq) \longrightarrow$$
$$Ni_{1/3}Co_{1/3}Mn_{1/3}(NH_3)_n^{2+}(aq) + nH_2O$$
$$Ni_{1/3}Co_{1/3}Mn_{1/3}(NH_3)_n^{2+}(aq) + 2OH^- \longrightarrow Ni_{1/3}Co_{1/3}Mn_{1/3}(OH)_2(s) + nNH_3$$

（3）草酸盐沉淀法。

$$4H_2C_2O_4 + 2LiNi_{1/3}Co_{1/3}Mn_{1/3}O_2 \longrightarrow$$
$$Li_2C_2O_4 + 2(Ni_{1/3}Co_{1/3}Mn_{1/3})C_2O_4 + 4H_2O + 2CO_2$$

共沉淀法避免了多种有价金属的逐步分离的难题，再生的正极材料具有优异的电化学性能，能满足商业前驱体的标准，有利于产业化推广应用。

1.5.2　废旧磷酸铁锂材料的回收利用

目前，废旧磷酸铁锂材料的回收利用主要可分为预处理、固相直接再生、酸浸回收再生等过程，一般废旧磷酸铁锂材料回收利用流程如图 1-14 所示，分述如下。

1.5.2.1　废旧磷酸铁锂材料预处理

回收废旧磷酸铁锂电池之前需要对其进行预处理：为防止电池短路爆炸，首

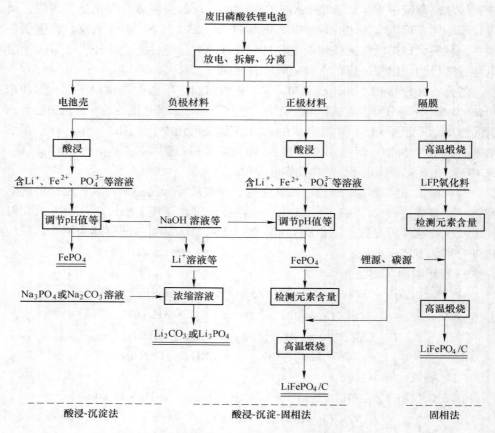

图 1-14　废旧磷酸铁锂电池的回收与再生工艺流程

先对废旧磷酸铁锂电池进行放电处理，通常的做法是将废旧电池浸泡在 NaCl 溶液中，待其在溶液中不再产生气泡为止。将上述处理后的电池进行机械拆分或者破碎，最后进行分离操作，得到隔膜、正负极片、电池壳等。

在废旧磷酸铁锂电池回收处理过程中，一般用强碱溶液来处理电解液。电解液直接与 NaOH 反应，最后 $LiPF_6$ 转化为 NaF、LiF 等物质，最后以固体的形式分离回收。另外不溶于水的有机物质 DMC、DEC、EMC 和 EC 与水的沸点不同，可以通过蒸馏分离。

目前的研究大部分集中在正极材料活性物质的回收。在回收前，需要对正极片进行预处理，使正极材料与铝箔分离、去除正极活性物质中的黏结剂等。通常采用化学或物理的方法将电池正极集流体与 $LiFePO_4$/C 等活性物质分开。其中，化学方法为用 NaOH 溶液浸泡正极片，由于铝可与 NaOH 溶液反应生成 H_2 和 $NaAlO_2$ 溶液，而 $LiFePO_4$/C 等不与 NaOH 溶液反应，从而达到分离的目的。有些学者用有机溶剂 N-甲基吡咯烷酮（NMP）和二甲基乙酰胺（DMAC）等来溶解黏结剂，进而使活性物质与铝箔分开。另外，用马弗炉煅烧正极片也可以使正极材料与铝箔分开，这是因为在高温下黏结剂 PVDF 等物质发生分解，进而活性物质与铝箔分离。物理方法就是在超声波的作用下使活性物质与铝箔分离。文献中常见的磷酸铁锂正极材料预处理方法见表 1-7。

表 1-7　废旧 LFP 正极片预处理方案

预处理方法	预处理条件
碱溶液浸泡	NaOH，10mol/L，超声
高温煅烧	马弗炉，空气，600℃，3h； 马弗炉，N_2，400℃，2h； 马弗炉，空气，450~650℃，1h； 马弗炉，N_2，550℃，1h； 马弗炉，空气，350℃； 马弗炉，空气，700℃，10h； 管式炉，N_2，500℃，30min
有机溶剂浸泡	DMAC，30℃，30min； NMP，60℃，30min
其他	超声 1h，球磨，550r/min，2h

1.5.2.2　废旧磷酸铁锂材料固相直接回收利用

固相回收是将分离得到的废旧 $LiFePO_4$ 正极材料，经过元素分析，在其中补加一定量的锂源、碳源等，然后在惰性气氛下进行高温煅烧，最终合成可用作正极材料的再生 $LiFePO_4/C$。

通常使用 NaOH 溶液处理拆分开的废旧磷酸铁锂电池，然后直接回收得到铜箔、铝箔、电解液和高纯度的负极材料和正极材料等。在回收得到的含 $LiFePO_4$ 和乙炔黑的正极材料中加入一定量的 Li_2CO_3，在高温下煅烧再生 $LiFePO_4/C$。合成的 $LiFePO_4/C$ 在 0.2C 放电倍率下具有 147.3mA·h/g 的容量。该法不仅可以解决电池拆解等过程出现的污染问题，而且可以避免在酸浸过程中造成二次污染，此外还实现了对电解液的回收。

此外，也可将经过 DMAC 浸泡处理得到的 $LiFePO_4$ 正极材料，与未使用的商用 $LiFePO_4$ 以 9:1 等比例混合，在氮气气氛下高温煅烧，最终得到再生的 $LiFePO_4$，其电化学性能优良。该法处理过程绿色环保，不需单独补加碳源、锂源等，并且预处理过程的有机溶剂还可以循环利用。

有学者将从废旧 LiFePO₄ 电池中拆解出来的正极片在空气（或氮气）气氛下煅烧，去除电解液、PVDF 等杂质，同时将磷酸铁锂中的二价铁氧化为三价铁。以焙烧得到的物质为原料，与一定比例的葡萄糖、Li_2CO_3 混合，利用碳热还原法，再生了 LiFePO₄/C，0.1C 倍率下的比容量为 159.6mA·h/g。

同样，将废旧磷酸铁锂中的黏结剂碳化后，在其中补加一定比例的锂源、铁源和磷源，并且调节其中的碳含量。在氮气气氛下高温煅烧，得到再生的 LiFePO₄/C 正极材料。此材料具有较好的电化学性能。但是该法不容易通过调节煅烧前的碳含量来保证煅烧后的碳含量。而在直接从铝箔分离得到废旧 LiFePO₄ 中补加一定比例的锂源、铁源、磷源，在氮气和氢气气氛下经过两段高温煅烧，最终得到再生 LiFePO₄/C 正极材料。若将经过超声搅拌分离得到的正极材料，进行元素分析以后，加入锂源、铁源、磷源和碳源等，在高温下进行烧结，最终得到磷酸铁锂正极材料。该法不需对 PVDF 和碳等杂质进行预处理。通过将经拆解分离得到的正负极片分别粉碎，用 NaOH 等碱溶液处理，最后分别得到正、负极物料。然后将正、负极物料分别在惰性和空气气氛下进行热处理。最后回收正、负极物料，回收得到的正极和负极粉料具有较好的电化学性能。

固相法回收流程相对较短，操作流程简单，成本低，能耗少，可以快速地实现废旧磷酸铁锂电池的再生，可用于大规模工业化处理废旧 LiFePO₄ 电池。但是该法再生的磷酸铁锂的电化学性能较差。

1.5.2.3　废旧磷酸铁锂材料酸浸-沉淀回收利用

酸浸-沉淀法是将经过拆解分离得到废旧 LiFePO₄ 用盐酸、硫酸、草酸等酸溶液浸出，得到含有 Li^+、Fe^{2+}/Fe^{3+} 和 PO_4^{3-} 等离子的溶液；再在溶液中加入相关的沉淀剂，将上述离子选择性的沉淀出来，最后分别回收的方法。

通常将经过预处理分离得到的正极活性物质与乙二胺四乙酸二钠（常见的金属螯合剂，简称 EDTA-2Na）以质量比 6 : 1 混合，接着通过球磨进行机械活化，以 H_3PO_4 为浸出剂进行酸浸。酸浸液通过回流处理，Fe^{2+} 被氧化为 Fe^{3+}，最终得到 $FePO_4·2H_2O$ 沉淀。锂则在碱性或中性环境下以 Li_3PO_4 沉淀的形式回收。其中，铁的回收率高达 93.05%，锂的回收率高达 82.55%。

同样以 H_2SO_4 为浸出剂，采用选择性浸出的方法来处理废旧 LiFePO₄ 正极材料。其中，H_2SO_4 的浓度为 0.3mol/L、$n(H_2O_2) : n(Li) = 2.07$，$n(H_2SO_4) : n(Li) = 0.57$，在 60℃下反应 120min，Li 元素浸出率高达 96.85%。滤渣主要是 $FePO_4$ 和碳等杂质，经过高温灼烧除杂直接回收 $FePO_4$。向浸出液中加入 Na_3PO_4，沉淀 Li_3PO_4，最终锂元素的回收率高达 95.6%。整个回收过程反应方程式如下：

$$2LiFePO_4 + H_2SO_4 + H_2O_2 \longrightarrow Li_2SO_4 + 2FePO_4\downarrow + 2H_2O \qquad (1\text{-}10)$$

$$3Li_2SO_4 + 2Na_3PO_4 \longrightarrow 3Na_2SO_4 + 2Li_3PO_4\downarrow \qquad (1-11)$$

同时，采用机械化学法以 $H_2C_2O_4$ 为浸出剂，在室温下选择性浸出了废旧磷酸铁锂中的 Li 元素。并利用 Fe-H_2O 系和 Li-P-H_2O 系电位-pH 图（如图 1-15 所示）理论上分析了回收 Fe 和 Li 的条件，锂元素的萃取率高达 99%，最终以 $FeC_2O_4 \cdot 2H_2O$ 和 Li_3PO_4 的形式回收。回收过程中，机械活化降低了废旧磷酸铁锂的平均粒径、促进了 $LiFePO_4$ 中化学键的断裂以及 $FeC_2O_4 \cdot 2H_2O$ 中新键的形成。

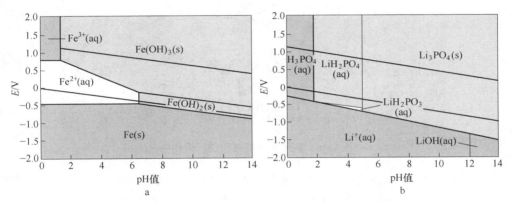

图 1-15　25℃下 Fe-H_2O 系(a)和 90℃下 Li-P-H_2O 系(b)电位-pH 图

此外，将经过预处理得到的正极材料用 H_2SO_4+H_2O_2 浸出，得到含有 Fe^{3+}、Li^+ 等离子的溶液。然后利用固-液平衡相图（见图 1-16），理论分析 Fe^{3+}、Li^+ 的沉淀条件，分别对 Fe^{3+}、Li^+ 进行沉淀。一种方法是用 NaOH 调剂 pH 值，将 Fe^{3+} 转换为 $FePO_4 \cdot 2H_2O$ 进行回收。另一种方法是用 $NH_3 \cdot H_2O$ 来调节 pH，将 Fe^{3+} 转换为 $FePO_4 \cdot 2H_2O$ 沉淀，用 $NH_3 \cdot H_2O$ 更容易调节 pH 值，防止 $FePO_4 \cdot 2H_2O$ 转换为 $Fe(OH)_3$。然后在溶液中加入 Na_3PO_4 溶液，将 Li^+ 转换为 Li_3PO_4 进行回收。

还可将废旧 $LiFePO_4$ 电池拆解出来的电池芯在 N_2 气氛下煅烧，再将煅烧后的电池芯进行粉碎，过 80 目筛，得到正负电极混料。接着用 NaOH 等碱溶液处理电极混料，去除其中的铝，过滤得到滤渣。用硝酸处理上述滤渣，过滤去除 C 和 $FePO_4$，得到含有 Li^+ 的浸出液。用氨水调节 pH 值，使溶液中少量的 Fe^{3+} 转化为沉淀，在得到的滤液中加入 Na_2S 固体，去除铜杂质。最后将 Na_2CO_3 加入到除铜滤液中，得到 Li_2CO_3 沉淀。此方法实现了对电池的整体处理，减少了正负电极拆解步骤，直接从废旧磷酸铁锂电池中分离出 Li 和 Fe。

有时可用浸出-浮选-沉淀法回收废旧 $LiFePO_4/LiMn_2O_4$ 混合正极电池。首

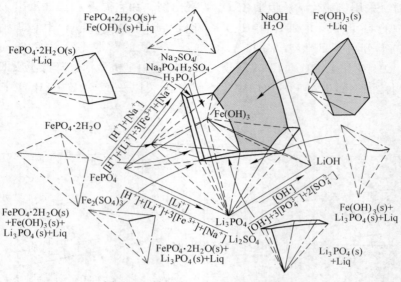

图 1-16　铁元素沉淀过程的三维相图

先，用 HCl 配合 H_2O_2 溶解混合正极活性物质粉末，过滤除去浸出渣，得到含有 Li^+、Fe^{3+}、Mn^{2+} 等离子的浸出液。在浸出液中加入沉淀剂、起泡剂和捕捉剂等，将铁元素以沉淀的方式分离出来，然后再用盐酸溶解该沉淀，重新得到沉淀剂和 $FeCl_3$ 溶液。最终以 $FeCl_3$ 的形式回收铁元素，沉淀剂可以循环使用。另外，在分离 Fe^{3+} 后的溶液中加入 $KMnO_4$，得到 MnO_2/Mn_2O_3 沉淀。最终在剩下的溶液中加入饱和 Na_3PO_4 溶液，得到 Li_3PO_4 沉淀。该法系统的确定了 Fe、Mn 和 Li 元素回收过程中最佳的工艺条件，回收率高，最终所得的产品纯度高，可用来直接合成电极材料。该法循环利用沉淀剂，浮选分离铁元素，降低了回收的成本。但该法流程较为复杂，过程中需要控制的因素较多。

需要关注的是，通常用 NaOH 溶液溶解经过高温处理去除黏结剂的正极片，滤液用 H_2SO_4 处理，得到 $Al(OH)_3$ 沉淀。碱溶后得到的滤渣，用 $H_2SO_4+H_2O_2$ 溶解，得到含 $Fe_2(SO_4)_3$ 和 Li_2SO_4 的溶液，同时将废旧 $LiFePO_4$ 中的碳等杂质过滤除去。接着用氨水或 NaOH 调节 pH 值，得到 $Fe(OH)_3$ 沉淀；用饱和 Na_2CO_3 溶液在 90℃ 下回收 Li^+，最终得到 Li_2CO_3 沉淀。此外，还可以用 HNO_3+ H_2O_2 处理碱溶得到的滤渣，得到 $FePO_4$ 等滤渣，这是因为 $FePO_4$ 在 HNO_3 中微溶。Li^+ 仍然用饱和 Na_2CO_3 溶液回收。$FePO_4$ 等滤渣接着用 $H_2SO_4+H_2O_2$ 溶解，然后过滤去除碳等杂质，用 NaOH 或氨水调节 pH 值，得到 $Fe(OH)_3$ 沉淀。

酸浸-沉淀法对铁元素和锂元素的回收率高，回收产品有 $FePO_4$、$Fe(OH)_3$、

Li_3PO_4 等，回收产品纯度高，可以再次用来合成磷酸铁锂材料。但是工艺流程相对较长，操作过程较为复杂，而且酸浸过程可能造成二次污染。

1.5.2.4 废旧磷酸铁锂材料固相、酸浸、沉淀联合回收利用

酸浸-沉淀法和固相法结合的目的是利用废旧磷酸铁锂回收得到的纯物质再生 $LiFePO_4/C$ 正极材料。具体步骤大致如下：将预处理后的废旧磷酸铁锂用酸浸出，在浸出液中加入沉淀剂或者调节浸出液 pH 值，将铁元素转化为 $FePO_4 \cdot xH_2O$ 沉淀。再以上述 $FePO_4 \cdot xH_2O$ 等为原料，在其中补加一定比例的锂源和碳源，经过球磨混合后利用碳热还原法在惰性气氛下烧结，最终得到电化学性能良好的再生 $LiFePO_4/C$。

同样，用 H_3PO_4 浸出经过预处理的废旧 $LiFePO_4/C$，过滤去除黏结剂、碳等杂质，得到浸出液。在浸出的过程中，Fe^{3+} 会与 HPO_4^{2-} 形成复杂的络离子，从而促进了 $LiFePO_4$ 的溶解。将浸出液进行回流处理，最后生成具有微型花瓣状多层结构的 $FePO_4 \cdot 2H_2O$ 白色沉淀。随着温度的升高，$FePO_4 \cdot 2H_2O$ 在水中的溶解度降低，最终以沉淀的形式析出。蒸发过滤出 $FePO_4 \cdot 2H_2O$ 沉淀的滤液，加入无水乙醇，最终得到 LiH_2PO_4 白色沉淀。最后将 $FePO_4 \cdot 2H_2O$ 与 Li_2CO_3、葡萄糖混合，利用碳热还原法再生出 $LiFePO_4/C$。

此外，用 H_2SO_4 溶解煅烧后的废旧磷酸铁锂正极材料，去除其中残留的石墨等杂质，得到前驱体溶液。用氨水将该溶液的 pH 值调至 2，得到无定型态的 $FePO_4$。在无定型的 $FePO_4$ 中加入表面活性剂，在高温下煅烧，生成具有 α-石英结构的 $FePO_4$。然后加热浓缩含 Li^+ 的滤液，在其中加入饱和 Na_2CO_3 溶液，最后得到 Li_2CO_3 沉淀。以上述回收的 $FePO_4$、Li_2CO_3 为铁源、锂源和磷源，在其中加入 20%（质量分数）的蔗糖作为碳源，在高温惰性气氛下重新合成出 $LiFePO_4/C$。该法回收的 $FePO_4$，Li_2CO_3 纯度高，达到了电池级的标准。

若将商业 $LiFePO_4/C$ 在高温下煅烧，把其中的碳转换为 CO_2，并且将 Fe^{2+} 转化为 Fe^{3+}，得到红色粉末。用盐酸溶解该粉末，再用氨水调节溶液的 pH 值，生成黄色的具有无定型结构的 $FePO_4 \cdot xH_2O$。然后将经过过滤、洗涤和干燥的 $FePO_4 \cdot xH_2O$ 粉末溶于水中，加入 H_3PO_4 调节 pH 值至 1.5，在 95℃下反应 5h，生成具有磷菱铁矿-Ⅰ型结构的 $FePO_4 \cdot 2H_2O$ 白色沉淀。以此白色沉淀为铁源、磷源，按锂铁摩尔比为 1:1 补加 $LiOH \cdot H_2O$ 和 6%（质量分数）蔗糖，采用碳热还原法，在氮气（混有少量氢气）气氛下，高温煅烧再生 $LiFePO_4/C$。

酸浸-沉淀法与固相法结合再生了具有良好的电化学性能（见表1-8）和循环稳定性、可逆性的 LFP/C。并且最大限度回收了废旧磷酸铁锂中的金属离子（见表1-9），减少了金属资源的浪费，为综合回收废旧磷酸铁锂提供了依据。但是该回收工艺流程较长，操作难度较大，成本高。

表 1-8 再生 LiFePO$_4$/C 的最佳实验条件和电化学性能

原 料	最佳实验条件		电化学性能
	补加原料	煅 烧	
LiFePO$_4$	Li$_2$CO$_3$	Ar/H$_2$，650℃，1h	1C > 132mA · h/g，5C > 101mA · h/g，0.2C 100 次循环容量保持率为 95.32%
LiFePO$_4$	10%（质量分数）Li$_2$CO$_3$，25%（质量分数）葡萄糖	N$_2$，350℃，4h；650℃，9h	0.1C 159.6mA · h/g，20C 86.9mA · h/g，10C 1000 次循环容量保持率为 91%
LiFePO$_4$	10% Li$_2$CO$_3$（质量分数），15%（质量分数）葡萄糖	N$_2$，350℃，4h；650℃，9h	0.1C 157mA · h/g，20C 73mA · h/g，0.5C 200 次循环容量几乎没有衰减
LiFePO$_4$	Li$_2$CO$_3$，FeC$_2$O$_4$ · 2H$_2$O，(NH$_4$)$_2$HPO$_4$，n(Li)：n(Fe)：n(P) = 1.05 : 1 : 1	含碳量 5%，N$_2$，700℃，24h	0.1C 148.0mA · h/g，5.0C 94.9mA · h/g，1C 50 次循环容量保持率为 98.9%
LiFePO$_4$	Li$_2$CO$_3$，FeC$_2$O$_4$，(NH$_4$)$_2$HPO$_4$，n(Li)：n(Fe)：n(P) = 1.1 : 1 : 1	N$_2$，H$_2$；一段 500℃，12h；二段 700℃，12h	0.1C 141.5mA · h/g，3.0C 104.13mA · h/g，1C 100 次循环容量保持率为 97.8%
FePO$_4$ · 2H$_2$O	23.5%（质量分数）Li$_2$CO$_3$，20%（质量分数）葡萄糖	N$_2$，350℃，4h；650℃，9h	0.1C 159.3mA · h/g，20C 89.33mA · h/g，5C 500 次循环容量保持率 95.4%
FePO$_4$	表面活性剂 PEG-6000，n(Li)：n(Fe)：n(P) = 1.05 : 1 : 1，20%（质量分数）蔗糖	Ar，300℃，4h；700℃，10h	0.2C 152.2mA · h/g，5.0C 99.8mA · h/g，0.1 ~ 5C → 0.1C 容量保持率 92.3%
FePO$_4$ · 2H$_2$O	LiOH，6%（质量分数）蔗糖，n(Li)：n(Fe) = 1 : 1	N$_2$/H$_2$，700℃，8h	0.1C 156.66mA · h/g，1.0C 139.03mA · h/g，1C 50 次循环容量保持率 98.95%

表 1-9　正极材料的浸出情况

浸出体系	浸出条件	浸出率
H_2SO_4 0.3mol/L，H_2O_2	固液比 10g/L；60℃，2h	Li：96.85%；Fe：0.027%
H_3PO_4 0.6mol/L	球磨 2h；固液比 50g/L，20min	Fe：97.67%：Li：94.29%
H_3PO_4 0.5mol/L	室温，1h	95%
H_2SO_4 2.5mol/L	60℃，4h	Fe：98%；Li：97%
HCl 6mol/L	120℃，6h	—
$H_2C_2O_4$	$m(LFP)：m(H_2C_2O_4)=1:1$	Li：99.34%

1.5.2.5　废旧磷酸铁锂材料其他方案回收利用

可在一个小规模密闭回收生产线中，进行废旧 $LiFePO_4$ 电池的回收处理。主要使用 NaOH 溶液分别处理经过拆解得到的正极片和负极片。经过相关处理最后得到铜箔、铝箔、极耳、正极材料粉末和负极材料粉末等。电解液也在 NaOH 等碱溶液的处理下，以 LiF、NaF 和其他有机物的形式进行回收。最后，将得到的正极材料粉末在 Ar/N_2 气氛下进行热处理，最终得到电化学性能良好的再生 $LiFePO_4$。此回收方法绿色环保、工艺流程相对简单，回收过程用到的试剂少，而且实现了对电池的整体回收，提高了电池回收的效益与效率，成本低。

同样，在管式炉中直接处理正极片，在氮气的气氛下加热，最后使正极片与铝箔分离，直接回收正极物质，实现对废旧电池的回收。最后经电化学性能测试，发现库仑效率高，充放电容量较高。但是倍率性能较差。此回收方法流程简单，成本低，但是回收得到的活性物质的性能相对较差。

此外，将从正极片分离得到废旧 $LiFePO_4/C$ 正极材料，用盐酸溶解。测定溶液中磷、铁和锂的含量，按一定化学计量数配比加入铁源和锂源。调节溶液 pH 值，在反应釜中进行水热反应，最终经过过滤、干燥得到具有完整橄榄石晶体结构的 $LiFePO_4$ 粉末。该法再生的磷酸铁锂纯度高、晶体择向生长、颗粒细小均匀，但是难以大规模工业化回收处理。

还可利用电化学修复法再生 $LiFePO_4/C$ 正极材料。废旧磷酸铁锂电池经过预处理后得到待修复的 $LiFePO_4/C$ 粉末。将上述粉末与导电炭、PVDF 按质量比 16：3：1混合，涂覆到铝箔上，制得待修复正极片。将该极片与锂片制成扣式半电池，然后进行充放电。在手套箱中将扣式电池拆开，取出修复再生的正极片。最后将修复再生的正极片与经过半电池处理的贫锂石墨负极片制成扣式全电池。经电化学测试，修复再生的 $LiFePO_4/C$ 具有良好的电化学性能，电化学修复再生效果明显。此法的缺点是修复过程比较复杂，且操作难度较大。

同样，以电化学再生系统直接回收废旧正极活性物质中的锂元素，如图 1-17 所示。该系统在室温下，首先通过充电过程，将废旧电极材料中的锂元素在锂再生阴极上转化为单质锂；然后在放电过程，再将单质锂转化为 Li^+，Li^+ 转移到回收正极上转化为 LiOH 或 Li_2CO_3。经过检测，充电过程生成的单质锂和放电过程生成的 LiOH 或 Li_2CO_3 纯度高，并且锂元素的萃取率高达75%。该方法回收流程较简单，并且不经过酸浸处理，绿色环保，且成本低。

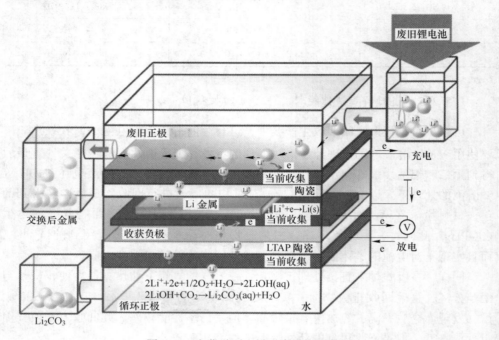

图 1-17　电化学再生锂元素系统原理图

1.5.3　废旧钴酸锂材料回收利用

钴酸锂为最早商业化应用的锂离子电池正极材料，具有能量密度高、安全性好的特点，广泛用于移动电子设备，如手机、笔记本电脑、相机等。废旧钴酸锂电池已经成为主要的废旧锂离子电池类型，且含有大量的钴资源，因此，废旧钴酸锂锂电池得到较早的研究，其回收技术方法同样适用于废旧三元、锰酸锂等类型锂电池的回收。

目前，废旧钴酸锂锂电池回收研究主要是回收价值高、含量大的钴、锂等有价金属，主要回收方法有湿法工艺和火法工艺两种，湿法以其条件温和、能耗小等优点成为主流回收方案，其工艺主要包括预处理、浸出、回收等环节，常见湿法浸出流程如图 1-18 所示。

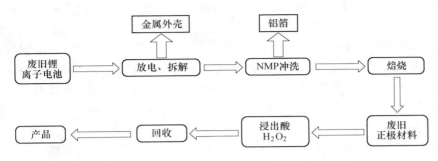

图 1-18 废旧锂离子电池常见湿法浸出回收流程

1.5.3.1 废旧钴酸锂材料预处理

预处理主要是选择性分离出有较高价值的正极材料,脱除稍低价值的组分或有机溶剂,减少后续钴、锂金属浸出过程不利影响,主要有放电、破碎、溶解、热解等方法。

废旧锂离子电池仍含有少量余电,残存的电量在拆解、破碎及浸出过程中会因急剧释放而引发局部过热或爆炸等危险,为此,预先放电工序必不可少,预放电可分为物理放电和化学放电。其中,物理放电为强制短路放电,先通过液氮等冷冻液进行低温冷冻,而后穿孔强制放电,物理放电适用于小批量电池的预放电,需要一定的设备,不宜大规模应用。化学放电是在导电溶液中通过电解的方式来消耗余电,导电溶液多为氯化钠溶液。构建以硫酸盐为电解液放电体系,确定最佳放电条件为:电解液 $MnSO_4$ 浓度为 0.8mol/L、pH = 2.78、稳定剂抗坏血酸的质量浓度为 2g/L、放电 8h,最终消电电压降至 0.54V,实现高效绿色放电。化学放电成本相对较低,可用于大规模电池放电,但化学放电易造成金属或合金外壳腐蚀,引发电解液渗透或有价金属的流失。

破碎是利用冲击、挤压、摩擦等作用破坏废旧锂离子电池的金属外壳、解离并选择性分离内部电极材料的过程,破碎工艺一般为粗碎、中碎、细碎等多级破碎。可进行双轴和锤式两级破碎工艺处理废旧锂离子电池的试验,发现铁、铜、铝等金属主要分布于+0.2mm 粒级,电极材料则分布在-0.1mm 粒级。研究废旧锂离子电池两级破碎的产物特征,发现破碎产物中-0.25mm 和+2mm 粒级的产率分别达 56.21%、27.58%,同样电极材料富集在-0.25mm 粒级。因而,破碎常与粒度筛分联用进行电极材料与隔膜、大粒外壳、铝箔等材料的初步分离。

由于锂离子电池组成较为复杂,破碎筛分也很难彻底分离电极材料,为进一步强化电极材料的初步分离指标,破碎还可与磁选、超声、浮选等技术联用。其中,细粒级中仍含有石墨等杂质,重选、磁选、超声等技术在此粒级下对正极材料与石墨区分不明显，很难实现分离，而石墨与正极材料表面润湿性差异较大，因而，浮选成为分离正极、负极的较优方案。由于纯钴酸锂与石墨天然可浮性差异大，而废旧电池破碎后钴酸锂颗粒表面有杂质附着，造成其与石墨润湿性相近，浮选分离指标变差。为此，表面改性再浮选成为解决方案。采用 Fenton 试剂进行废旧锂离子电池破碎得到富钴粉体的改性浮选试验，发现改性浮选获得钴回收率达 99%，富集比为 1.41，Fenton 试剂可去除富钴粉体附着的有机杂质，增大其与石墨的润湿性差异。

溶解是利用正极材料与黏结剂、铝箔等杂质材料在有机溶剂或酸碱溶液中溶解性质的差异使之分离的过程。黏结剂多为聚偏氟乙烯（PVDF），可选取强极性有机溶剂溶解脱除 PVDF 杂质，从而分离正极材料与铝箔。对破碎后电极材料进行 4 种极性有机溶剂的溶解对比实验，发现最佳溶剂为 N-甲基吡咯烷酮（NMP），在其质量浓度为 5g/mL、温度为 100℃、时间为 1h 条件下，可实现正极活性物质与铝箔彻底分离。铝箔属于两性金属，而正极材料不会与碱反应，可通过碱溶法去除铝箔进一步富集正极材料。通过进行碱溶液选择性溶解铝箔杂质试验，发现 NaOH 浓度由 0.25mol/L 增加至 2.5mol/L，铝浸出率迅速增大，而温度改变对浸出率影响不明显。黏结剂多是采用 NMP 溶解去除，溶解指标较好，但 NMP 具有价格高、易挥发、低毒性等不足，这在一定程度上限制其发展应用。碱溶解去除铝箔简单易行，也可工业应用。

热解可用于去除正极材料富集物料中的有机物、碳质等杂质，或分解黏结剂使得正极材料与集流体分离过程，热解主要依据有机物、黏结剂、铝箔、正极材料等物质分解或融化温度点不同而实现分离富集。温度超过 350℃，黏结剂 PVDF 便会发生分解，温度达到 660℃，铝箔发生熔化。通过进行正极材料的热解除杂试验，采用马弗炉中 800℃、煅烧 2h，脱除 PVDF 及碳质，分离出正极活性物质。若进行电极材料的两步热解除杂试验，首先，对物料在温度 100~150℃条件下保温 1h，而后在温度 500~900℃条件下煅烧 0.5~2.0h，可以同时脱除黏结剂和导电炭黑等杂质，但热解过程会产生氟化物等有害物质，需增加收集净化装置，防止有害气体的释放。为提高热解效率，削弱有害气体的释放，孙亮采用真空环境下热解预处理废旧锂离子电池正极材料，采用条件为：压强低于 1kPa、恒温 600℃、时间 30min，最终黏结剂基本除去，正极材料与铝箔分离。真空热解可实现快速分解黏结剂、分离铝箔与正极材料的目的，同时避免有害气体的释放，但其对设备要求高、操作复杂，应用推广难度较大。而空气中热解除杂操作简单、易推广应用，但其耗能较大，易发生铝箔二次包裹，不利于后续金属回收，同时应注意有害气体的收集净化，防止危害大气环境。同样，通过 TG-MS 方法分析活性正极材料的热力学行为，采用扫描电子显微镜和能量色散 X 射线（EDX）光谱分析，发现热处理可以高效地分离活性废旧正极材料和集流体铝箔，彻底地去除黏结剂和导电剂。无氧环境焙烧有利于改变正极材料的分子结构，使得钴等金属价态降低，从而有利于后续浸出环节的有效进行，提升钴、锂的浸出率。

1.5.3.2 废旧钴酸锂材料浸出工艺

废旧正极材料浸出主要是对预处理得到的正极材料富集物进行选择性提取回收钴和锂的过程，主要有湿法浸出、微生物浸出、水浸出等方法。

A 湿法浸出方案

湿法浸出目的是将正极材料中有价金属转移到浸出液中，而利于后续沉淀、提纯工艺。废旧锂离子电池正极材料的湿法浸出主要是酸浸方案（见表 1-10），由于 Co(Ⅲ) 化合物不易溶解浸出，H_2O_2 作还原剂得到研究及应用，酸+H_2O_2 成为常见浸出体系。

表 1-10 废旧钴酸锂材料的酸浸体系条件及药剂

序号	浸出试剂	条件	浸出率
1	4mol/L H_2SO_4+10%H_2O_2（体积分数）	85℃，120min	Li：96%，Co：95%
2	2mol/L H_2SO_4+5%H_2O_2（体积分数）	75℃，60min	Li：99.1%，Co：70%
3	2mol/L H_2SO_4+4%H_2O_2（体积分数）	75℃，60min	Co：95.5%
4	2%H_3PO_4（体积分数）+2%H_2O_2（体积分数）	90℃，60min	Li：99%，Co：99%
5	2mol/L HCl+0.55mol/L H_2O_2	60℃，300min	Li：100%，Co：96%
6	1.5mol/L 丁二酸，4%H_2O_2（体积分数）	70℃，40min	Li：96%，Co：100%
7	1.5mol/L 柠檬酸+1%H_2O_2（体积分数）	90℃，30min	Li：99%，Co：99%
8	1.5mol/L DL-马来酸+2%H_2O_2（体积分数）	90℃，40min	Li：100%，Co：90%
9	2mol/L 柠檬酸+1.25%H_2O_2（体积分数）	60℃，120min	Li：92%，Co：81%
10	1.5mol/L 柠檬酸+40%茶叶渣（质量分数）	90℃，120min	Li：98%，Co：96%

无机酸如硫酸、盐酸、硝酸等较早的得以研究。采用硫酸进行废旧 $LiCoO_2$ 正极材料的浸出试验，发现在较优条件：硫酸浓度为 4mol/L、H_2O_2 体积分数为 10%、固液比为 10g/L、温度为 85℃、时间为 120min，Co、Li 浸出率分别达 95%、96%。而对含有铜、铝杂质的废旧正极材料进行硫酸和 H_2O_2 浸出试验，在硫酸浓度为 2mol/L、H_2O_2 体积分数为 5%、固液比为 100g/L、温度为 75℃、时间为 60min 条件下，Co、Li 浸出率分别为 70%、99%。采用盐酸进行废旧锂离子电池浸出试验，则发现在盐酸浓度为 4mol/L、温度为 80℃、时间为 120min 条件下，Co、Li 浸出率分别达 99%、97%。同样进行废旧钴酸锂材料的盐酸和 H_2O_2 浸出研究，发现在盐酸浓度为 3mol/L、HCl：H_2O_2 为 10：1、温度为 80℃、

液固比为 50g/L、时间为 90min 条件下，Co、Li 浸出率分别达 99.4%、97.1%。盐酸相比硫酸的浸出效率更高，这可能与其 Cl^- 的络合作用有关。

常见的硫酸、盐酸、硝酸等无机酸和 H_2O_2 组合均可以较好地浸出正极材料，但无机酸存在腐蚀性较强、对设备要求较高，同时易产生 Cl_2、SO_2 等有害气体的不足。有机酸替代无机酸成为选择，现已研究的有机酸主要有草酸、柠檬酸、马来酸、天冬氨酸、琥珀酸、抗坏血酸、酒石酸、葡萄糖酸等。

通常采用丁二酸进行废旧正极材料的浸出试验，发现在丁二酸浓度为 1.5mol/L、H_2O_2 体积分数为 4%、固液比为 15g/L、温度为 70℃、时间为 40min 条件下，Li、Co 浸出率分别达 96%、100%，指标明显优于其他有机酸浸出体系，该条件具有低能耗、低化学试剂用量、较高的浸出率。同时，废旧钴酸锂正极材料在丁二酸和双氧水浸出体系中的浸出产物可能为 $C_4H_4O_4Co$，其相对比较稳定，同时具有闭环结构，钴位于中间，呈现相对稳定的状态，该方法具有经济环境效益。此外，采用草酸进行废旧锂离子电池中 $LiCoO_2$ 正极物料浸出研究，发现在草酸浓度为 1mol/L、时间为 150min、温度为 95℃、固液比为 15g/L 条件下，Co、Li 浸出率分别达 97%、98%，其相对绿色环保，草酸浸出过程属于液固相非催化反应，其主要受化学反应控制，对比三种有机酸与无机酸（见图1-19），发现草酸的浸出指标均优于柠檬酸及酒石酸，可视为一种优良的浸出剂，但草酸也是钴离子的沉淀剂，这势必影响后续的分离工序。另外，在进行废旧锂离子电池正极材料的有机酸浸出研究中，发现 DL-马来酸对正极材料中钴、锂的浸出率有较大影响，其中，在 DL-马来酸浓度为 1.5mol/L、H_2O_2 体积分数为 2.0%、固液比为 20g/L、浸出温度为 90℃、时间为 40min 条件下，钴浸出率可达到 90%，锂的浸出率为 100%。H_2O_2 作为还原剂有明显加快废旧正极材料浸出的作用，酸和还原剂体系成为有效的浸出体系。

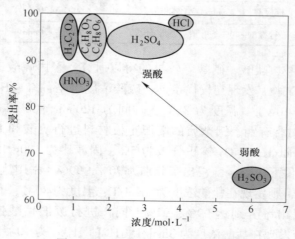

图 1-19 不同酸浸出效率对比结果

　　同样进行外加超声强化废旧正极材料浸出的研究，发现在柠檬酸浓度为 2mol/L、双氧水体积分数为 1.25%、固液比为 30g/L、浸出温度为 60℃、时间为 2h 条件下，钴浸出率可达到 81%，锂的浸出率为 92%。并发现超声强化浸出可以同时提升钴、锂的浸出率。在超声强化浸出体系中，由于超声的作用可以使钴酸锂材料表面产生空化气泡，其有助于柠檬酸与钴、锂离子的络合浸出环节，从而提升钴、锂的回收率，并降低能量消耗，其反应机制如图 1-20 所示。

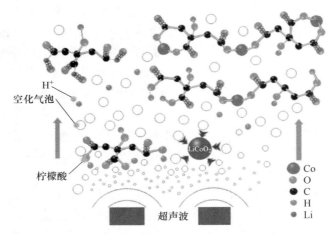

图 1-20　超声强化柠檬酸和双氧水浸出钴酸锂机理

　　由于酸+H_2O_2 浸出体系中 H_2O_2 在酸性环境易分解，H_2O_2 的替代性还原剂得以研究，主要有抗坏血酸、硫代硫酸钠、$NaHSO_3$、麦秆粉等。

　　此外，进行柠檬酸和抗坏血酸体系的浸出研究，发现在柠檬酸浓度为 0.1mol/L，抗坏血酸浓度为 0.02mol/L，温度为 80℃、时间为 6h 条件下，钴几乎全部浸出，并且，发现在酒石酸浓度为 0.4mol/L、抗坏血酸浓度为 0.02mol/L，它们混合作为浸出剂，温度为 80℃、时间为 5h 条件下，Li、Co 也全部浸出。同样，在甘氨酸浓度为 0.5mol/L 和抗坏血酸浓度为 0.02mol/L，温度为 80℃、时间为 6h，钴浸出率高达 95%。这证明抗坏血酸具有还原作用可以加速钴酸锂正极材料的浸出。此外，有学者进行亚氨基二乙酸（IDA）和苹果酸（MA）浸出废旧正极材料的对比研究，发现在抗坏血酸作还原剂时，IDA 和 MA 两种酸均可以实现废旧正极材料的高效浸出，在浸出温度为 80℃、时间为 6h 条件下，钴和锂均几乎完全浸出。IDA 在浸出过程中同时具有一定还原作用，因此，相比 MA 其更具有优势，但抗坏血酸仍是废旧正极材料浸出不可或缺的因素。同样进行废旧锂离子电池正极材料的浸出研究，同样采用有机的抗坏血酸作为酸剂，通过试验确定最佳的浸出条件为抗坏血酸浓度为 1.25mol/L、浸出温度为 70℃、浸出时间为 20min、固液比为 25g/L，钴的浸出率达到 94.8%，锂的浸出率达到 98.5%。

相比较而言，抗坏血酸可以用于双氧水的替换剂，同时实现酸和还原剂的双重效果。对比双氧水、茶叶渣、美国商路对废旧正极材料中钴和锂金属浸出率的影响，在最佳条件柠檬酸浓度为 2.0mol/L、双氧水浓度为 0.6mol/L、固液比为 50g/L、浸出温度为 70℃、时间为 80min 条件下，钴和锂浸出率分别达到 98%、99%。而茶叶渣作为还原剂时，在柠檬酸浓度为 1.5mol/L、茶叶渣质量分数为 40%、固液比为 30g/L、浸出温度为 90℃、时间为 120min 条件下，钴和锂浸出率分别达到 96%、98%。同样，商路作还原剂，在柠檬酸浓度为 1.5mol/L、商路质量分数为 40%、固液比为 40g/L、浸出温度为 80℃、时间为 120min 条件下，钴和锂浸出率分别达到 83%、96%。同时，发现商路及茶叶渣的还原性主要来源于其含有一定还原性物质，在酸性条件下这组分可分解发生氧化反应，从而实现钴酸锂材料的浸出，三种还原剂均可用于废旧正极材料浸出过程。

B　微生物浸出方案

微生物浸出法也用于从废旧锂离子电池材料中回收 Ni、Co、Li 等有价金属，其同样是利用某些特定的微生物及代谢产物的络合、还原、氧化、浸出等作用，实现有价金属回收溶解的目的。

微生物浸出机理分为直接作用和间接作用，直接作用主要是微生物利用其胞内氧化酶系统产生氧化氛围，同时分泌酸性物质提供 H^+，使得金属离子溶解浸出。间接作用则是微生物优先氧化部分金属离子，而后利用氧化的离子提供氧化氛围，促进废旧材料中金属离子的溶解。有学者采用氧化亚铁硫杆菌进行废旧锂离子电池的浸出试验，发现较优工艺为：硫酸亚铁初始质量浓度为 45g/L、接种量为 5%、振荡速率为 160r/min、振荡温度为 35℃、浸出时间为 10d、固液比为 3g/L，最终钴浸出率达 37.5%。同样进行微生物浸出废旧锂离子电池正极材料的研究，其主要研究为固液比由 1g/L 提升至 4g/L 对微生物浸出指标的影响，发现液固比的改变对钴、锂的浸出率有适度的影响，当固液比由 1g/L 提升至 4g/L 时，钴、锂的浸出率分别由 52% 降低至 10%，89% 降低至 72%，钴的浸出率在固液比达到 2g/L 时达到最大值。热力学分析表明，废旧锂离子电池正极材料的微生物浸出相比传统湿法浸出更易于发生，同时内扩散模型可以较好地描述微生物浸出控制过程。通过进行氧化硫硫杆菌、嗜铁钩端螺旋菌浸出废旧锂离子电池材料的试验，发现氧化硫硫杆菌体系对 Li 的浸出率较高，而两种菌系混合体系对 Ni、Co、Mn 的浸出率较高，原因在于 Li 浸出主要是依靠 H_2SO_4 溶解，Ni、Co、Mn 的浸出则是依靠 Fe^{2+} 的还原和酸溶的共同作用。

常规微生物浸出周期长，为强化微生物浸出效果，外加强化剂促进微生物浸出方法也得到了研究。通常采用黑曲霉从废旧锂离子电池材料中浸出有价金属，控制 pH 值为 6，在 100mL 蔗糖培养基，正极材料为 1%，震荡速率为 130r/min，温度为 30℃、时间为 30d 条件下，最终钴浸出率为 45%，锂浸出率为 95%，并通过 SEM 等检测分析，发现真菌微生物活性有所降低，同时电池粉颗粒的外观和结构发生变化。与常规有机酸柠檬酸、葡萄糖、草酸、苹果酸等相比，此方案效率低，存在一定弊端。通过向微生物浸出体系添加 Cu^{2+}、Ag^+ 做催化剂，进行废旧锂离子电池浸出研究，发现添加 Ag^+（质量浓度为 0.02g/L）或 Cu^{2+}（质量浓度为 0.75g/L），可使得 Co 浸出分别达到 98.4%、99.9%，相比无添加催化剂情况下，Co 浸出率仅有 43.1%。可见，适量 Ag^+ 或 Cu^{2+} 可以提升 Co 浸出率。若进行铜离子对氧化亚铁硫杆菌浸出废旧钴酸锂正极材料过程的影响研究，主要是考察铜离子对氧化亚铁硫杆菌浸出的催化作用，发现在铜离子质量浓度为 0.75g/L、浸出时间为 6d，氧化亚铁硫杆菌浸出获得钴的浸出率达到 99.9%，而无铜离子加入时，微生物浸出时间达到 10d，钴的浸出率仅有 43.1%，可见，铜离子的存在可以有效地提升废旧正极材料中钴的浸出率，其原因在于铜离子可以在废旧钴酸锂材料表面发生离子交换反应形成 $CuCo_2O_4$，其更易于被铁离子浸出，从而提升钴的浸出率。

微生物浸出具有环境友好、成本低、酸耗量小等优势，是值得发展的回收方案，但也存在周期长、菌种培育难度大、效率低等不足。废旧锂离子电池中有价金属含量均较高，微生物浸出周期更长。

C　水浸出方案

水浸出主要是通过先预处理而后用水便可实现对废旧锂离子电池中有价元素的浸出过程，现主要介绍利用水浸方法回收废旧材料中的锂金属。

通过从废旧正极材料中优先回收锂再回收钴镍锰的实验，主要是利用还原焙烧，可优先将废旧正极材料转化出碳酸锂组分，而后水浸/碳酸化水浸先回收锂。考察各因素对还原焙烧的影响，发现在碳用量为 19.9%、焙烧温度为 650℃、时间为 3h 条件下，废旧正极材料中锂转化为碳酸锂。再水浸条件为：通气 20mL/min CO_2、固液比为 10g/L，时间为 2h，锂的浸出率可达 84.7%，这为从废旧正极材料中回收锂提供了新思路。同时，采用机械分离与真空冶金联合方法处理废旧锂离子电池，先将废旧锂离子电池经机械破碎分离获得电极材料、石墨、黏结剂的混合物，混合物的热分析结果表明，该混合物可在 1073K 经 45min 条件下转化出氧化锰及碳酸锂，黏结剂的气体产物可以回收避免气体污染，而后经浸出回收锂元素。

水浸出回收废旧材料中锂元素具有效率高，产品易处理的特点，但大多需要焙烧处理，此环节仍具有耗能稍高，易污染的不利之处。

1.5.3.3　废旧钴酸锂材料中有价元素回收利用

有价元素回收主要是从浸出液中回收钴、锂等离子的过程，主要方法有萃取法、沉淀法、电化学等方法。

A 萃取方案分析

萃取法是通过向浸出液中加入某种有机溶剂选择性地分离 Co、Li、Ni 有价金属，该方法具有回收率高、条件温和、能耗低、产品纯度高的特点，可较好地回收废旧电池浸出液中金属离子，其中萃取剂是较为重要的影响因素，常用萃取剂有 P507、Cyanex272、Acorga M5640 等，见表 1-11。

表 1-11 常用萃取剂的结构及性质

商品名称	化 学 名 称	密度 /kg·m⁻³	相对分子质量	水溶性	pKα
Cyanec301	Bis（2，2，4-trimethylpentyl）dithiophosphinic acid	950	322.55	7	2.61
Cyanec272	Bis（2，2，4-trimethylpentyl）phosphonic acid	920	290.42	0.38	6.37
D2EHPA	Di（2-ethylhexyl）phosphonic acid	965	322.43	0.01	3.24
TOA	Tri-octyl amine	809	353.67	0.05	
Alamine	Mixture of tri（octyl-decyl）amine	821	385.75	0.05	

萃取剂 P507，或称 PC88A，可以有选择性地萃取 Co(Ⅱ)，分离 Li(Ⅰ)、Ni(Ⅱ)。通过进行浸出液中 Co、Li 萃取分离试验，采用 P507 从浸出液中单级萃取 Co，最佳萃取条件（摩尔比）为萃取剂 P507：磺化煤油：TBP = 2.5：7：0.5、pH = 3.5、水油比为 1：2、皂化率为 70%、萃取时间为 10min。选取草酸进行反萃，反萃条件为草酸质量浓度 3%、温度 40℃，最后烘干获得草酸钴，纯度达到 98.4%，钴回收率可达 99%，萃余液选用饱和碳酸钠制得碳酸锂，纯度为 99.3%，锂回收率可达 98%。而 Cyanex272 作萃取剂，在 pH = 5~6，萃取剂/Co 摩尔比为 4 条件下，可实现 Co 和 Li 较好的分离，若浸出液中有 Mn(Ⅱ) 存在，Cyanex272 对 Co(Ⅱ) 选择性变差，为此，需采用 D2EHPA 先将 Mn(Ⅱ) 提取，而后再进行 Co 和 Li 萃取分离。对比萃取剂 Cyanex301、D2EHPA、Cyanex272、Alamine336、TOA 对钴的萃取效果，发现 Cyanex301 相比 D2EHPA、Cyanex272 萃取效果更好，且浓度降低有助于钴萃取率的提升，同时，萃取剂 TOA 在酸性环境下的萃取效果更好。

为消除 Al、Fe、Cu 等杂质离子对选择性萃取 Co 影响，预先萃取除杂同样得到研究。选用混合萃取剂分离 Al、Fe、Cu 等杂质，采用 7% Ionquest 801 +2% Acorga M5640 作萃取剂，在水油比为 1：1、温度为 22℃条件下，Al、Fe、Cu 同时萃取出，而后用 15% Cyanex272 在 pH = 5.5~6.0 下萃取 Co 分离 Li，最后获得较纯的钴、锂产品。同样进行废旧锂离子电池浸出液预先萃取除杂研究，废旧锂离子电池正极材料经 3.0mol/L 硫酸和 1.6mL/g H₂O₂ 体系在温度 70℃、时间 2.5h 条件下，浸出液中含有杂质铜、锰、镍，为此，采用 D2EHPA 优先萃取铜和锰，再用 PC-88A 萃取除镍，最后采用沉淀回收钴。并确定最优条件为

D2EHPA、PC-88A 的皂化率分别为 20%、30%，磺化煤油体积分数为 70%，O/A 比为 1∶1，D2EHPA 萃取 pH 值为 2.6~2.7，PC-88A 萃取 pH 值为 4.25。有学者同样对废旧锂离子电池正极材料浸出液中钴、锂优先除杂再回收钴、锂进行研究，浸出液中含有铜、锰、镍等杂质离子，采用萃取或沉淀方式依次除去。首先，采用 Mextral-5640H 作萃取剂，在萃取剂体积分数为 10%，O∶A = 1∶2，平衡 pH 值为 1.94，萃取时间为 5min，温度为 25℃ 条件下，铜萃取率可达到 100%，除铜后再采用高锰酸钾沉淀除锰，高锰酸钾浓度为 0.5mol/L，pH 值控制在 2.0，MRMK = 2.0，温度为 25℃，锰的沉淀率可以达到 99.2%。而后，采用新型钴的萃取剂 Mextral-272P 进行钴的回收，发现选取萃取剂体积分数为 20%，O∶A = 1∶2，平衡 pH 值为 4.5，萃取时间为 5min，温度为 25℃ 条件下，钴萃取率可达到 97.8%，同时，经三级逆流萃取，钴的萃取率可以达到 99%，最后经稀硫酸反萃获得钴。

萃取法常用的溶剂多为有机溶剂，其应用广泛、技术较为成熟，但有机溶解具有一定环境危害，有悖于发展绿色环境友好型工艺过程，为此，溶液两相体系萃取得以提出并研究。通过溶液两相体系从废旧锂离子电池浸出液中选择性的分离回收铜和钴的实验，分别采用 $L_{64} + Na_2SO_4 + H_2O$ 和 $L_{64} + C_6H_5Na_3O_7 \cdot 2H_2O + H_2O$ 作溶剂，PAN、Cyanex 272、1N2N 作萃取剂，对比发现，选用 $L_{64} + Na_2SO_4 + H_2O$ 作溶剂、PAN 作萃取剂，pH = 6.0，可以选择性分离铜，分离系数 $\beta_{Cu/Co} = 5.38 \times 10^5$，而后经稀硝酸搅拌可有效地反萃铜，溶液两相体系中主要由无毒、不易燃甚至可生物降解或回收的溶液作溶剂，相比于传统有机溶剂，具有绿色环保特征，值得研究用于替代传统萃取过程。

B 沉淀方案分析

沉淀法是利用沉淀剂与浸出液中 Li、Co 离子发生选择性沉淀，而后经过滤分离出产品。沉淀法研究重点是防止杂质离子共沉淀以及有价金属离子的顺序沉淀，以获得较高纯度的产品。

通常进行废旧锂离子电池正极材料浸出液中钴沉淀研究，由于浸出液中含有铜杂质干扰，首先，将废旧锂离子电池经磁选、破碎、分级，-16 目正极材料在 3mol/L 硫酸、6mol/L 双氧水、温度为 60℃、固液比为 100g/L、时间为 1h 条件下，钴浸出率达 99%，浸出液中含有钴 27.4%、锂质量浓度为 4.87g/L、铁质量浓度为 88.6g/L、铜质量浓度为 962g/L。为此，采用硫化钠沉淀铜，用量为铜摩尔量的 3 倍，铜沉淀率高达 99.9%，而后，在草酸浓度为 1.5mol/L、沉淀时间为 2h 条件下，钴的沉淀率可达到 98%。

而电极材料浸出液中锂的回收同样重要，浸出液中锂多采用碳酸盐沉淀生成 Li_2CO_3 的方式回收。

同样，进行废旧正极材料浸出液中锂的碳酸钠沉淀研究，为避免锂在沉淀过程中损失，先将废旧锂离子电池浸出液 pH 值调节至 12.5、在温度为 55℃、时间为 1h 条件下，使 Ni、Cu、Fe、Al、Co、Mn 沉淀，沉淀率分别为 100%、99.07%、99.9%、99.9%、99.9%、100%，而后采用饱和碳酸钠进行锂的沉淀，控制温度为 100℃，可以获得纯度为 95% 的碳酸锂。此外，进行废旧正极材料浸出液中锂的碳酸钠沉淀研究，考察不同碳酸钠浓度对沉淀率的影响时，发现在沉淀温度为 40℃、时间为 1h 条件下，碳酸钠用量由理论用量的 1.0 倍增大至 1.4 倍的过程中，碳酸锂沉淀率不断提升，但同时在沉淀中会有少量碳酸钠残留，为此，选取 1.1 倍碳酸钠用量为宜，锂的沉淀率为 74.72%。原因为低温下碳酸锂沉淀并不完全，可继续加入 1.1 倍理论用量的磷酸钠，此时，残余锂的沉淀率高达 92.21%，可见，磷酸盐的沉淀指标更佳。还可采用磷酸作为浸出与沉淀剂进行废旧钴酸锂材料的回收，考察浸出因素对钴浸出与沉淀的影响，在 0.7mol/L 磷酸、双氧水体积分数为 4%、固液比为 20g/L、温度为 40℃、时间为 60min 条件下，钴的回收率达到 99%，实现磷酸一步浸出与沉淀正极材料中的钴，最终获得的钴以 $Co_3(PO_4)_2$ 形式存在，产品纯度达到 97.1%。可见，磷酸可以用于浸出液中钴的沉淀回收。再进行钴、锂沉淀前的优先除杂（锰、镍）的研究，废旧正极材料浸出液中含有镍、锰杂质干扰沉淀回收钴、锂过程，为此，采用丁二酮肟，在 MRNC＝0.5，时间为 20min，控制 pH＝5，温度为 25℃ 条件下，镍的沉淀率达到 99%，而后采用 D2EHPA 作为萃取剂，在平衡 pH 值为 3.5，D2EHPA 体积分数为 15%，萃取时间为 5min，锰萃取率可达到 99.1%。最后，分别采用草酸和饱和碳酸钠沉淀钴、锂，钴、锂沉淀率达到 98.2%、81.0%。但该流程存在流程稍复杂，条件控制难度大的不足。

沉淀法具有处理量大、操作简单、无需特殊设备，易于工业化推广的优势，但是由于杂质影响较大，产品纯度不易控制，相比萃取法指标略有下降。为此，选择适宜的、高选择性沉淀剂，或优化杂质离子预沉淀、有价离子的沉淀顺序成为关键。

1.5.3.4 废旧钴酸锂材料再生制备

为实现废旧锂离子电池资源循环利用，可利用回收的产物或中间产物进行再生制备正极材料或其他电极材料，主要包括钴酸锂再生，制备钴铁氧化体材料等。

A 钴酸锂材料再生

钴酸锂材料再生主要是利用经预处理、浸出、回收制得产物合成新的电池材料，以提升废旧锂离子电池回收产物的价值。

通常进行废旧锂离子电池回收产物再生的研究，首先，废旧锂离子电池经拆解获得正极材料，再经浸出条件：0.5mol/L 硫酸、30%（体积分数）H_2O_2、温度

80℃、时间 2h，向浸出液中加入 1mol/L KOH 调节 pH 值为 8.9，过滤，在 80℃、24h 条件下烘干获得 $Co(OH)_2$。最后按照质量比 1:0.4 混合 $Co(OH)_2$ 和碳酸锂，在马弗炉 800℃、5h 条件下焙烧可获得钴酸锂正极材料。其电化学性能测试表明，该电极材料具有较高的比容量，在电流 14.0mA/g 下，经 4 圈、15 圈循环后放电比容量分别为 61.5mA·h/g、32.5mA·h/g，其可以重新用作锂电池材料。同时，对比未循环及循环 10 圈后拉曼图谱发现，在波数 487cm^{-1}、597cm^{-1} 下均出现钴酸锂的特征峰，而经循环后，在波数 670cm^{-1} 处，出现四氧化三钴特征峰，可见，充放循环过程部分钴酸锂材料发生分解，这正是废旧锂离子电池产生的原因之一。

钴酸锂材料的再生也可由废旧锂离子电池正极材料直接经元素补加、固相合成等手段制得。进行废旧钴酸锂正极材料固相再生的研究时，发现正极材料钴酸锂在充放循环中易产生四氧化三钴产物，为此，可通过按既定比例补加锂源实现废旧钴酸锂再生。首先对废旧锂离子电池进行健康度（SOH）检测，分选出高（SOH=83.4%）、低（SOH=29.2%）两种电池，分别进行预处理获得废旧正极材料，而后进行钴、锂含量检测，选择碳酸锂作为锂源，按锂:钴=1.05:1 补加碳酸锂，与废旧正极材料混合，在 750℃ 焙烧 15h，氧气流量为 2.0min/L，升温速率为 10℃/min。再生的正极材料的电化学性能测试表明，0.2C 电流下，高、低健康度的再生废旧正极材料组装的半电池经 20 圈循环后放电比容量分别为 130.0mA·h/g、125mA·h/g，这与全新的钴酸锂正极材料相近，可见，直接固相再生具有可行性。同时，再生正极材料的层状结构良好，低健康度的废旧锂离子电池固相再生后正极材料的放电比容量相对较高，这归因于其具有相对较小的颗粒粒度。

针对浸出再生流程的复杂性，进行废旧正极材料补加锂再生钴酸锂的实验，处理对象为废旧 18650 钴酸锂锂电池，首先，废旧锂离子电池经放电拆解、分离，而后在 NMP 溶液超声处理 2h、过滤，在 80℃ 真空条件下烘干 24h，选择碳酸锂作为锂源，按定量的锂钴比补加碳酸锂，在 850℃ 温度下焙烧制得再生的钴酸锂。再生正极材料的电化学性能测试表明，0.1C 电流下，再生正极材料的首次放电比容量为 150.3mA·h/g，100 圈循环后，放电比容量仍有 140.1mA·h/g。该方法具有环境友好、易控制的优点。同时，回收过程中少量的铝和铜的残留可以在一定程度上增大再生正极材料电化学性能，但应控制铝和铜的质量分数必须小于 0.4%、0.6%。此方法具有流程简单、易操作的优势。

    B   制备钴铁氧化体

制备钴铁氧化体材料主要是将废旧锂离子电池回收过程中获得产物或中间产物合成钴铁氧化体材料，这可以在一定程度上减少操作，缩短回收流程，并拓展废旧锂离子电池回收再生的范围。

　　有学者提出从废旧锂离子电池浸出液回收并合成钴铁氧化体（$CoFe_2O_4$）材料的回收方案，首先，将废旧锂离子电池经预处理获得的正极材料在 3mol/L 硝酸、10%（体积分数）H_2O_2 条件下制取含钴的浸出液，而后，恒定搅拌，按照 Co/Fe 摩尔比 1/3 向浸出液中添加定量的氯化铁，逐渐滴加氨水直至获得沉淀，离心、乙酸清洗沉淀，进行 80℃、24h 烘干，最后将其经 450℃、焙烧 2h 可获得 $CoFe_2O_4$ 材料。对该材料进行 XRD、SEM、TEM、BET 测试，发现其性能优良可较好地用作磁性纳米粒子，用于 MB 染料脱色及非均相光芬顿过程中的催化剂。同样进行从废旧锂离子电池浸出液回收并合成钴铁氧化体（$CoFe_2O_4$）材料的实验，首先，废旧锂离子电池经拆解、分离，正极材料经在 3.5mol/L 硫酸、10%（体积分数）H_2O_2、固液比为 50g/L 条件下制取含钴的浸出液。而后用硫酸铁和硫酸钴调节浸出液中钴、铁比为 1：2，再加入柠檬酸 1：1，氨水调节 pH 值至 6.5，控制温度为 60℃，搅拌形成溶胶，最后蒸干制得干凝胶，在 800℃下焙烧 3h 制得 $CoFe_2O_4$ 材料。该方法制得的 $CoFe_2O_4$ 材料颗粒粒径大约为 5μm，并发现通过控制水热时间可以获得不同的晶体尺寸及结构，从而改变该种 $CoFe_2O_4$ 材料的磁性特征，在水热（240℃）时间 12h 条件下，制得材料的最大的磁致伸缩系数为 −1.585×10^{-4}。为提高磁致伸缩的磁致伸缩性能，可以进行钴铁氧化体阳离子掺杂研究。这主要通过对从废旧锂离子电池浸出液中回收再生的 $Co_{0.8}Fe_{2.2}O_4$ 材料进行研究，首先，废旧锂离子电池经拆解、NMP 浸泡分离铝箔，再将正极材料在 6mol/L 硝酸、2.5%（质量分数）双氧水浸出，浸出液加入氨水调节 pH 值至 11，以实现钴、铁离子的共沉淀，而后，过滤、硝酸再浸出，调节钴铁比，添加酒石酸、75℃下搅拌至形成溶胶，105℃蒸干，煅烧获得产品。$Co_{0.8}Fe_{2.2}O_4$ 材料的饱和磁化强度达 61.96emu/g，性能优异，这为钴铁氧化体材料的制备提供一种新的有效途径。有学者提出采用废旧正极材料作原料，通过机械化学法再生 $CoFe_4O_6$ 材料的回收方案，首先对废旧手机电池进行拆解分离获得外壳、隔膜、负极片、正极材料、铝箔等，而后将废旧 PVC、废旧正极、Fe 粉混合进行球磨、水洗、过滤，滤渣在马弗炉空气气氛下，800℃保温 2h，可获得 $CoFe_4O_6$ 材料，最终实现锂浸出率为 100%，钴回收率达 96.4%。这种机械化学法回收方法具有绿色环保、效率高优点，同时实现废旧 PVC 的回收。

1.6　废旧锂离子电池回收利用趋势

1.6.1　废旧锂离子电池正极材料回收利用发展瓶颈问题

　　废旧锂离子电池中三元材料、磷酸铁锂材料、钴酸锂材料等正极材料回收利用发展瓶颈问题分述如下。

1.6.1.1 废旧三元材料回收利用发展瓶颈问题

三元材料以其能量密度高、循环稳定性好且平台稳定等优点，成为了各大新能源汽车的主流储能材料。随着动力电池产量的逐年增加，必然会导致三元材料的井喷式退役。废旧三元材料中含有大量的有价金属，对其中的有价金属进行回收处理，可以缓解高品质金属资源短缺压力。同时，废旧 LIBs 中电解质、隔膜和黏结剂等会对环境造成污染，危害人类的健康。因此，为了避免有价金属资源的浪费、保护环境，研究废旧三元锂离子电池资源化回收技术具有重要意义和实用价值。

目前短程直接再生对废旧电池品质要求较高（活性物质表面的 Li/Ni 混排较低，结构破坏低），冶金法中采用无机酸浸出体系浸出三元材料，具有浸出效率高的优点，但在浸出过程中会释放出大量的有毒气体且后续废液处理难度大，而有机酸浸出体系具有低污染、对设备要求低等优点，但存在浸出效率低的缺点。再生工艺中沉淀分离法工序复杂、控制条件多，溶胶-凝胶法制备时间较长、再生材料比容量相对较低，综上所述，这些回收再生方法都不利于工业化应用。

1.6.1.2 废旧磷酸铁锂材料回收利用发展瓶颈问题

磷酸铁锂正极材料由于其突出的安全性能、循环稳定性、生产成本低等优点，被广泛地应用于新能源汽车和电化学储能中。磷酸铁锂电池的产销量逐年大幅增长，必然导致废旧磷酸铁锂电池报废量逐年提升。废旧磷酸铁锂电池中含有大量的金属资源，相当于高品位金属矿物，回收价值高。锂的回收可以有效地减小我国锂资源供应的压力。同时，废旧磷酸铁锂电池中的电解质、有机溶剂等会对水源或土壤等造成污染，危害人类的健康。因此，为了解决资源浪费、环境污染等问题，亟需开展废旧磷酸铁锂电池回收处理的研究。

废旧磷酸锂电池的回收主要集中在正极材料回收处理方面，主要有固相法、酸浸-沉淀法等。固相法具有工艺流程短、工艺条件简单、所需设备少等优点，但该方法再生的磷酸铁锂正极材料电化学性能较差，有待进一步提高。酸浸-沉淀法回收废旧磷酸铁锂，Li 和 Fe 元素回收率高，Li_2CO_3、$FePO_4$ 等回收产品纯度高，可以再次用于磷酸铁锂的合成。但是该方法回收流程长，控制条件复杂。酸浸-沉淀法和固相法结合再生的 $LiFePO_4/C$ 电化学性能优良，但是回收工艺流程长，控制条件复杂，回收难度大、成本高。

1.6.1.3 废旧钴酸锂材料回收利用发展瓶颈问题

锂离子电池以其优良性能被广泛用于生活诸多领域，但其使用寿命有限，会引发大量锂离子电池的报废问题。废旧锂离子电池含有的有机溶剂、重金属等会污染环境,而其丰富的有价金属又是重要的二次资源,废旧锂离子电池的回收逐渐成为共识。废旧锂离子电池富含丰富的钴资源,已成为巨大的资源,钴资源的回收可有效地缓解日趋严重的钴资源供给严峻的局面,开展废旧锂离子电池中钴资源回收利用研究已成为重要课题。

钴酸锂正极材料是最早商业化应用的锂离子电池正极材料,钴酸锂电池已广泛应用在移动电子设备,也是市场报废量最多的锂离子电池种类,选择废旧钴酸锂电池作为废旧锂离子电池回收的研究对象,具有典型性和代表性,并对后续废旧三元、锰酸锂等类型锂离子电池的回收均有一定参考意义。目前,废旧锂离子电池回收的主要方案是湿法工艺,研究重点在于有价金属的绿色高效浸出,但双氧水腐蚀性强、酸性易分解、稳定性差。

1.6.2　废旧锂离子电池正极材料回收利用发展

针对废旧锂离子电池中三元材料、磷酸铁锂材料、钴酸锂材料等正极材料回收利用发展瓶颈问题,得出废旧锂离子电池正极材料回收利用发展方向如下。

1.6.2.1　废旧三元材料回收利用发展方向

针对三元材料回收利用存在问题,废旧三元材料回收利用研究今后可集中于提高有机酸浸出效率、简单快速再生三元材料方面。为此,本书主要研究以下内容:

(1) 废旧 $LiNi_{0.6}Co_{0.2}Mn_{0.2}O_2$ 正极材料酸性浸出-沉淀再生:研究硫酸与双氧水体系对废旧 NCM622 正极材料的浸出,采用正交实验方法,分别考察硫酸浓度、固液比、反应时间、双氧水添加量和温度对金属浸出率的影响规律,优化实验条件,考察最佳金属浸出率。利用酸浸液,采用碳酸盐沉淀法再合成 NCM622 正极材料,以碳酸钠作为沉淀剂,主要考察煅烧温度对再生 NCM622 正极材料的影响,结合 XRD、SEM-EDS 分析再生材料的结构形貌以及元素分布,然后通过充放电、循环以及倍率等电化学性能表征,研究温度对再生材料的影响规律。

(2) 废旧 $LiNi_{0.6}Co_{0.2}Mn_{0.2}O_2$ 材料超声强化 DL-苹果酸浸出再生:采用超声强化 DL-苹果酸浸出废旧 $LiNi_{0.6}Co_{0.2}Mn_{0.2}O_2$ 材料,再通过碳酸盐共沉淀-固相烧结法再生制备 $LiNi_{0.6}Co_{0.2}Mn_{0.2}O_2$ 材料。研究了超声强度、固液比、温度、浸出时间、苹果酸浓度对金属浸出率的影响,并分析浸出动力学。最后研究二段烧结温度对再生材料结构、形貌及电化学性能的影响。

(3) 废旧 $LiNi_{0.6}Co_{0.2}Mn_{0.2}O_2$ 材料浸出-喷雾干燥-固相法再生:利用超声强化 DL-苹果酸浸出废旧 $LiNi_{0.6}Co_{0.2}Mn_{0.2}O_2$ 得到的浸出液,通过喷雾干燥-固相烧结法再生制备 $LiNi_{0.6}Co_{0.2}Mn_{0.2}O_2$ 材料。主要研究有机酸添加量、煅烧温度对再生材料结构、形貌及电化学性能的影响,并通过 FT-IR、HRTEM 研究材料内部的结构信息。

（4）短程直接再生技术研究：研究补锂-煅烧工艺对废旧 NCM622 正极材料的再生，考察补锂量对再生材料结构以及电化学性能的影响。随后采用 LLO 对再生 NCM622 正极材料进行改性研究。通过 XRD、SEM 以及 TEM 研究包覆改性前后再生材料的结构及形貌的改变，随后通过电化学性能测试，研究包覆改性对再生材料电化学性能的影响规律。

1.6.2.2 废旧磷酸铁锂材料回收利用发展趋势分析

针对磷酸铁锂材料回收利用存在问题，废旧磷酸铁锂材料回收利用研究今后可集中于简单高效地再生磷酸铁锂方面。为此，本书第 3 章主要研究以下内容：

（1）喷雾干燥法再生 $LiFePO_4/C$ 材料：采用喷雾干燥法直接回收废旧 $LiFePO_4$ 浸出液制备再生 $LiFePO_4$ 前驱体，结合高温固相法再生多孔、中空结构的 $LiFePO_4/C$。结合 SEM、TEM、XRD 等分析手段，主要研究煅烧温度对再生 $LiFePO_4/C$ 结构、形貌和电化学性能等的影响规律。

（2）机械液相活化辅助固相法掺钒再生 $LiFePO_4/C$ 材料：采用机械液相活化辅助固相法掺钒再生 $(1-x)LiFePO_4 \cdot xLi_3V_2(PO_4)_3$ 正极材料。结合 SEM、XPS、TEM、XRD 等分析手段，主要研究不同掺钒量对再生 $(1-x)LiFePO_4 \cdot xLi_3V_2(PO_4)_3$ 结构、形貌和电化学性能等的影响规律。

1.6.2.3 废旧钴酸锂材料回收利用发展趋势分析

针对钴酸锂材料回收利用存在问题，废旧钴酸锂材料回收利用研究今后可集中于简单高效地再生钴酸锂方面。为此，本书第 4 章主要以制备氧化钴、钴酸锂材料为目标，通过基本工艺及基础理论研究，构建还原辅助强化浸出、钴离子草酸盐沉淀及氧化制备 Co_3O_4、钴酸锂再生的绿色回收工艺流程，重点开发并研究绿色还原剂（葡萄糖、葡萄籽）和电还原强化钴酸锂浸出的控制步骤和反应机理，为废旧锂离子电池绿色高效回收提供参考。本书的主要研究内容如下：

（1）废旧钴酸锂材料还原辅助强化浸出：主要研究绿色还原剂葡萄糖强化废旧钴酸锂浸出过程，基于葡萄糖还原机制分析，结合影响因素，分析绿色温和葡萄糖强化浸出机理；基于天然绿色还原剂或抗氧化剂，研究天然葡萄籽作还原剂强化废旧钴酸锂浸出过程；基于葡萄籽还原机制、界面化学反应、浸出过程动力学，并结合 XRD、SEM、XPS、TEM、红外等分析手段，分析葡萄籽还原剂强化浸出机理；从电化学角度出发，采用电还原方法替代化学还原剂的使用，基于电化学阴极反应、浸出动力学，并辅以 SEM 等分析，分析电还原强化废旧钴酸锂材料浸出机理，以探索废旧钴酸锂绿色高效的浸出。

（2）浸出液中钴离子草酸盐沉淀及氧化：主要研究浸出液中钴离子草酸盐沉淀及氧化过程，基于浓度组分分析、因素影响研究、反应级数分析，并辅以

XRD、SEM、TG/DSC 等测试手段，研究钴离子草酸盐沉淀回收机理；采用草酸钴氧化制备 Co_3O_4 材料，基于氧化模型拟合、材料物相形貌分析，结合 XRD、SEM、TG/DSC 等分析手段，研究草酸钴氧化制备 Co_3O_4 过程机理。

（3）钴酸锂材料再生制备：主要研究利用回收产物 Co_3O_4 再生制备钴酸锂的过程，基于 TG/DSC 分析钴酸锂再生的反应过程，结合 XRD、SEM、电化学性能测试等手段，研究钴酸锂材料再生合成的影响因素规律。

本书围绕废旧锂离子电池正极材料回收利用中湿法间接再生、短程直接再生的关键科学问题，研究超声辅助强化酸浸、碳酸盐沉淀再生制备、固相直接补锂再生、酸浸喷雾快速再生、球磨辅助固相直接再生等回收方案，构建废旧正极材料多路径精准回收的新技术体系，为废旧锂离子电池高效清洁循环利用提供借鉴与支持。

参 考 文 献

［1］孟奇，张英杰，董鹏，等．废旧锂离子电池中钴、锂的回收研究进展［J］．化工进展，2017，9：3485~3851.

［2］郝涛，张英杰，董鹏，等．废旧三元动力锂离子电池正极材料回收的研究进展［J］．硅酸盐通报，2018，8：2450~2456.

［3］张英杰，许斌，梁风，等．废旧磷酸铁锂电池正极材料的回收研究现状［J］．人工晶体学报，2019，5：800~808.

［4］杨轩，董鹏，孟奇，等．废旧三元材料浸出液中多金属离子分离研究进展［J］．广州化工，2020，1：28~30.

［5］Fan E，Li L，Wang Z，et al. Sustainable Recycling Technology for Li-Ion Batteries and Beyond：Challenges and Future Prospects ［J］. Chem. Rev.，2020，120：7020~7063.

［6］Zhou S，Zhang Y，Meng Q，et al. Recycling of spent $LiCoO_2$ material by electrolytic leaching of cathode electrode plate ［J］. J. Environ. Chem. Eng.，2020，9：104789.

［7］Yang Y，Okonkwo E G，Huang G，et al. On the sustainability of lithium ion battery industry——A review and perspective ［J］. Energy Storage Mater.，2021，36：186~212.

［8］Liu P，Zhang Y，Dong P，et al. Direct regeneration of spent $LiFePO_4$ cathode materials with pre-oxidation and V-doping ［J］. J. Alloys Compd.，2021，860：157909.

［9］Yang X，Dong P，Hao T，et al. A Combined Method of Leaching and Co-Precipitation for Recycling Spent $LiNi_{0.6}Co_{0.2}Mn_{0.2}O_2$ Cathode Materials：Process Optimization and Performance Aspects ［J］. Jom.，2020，72：3843~3852.

［10］Meng Q，Duan J，Zhang Y，et al. Novel efficient and environmentally friendly recovering of high performance nano-$LiMnPO_4$/C cathode powders from spent $LiMn_2O_4$ batteries ［J］. J. Ind. Eng. Chem.，2019，80：633~639.

［11］Zhang Y，Meng Q，Dong P，et al. Use of grape seed as reductant for leaching of cobalt from spent lithium-ion batteries ［J］. J. Ind. Eng. Chem. 2018，66：86~93.

[12] Meng Q, Zhang Y, Dong P, et al. A novel process for leaching of metals from $LiNi_{1/3}Co_{1/3}Mn_{1/3}O_2$ material of spent lithium ion batteries: Process optimization and kinetics aspects [J]. Ind. Eng. Chem., 2018, 61: 133~141.

[13] Meng Q, Zhang Y, Dong P, A combined process for cobalt recovering and cathode material regeneration from spent $LiCoO_2$ batteries: Process optimization and kinetics aspects [J]. Waste Manag., 2018, 71: 372~380.

[14] Meng Q, Zhang Y, Dong P. Use of glucose as reductant to recover Co from spent lithium ions batteries [J]. Waste Manag., 2017, 64: 214~218.

[15] Zhang X, Li L, Fan E, et al. Toward sustainable and systematic recycling of spent rechargeable batteries [J]. Chem. Soc. Rev., 2018, 47: 7239~7302.

[16] Ning P, Meng Q, Dong P, et al. Recycling of cathode material from spent lithium ion batteries using an ultrasound-assisted DL-malic acid leaching system [J]. Waste Manag., 2020, 103: 52~60.

[17] Zhou S, Zhang Y, Meng Q, et al. Recycling of $LiCoO_2$ cathode material from spent lithium ion batteries by ultrasonic enhanced leaching and one-step regeneration [J]. J. Environ. Manage., 2021, 277: 111426.

2 废旧锂离子电池中
三元材料回收利用

针对三元材料回收利用存在的问题，本章主要研究废旧 $LiNi_{0.6}Co_{0.2}Mn_{0.2}O_2$ 正极材料酸性浸出-沉淀再生、废旧 $LiNi_{0.6}Co_{0.2}Mn_{0.2}O_2$ 材料超声强化 DL-苹果酸浸出再生、废旧 $LiNi_{0.6}Co_{0.2}Mn_{0.2}O_2$ 材料浸出-喷雾干燥-固相法再生、短程直接再生及改性研究。

2.1 废旧 $LiNi_{0.6}Co_{0.2}Mn_{0.2}O_2$ 正极材料酸浸-沉淀再生

废旧三元正极材料的浸出是传统回收工艺的重要步骤，直接影响后续有价元素的回收效率以及再合成材料的电化学性能。目前，对废旧三元正极材料 NCM111 型的浸出研究较多，且浸出大多采用有机酸或无机酸加双氧水体系，考虑到有机酸一般价格昂贵不利于大规模工业化，因此选用价格低廉的硫酸作为酸浸剂和过氧化氢作为还原剂对废旧锂离子电池三元正极材料 NCM622 进行酸性浸出，而后，大多采用沉淀的方法再生废旧锂离子电池正极材料，这方面以氢氧化盐和碳酸盐沉淀研究居多且研究对象为 NCM111 型废旧三元正极材料。前者沉淀过程中易形成的 $Mn(OH)_2$ 不稳定，易被氧化为 MnOOH 或 MnO_2，这会影响再合成三元正极材料的电化学性能且合成条件相对苛刻，因此采用碳酸盐沉淀法再生废旧锂离子电池三元正极材料 NCM622，为三元系材料的回收提供参考。

2.1.1 硫酸浸出及再生回收利用方案

本节主要围绕对废旧锂离子电池三元正极材料进行回收，以高效再生 NCM622 正极材料为目的。实验流程主要包括：预处理过程、酸浸过程、沉淀过程、补锂过程以及包覆改性过程，工艺流程如图 2-1 所示。

2.1.1.1 废旧三元正极材料预处理过程

废旧的锂离子电池从东莞力隆电池科技有限公司（Guangdong）回收。废旧锂离子电池三元正极材料预处理流程如图 2-2 所示。

（1）步骤 1：将废弃的锂电池浸泡在饱和的氯化钠溶液中放电 2~3 天，保证废旧电池完全放电，避免锂离子电池发生短路造成危险。

（2）步骤 2：用手工将废塑料外壳拆下，再将正极、负极分开。然后将正极箔片切成 1cm ×1cm 小块。

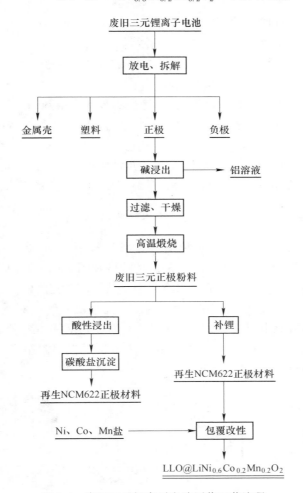

图 2-1 废旧三元锂离子电池回收工艺流程

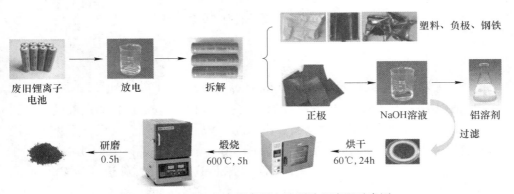

图 2-2 废旧 NCM622 锂离子电池预处理流程示意图

（3）步骤3：将切好的正极箔片浸入2mol/L NaOH溶液中，在60℃下，搅拌溶解铝箔2h，反应方程如式（2-1）所示：

$$2Al + 2NaOH + 2H_2O \longrightarrow 2NaAlO_2 + 3H_2 \uparrow \qquad (2-1)$$

溶解后的含有铝的溶液可进行回收。

（4）步骤4：用浓度为5%的NaOH溶液对步骤3得到的废渣进行三次洗涤，去除残余铝，再用去离子水洗涤3次，去除表面残碱，所得废渣在90℃下，干燥12h得到粉料。

（5）步骤5：将干燥后的粉料，在马弗炉中600℃下，煅烧5h。室温冷却后，研磨0.5h，在200目下进行筛分，最终得到颗粒细小的粉末。

2.1.1.2　废旧三元正极材料酸性浸出过程

如图2-3所示，称取一定量的废旧NCM622粉料于三口烧瓶中，同时再向其中加入硫酸和过氧化氢并且调节一定的酸的浓度和固液比。酸浸期间，控制搅拌器转速，然后将三口烧瓶置于恒温水浴锅中。然后调节实验的温度。采用正交实验方法研究酸浓度、过氧化氢添加量、温度、固液比和时间对浸出效果的影响。酸浸结束之后，将浸出液进行过滤、定容、稀释，最后用ICP仪器测试浸出液中Li、Ni、Co、Mn元素的含量。根据实验结果分析最佳因素组合，然后优化实验条件，最终得到最佳的浸出效率。

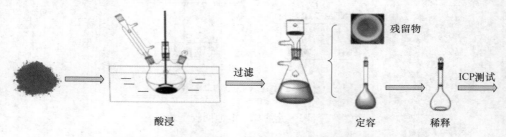

图2-3　废旧锂离子电池正极材料酸浸流程示意图

2.1.1.3　沉淀再生制备三元材料过程

图2-4为碳酸盐共沉淀法制备$LiNi_{0.6}Co_{0.2}Mn_{0.2}O_2$正极材料实验流程，称取10g废旧锂离子电池NCM622正极粉料，首先，用H_2O_2辅助H_2SO_4酸浸，得到的酸浸液经过滤后采用ICP测试Li、Ni、Co、Mn金属含量。其次，用硫酸盐调节酸浸液中Ni^{2+}、Co^{2+}、Mn^{2+}元素的摩尔比为6:2:2，选择2mol/L Na_2CO_3作为沉淀剂，2mol/L $NH_3 \cdot H_2O$作螯合剂，控制pH=8，在搅拌速度为400r/min、温度为60℃、时间为12h条件下进行沉淀，沉淀物经过滤后在90℃下干燥10h，粉碎过筛可得到前驱体，再经混锂、然后在空气气氛800~900℃下，煅烧12h，

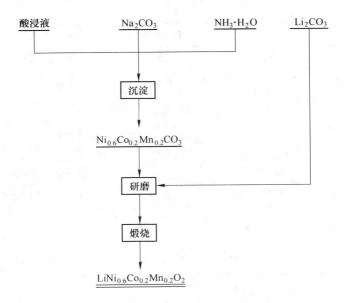

图 2-4 碳酸盐共沉淀法制备 $LiNi_{0.6}Co_{0.2}Mn_{0.2}O_2$ 正极材料实验流程

最终再生出 $LiNi_{0.6}Co_{0.2}Mn_{0.2}O_2$ 正极材料。

本节研究过程常用的仪器见表 2-1。

表 2-1 实验仪器

设 备 名 称	设 备 型 号	生 产 厂 家
分析天平	XSE105DU	梅特勒-托利多上海有限公司
超声波清洗机	DQ-218	昆山超声仪器有限公司
超纯水生成器	WP-UPL-60C	艾科浦超纯水系统有限公司
多头磁力加热搅拌器	HJ-6	金坛市友联实验仪器厂
机械搅拌器	IKA-20n	德国 IKA
恒温水浴磁力搅拌器	78HW-1	杭州仪表电机厂
真空泵	2XZ-4B	临海市永昊真空设备有限公司
电热真空干燥箱	DZF-6090LC	上海跃进医疗器械有限公司
箱式马弗炉	KSL-400X	上海实验电炉厂
隔膜冲片机	T07	合肥科晶材料技术有限公司
手动切片机	SZ-50-13	北京佳源兴业科技有限公司
辊压机	MR-100A	合肥科晶材料技术有限公司

设 备 名 称	设 备 型 号	生 产 厂 家
自动涂膜器	AFA-II	上海过望化工有限公司
液压扣式电池封口机	MSK-110	合肥科晶材料技术有限公司
气氛保护手套箱	Universal 2440/750	米开罗那（中国）有限公司
蓝电电池测试系统	CT-2001A	武汉蓝电电子有限公司
行星式球磨机	PULVERISETTE 5	飞驰科学仪器有限公司
X 射线衍射仪（XRD）	Mini Flex 600	泰思肯贸易（上海）有限公司
电感耦合等离子体子发射光谱仪（ICP）	Optima 8000	美国珀金埃尔默公司
场发射扫描电子显微镜（FESEM）	Nova Nano SEM 450	美国 FEI 公司
X 射线光电子能谱仪	PHI5500	美国 PHI 公司
热重-差热分析仪	STA 449F3	德国 NETZSCH 公司

2.1.2　废旧 NCM622 正极材料的预处理

本节采用碱浸出以及高温煅烧的方法对废旧三元锂离子电池进行预处理，并且通过 SEM-EDS、TG、XRD 表征以及元素含量分析废旧 NCM622 正极粉料在预处理过程中结构和成分的变化。

2.1.2.1　预处理过程中材料热重分析

为了确定废旧 NCM622 正极材料中黏结剂以及碳的分解温度，进行了 TG 测试，测试结果如图 2-5 所示，对应的热重测试结果分析见表 2-2。测试结果显示，

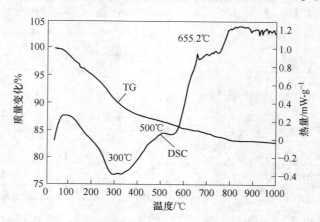

图 2-5　废旧 NCM622 正极材料的热重测试曲线

第一个温度范围在 35~150℃，该温度区域对应于结合水的脱除，质量损失约为
4.56%。在 150~600℃ 之间有 9.84% 的质量损失，是由于乙炔黑的燃烧和 PVDF
的分解导致，对应于 DSC 曲线上 300℃ 的放热峰和 500℃ 的吸热峰。在 600~
700℃ 区间内，发现在 DSC 曲线上有一个微弱的峰，质量损失为 0.88%，是由于
废旧 NCM622 正极材料中含有极少量的 Al 没有除去存留下的。最后一个温度区
间为 700~1000℃，表明 LiNi$_{0.6}$Co$_{0.2}$Mn$_{0.2}$O$_2$ 发生的相变和 Li 丢失。

表 2-2 废旧 NCM622 正极材料质量损失率

温度范围/℃	质量损失率/%	热分解过程
35~50	4.56	结合水的脱除
150~600	9.84	C 的燃烧和 PVDF 的分解，对应 DSC 曲线上 300℃ 的放热峰和 500℃ 的吸热峰
600~700	0.88	Al 的溶解，对应 DSC 曲线上 655.2℃ 的吸热峰
700~1000	1.92	LiNi$_{0.6}$Co$_{0.2}$Mn$_{0.2}$O$_2$ 分解成氧化物和 Li 的损失

2.1.2.2 预处理过程中材料结构

首先将碱浸出后的废旧锂离子电池正极材料通过马弗炉高温煅烧去除其中的
C 以及 PVDF 杂质，通过 TG 测试，确定了煅烧温度为 600℃。

图 2-6 是废旧 NCM622 粉料在 600℃ 下煅烧 5h 得到的正极粉料和未经过高温
煅烧的 XRD 图谱。从图 2-6 中对比可以发现，废旧的 NCM622 正极材料还能保持

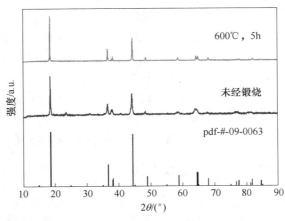

图 2-6 废旧 NCM622 正极材料煅烧前后的 XRD 图谱

原有的 $R\bar{3}m$ 空间结构，各个峰都有削弱的痕迹，说明废旧 NCM622 正极材料的空间结构已经被严重破坏。从铝箔上分离出来的活性物质，未经过高温处理，其 XRD 图谱中有微小的杂峰存在。经过 600℃ 的煅烧后，发现 XRD 图谱中杂峰消失。

2.1.2.3　预处理过程中材料成分组成

通过分析废旧 NCM622 材料预处理前和预处理后的元素含量，见表 2-3，可以发现经过碱浸出、高温煅烧之后的材料的 Li 含量有微弱的减小，可能是由于高温煅烧导致了 Li 的挥发。Ni、Co、Mn 的含量经过预处理之后几乎没有发生改变。元素含量发生较大改变的是 Al、C、F，表明经过预处理能够有效地除掉材料中含有的杂质元素。这与前文 TG、XRD 的测试结果一致，为后续实验提供了一个较为理想的纯料。

表 2-3　预处理过程前后废旧 NCM622 材料元素含量

元　素	含量/%						
	Li	Ni	Co	Mn	Al	C	F
预处理前	5.97	34.69	11.61	11.65	8.67	2.45	1.98
预处理后	5.57	34.70	11.63	11.55	0.07	0.01	0.01

2.1.2.4　预处理过程中材料形貌与元素组成

废旧锂离子电池正极材料 NCM622 在预处理过程中的 SEM-EDS 测试结果如图 2-7 所示。图 2-7a 为废旧锂离子 NCM622 电池通过手工拆解后得到的带有 Al 箔的正极片的 SEM 的形貌，比较显著的特点是颗粒大小不一且团聚现象较为明显。这主要是由于正极材料中含有黏结剂，导致颗粒之间有严重的团聚产生。通过 EDS 扫描发现其含有 Ni、Co、Mn、O 以及 Al 元素。

经过 2mol/L NaOH 溶液溶解 Al 箔之后，通过 SEM 测试发现（见图 2-7b）其团聚现象仍然存在，原因是废旧 NCM622 正极材料中的黏结剂并没有分解掉。对材料进行元素面扫描，发现材料仍然残留着 Al 元素。

图 2-7c 为采用马弗炉高温焙烧正极材料后的 SEM 图。从图中能够观察到，废旧三元材料颗粒明显变大且团聚减少。产生这一现象的原因归因于煅烧之后金属被氧化，体积膨胀，团聚减少是因为在高温煅烧的过程中正极材料中的黏结剂分解。

2.1.3　废旧 NCM622 正极材料的酸浸过程

采用五因素四水平正交实验的方法，分别考察了硫酸浓度、固液比、反应时间、还原剂添加量和温度对各金属浸出率影响的大小，通过因素水平分析，得出最佳因素组合，然后以单因素原则进行实验，并确定最大浸出率下的实验条件。

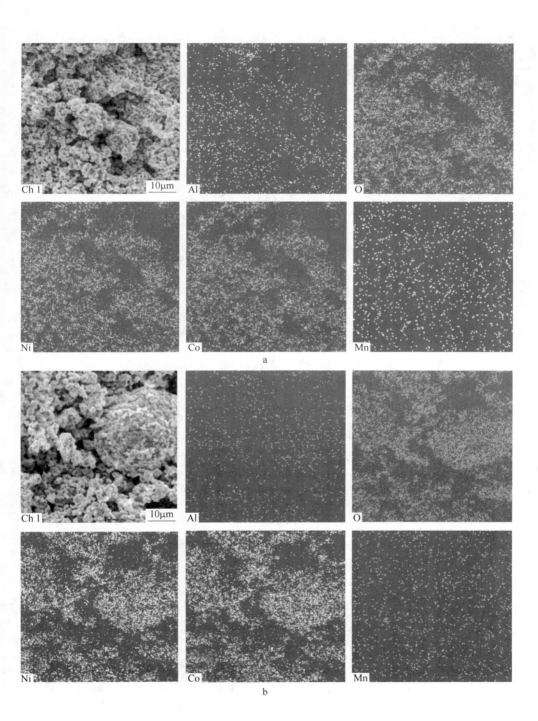

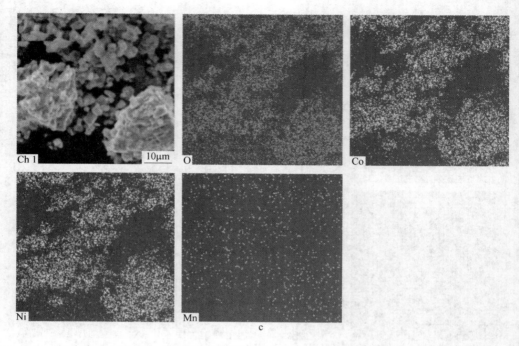

图 2-7　废旧 NCM622 处理过程中 SEM-EDSC 测试结果

a—碱浸前；b—碱浸后；c—煅烧后

酸浸前，首先对废旧三元正极材料中金属的含量进行分析，取废旧正极材料 0.5g 溶于 200mL 蒸馏水中，控制硫酸浓度为 4mol/L、H_2O_2 添加量为 2%、温度为 100℃、反应 2h 后得到浸出液，过滤之后定容到 100mL 的烧杯中，再稀释 100 倍后，进行 ICP 测试其各元素的质量分数。

浸出率（L_E）的计算公式为

$$L_E = \frac{V_0 M C_0}{mw} \times 100\% \tag{2-2}$$

式中，V_0 为浸出液的体积；M 为金属的相对分子质量；C_0 为金属离子的浓度；m 为正极粉料的质量；w 为样品中金属的质量分数。

为了研究各因素对金属浸出率影响的大小以及确定最佳因素水平组合，进行五因素四水平的多指标正交实验（见表 2-4），为考察最佳浸出条件提供依据。分别将温度、时间、硫酸浓度、H_2O_2 添加量、固液比五个考察因素标记为 A、B、C、D、E。温度取 4 组水平为 60、70、80、90（4 组水平分别对应为 A1、A2、A3、A4）。其他因素水平见表 2-4。本实验中 $ki(i = 1, 2, 3, 4)$ = 因素的 i 水平下浸出率之和，其次 $Ki = ki/S$，S 为水平 i 出现的次数（本实验中为 4），最

后极差 $R = \max(K1, K2, K3, K4) - \min(K1, K2, K3, K4)$，极差 (R) 大小代表各因素对金属浸出率的影响大小。首先分析各因素对金属 Li 浸出率影响的大小，见表 2-5。结果表明，硫酸浓度对应的 R 值最大，表明了硫酸的浓度对金属 Li 的浸出率影响最大，影响最小的因素是时间。同样地，对另外 3 个金属浸出率影响因素进行分析，见表 2-6~表 2-8，可以得到同样的结论。因此，通过正交实验分析得到的结论是，影响金属酸浸因素大小的关系为：硫酸浓度 > 固液比 > H_2O_2 体积分数 > 温度 > 时间。

表 2-4　酸浸出正交实验

序号	实验条件					浸出率/%			
	温度 /℃	时间 /min	硫酸浓度 /mol·L^{-1}	H_2O_2 体积 分数/%	固液比 /g·L^{-1}	Li	Ni	Co	Mn
1	60	30	1	1	10	70.63	71.21	69.78	71.03
2	60	40	2	2	20	82.36	72.22	70.45	78.44
3	60	50	3	3	30	88.23	76.21	76.21	80.99
4	60	60	4	4	40	76.15	72.91	73.48	76.25
5	70	30	2	3	40	49.03	44.57	45.51	45.61
6	70	40	1	4	30	27.47	31.02	31.79	32.23
7	70	50	4	1	20	75.78	77.11	75.64	80.25
8	70	60	3	2	10	96.56	95.65	96.11	95.79
9	80	30	3	4	20	79.93	74.91	73.58	78.09
10	80	40	1	3	10	78.89	73.51	73.96	75.05
11	80	50	2	1	40	50.07	56.63	56.73	57.29
12	80	60	2	1	30	79.39	63.57	63.84	67.16
13	90	30	4	2	30	87.71	77.35	77.91	81.99
14	90	40	3	1	40	83.61	70.73	71.51	74.65
15	90	50	2	4	10	83.41	85.62	86.13	82.91
16	90	60	1	3	20	53.35	51.07	49.94	51.77

表 2-5   各因素对金属 Li 浸出率影响大小分析

金属	因素	温度 /℃	时间 /min	硫酸浓度 /mol·L⁻¹	H₂O₂ 体积分数/%	固液比 /g·L⁻¹
	$k1$	317.37	287.30	230.34	309.41	329.49
	$k2$	248.84	272.33	294.19	316.70	291.42
	$k3$	288.28	297.49	348.33	269.50	282.80
	$k4$	308.08	305.45	289.71	266.96	258.86
Li	$K1$	79.34	71.83	57.59	77.35	82.37
	$K2$	62.21	68.08	73.55	79.18	72.86
	$K3$	72.07	74.37	87.08	67.38	70.70
	$K4$	77.02	76.36	72.43	58.91	64.72
	R	17.13	8.28	29.49	18.44	22.65

注：$ki(i = 1, 2, 3, 4) =$ 因素 i 水平下浸出率之和；$Ki = ki/S$，$S = 4$(水平 i 出现的次数)；$R = \max(K1, K2, K3, K4) - \min(K1, K2, K3, K4)$。

表 2-6   各因素对金属 Ni 浸出率影响大小分析

金属	因素	温度 /℃	时间 /min	硫酸浓度 /mol·L⁻¹	H₂O₂ 体积分数/%	固液比 /g·L⁻¹
	$k1$	292.55	268.04	226.81	282.62	325.99
	$k2$	248.35	247.48	265.98	301.85	275.31
	$k3$	268.62	295.57	317.50	245.36	248.15
	$k4$	284.77	283.20	284.00	264.46	244.84
Ni	$K1$	73.14	67.01	56.70	70.66	81.50
	$K2$	62.09	62.87	66.50	75.46	68.83
	$K3$	67.16	73.89	79.38	61.34	62.04
	$K4$	71.19	70.80	71.00	66.12	61.21
	R	11.05	11.02	22.68	14.12	22.29

注：$ki(i = 1, 2, 3, 4) =$ 因素 i 水平下浸出率之和；$Ki = ki/S$，$S = 4$(水平 i 出现的次数)；$R = \max(K1, K2, K3, K4) - \min(K1, K2, K3, K4)$。

表 2-7   各因素对金属 Co 浸出率影响大小分析

金属	因素	温度 /℃	时间 /min	硫酸浓度 /mol·L⁻¹	H₂O₂ 体积分数/%	固液比 /g·L⁻¹
	$k1$	289.92	266.78	225.47	280.77	325.98
	$k2$	249.05	247.71	265.93	301.20	269.61
Co	$k3$	268.11	294.71	317.41	245.62	249.75
	$k4$	285.49	283.37	283.76	264.98	247.23
	$K1$	72.48	66.70	56.37	70.19	81.50

金属	因素	温度 /℃	时间 /min	硫酸浓度 /mol·L^{-1}	H$_2$O$_2$ 体积分数/%	固液比 /g·L^{-1}
Co	$K2$	62.26	61.93	66.48	75.30	67.40
	$K3$	67.03	73.68	79.35	61.41	62.44
	$K4$	71.37	70.84	70.94	66.25	61.81
	R	10.22	9.75	22.98	13.89	19.69

注：$ki(i=1,2,3,4)$ = 因素 i 水平下浸出率之和；$Ki = ki/S$，$S=4$（水平 i 出现的次数）；$R=$ $\max(K1,K2,K3,K4) - \min(K1,K2,K3,K4)$。

表 2-8　各因素对金属 Mn 浸出率影响大小分析

金属	因素	温度 /℃	时间 /min	硫酸浓度 /mol·L^{-1}	H$_2$O$_2$ 体积分数/%	固液比 /g·L^{-1}
Mn	$k1$	306.71	276.72	230.08	293.09	324.78
	$k2$	253.88	260.37	274.12	313.51	288.55
	$k3$	277.59	301.44	329.52	253.42	262.37
	$k4$	291.32	290.97	295.78	269.48	253.80
	$K1$	76.68	69.18	57.52	73.27	81.20
	$K2$	63.47	65.09	68.53	78.38	72.14
	$K3$	69.40	75.36	82.38	63.36	65.59
	$K4$	72.83	72.74	73.95	67.37	63.45
	R	13.21	10.27	24.86	15.03	17.75

注：$ki(i=1,2,3,4)$ = 因素 i 水平下浸出率之和；$Ki = ki/S$，$S=4$（水平 i 出现的次数）；$R=$ $\max(K1,K2,K3,K4) - \min(K1,K2,K3,K4)$。

另外，为了研究影响浸出率的最佳因素组合，对正交实验结果进一步分析。图 2-8 中的 A1，B1 分别对应于温度水平 1（40℃）和反应时间 1（20min）对金属浸出率的平均值，即 K 值的大小。首先分析影响 Li 金属浸出率因素的最佳水平，从图 2-8 中可以直观地看到 A1 > A4 > A3 > A2，因此温度水平 A1 对 Li 金属浸出率影响最大，因此，A1 为最佳温度因素水平。同理分析了时间、硫酸浓度、H$_2$O$_2$ 添加量和固液比因素，可以得出最佳因素水平为 B4、C3、D2、E1，即最佳水平组合为：温度为 60℃、时间为 30min、硫酸浓度为 3mol/L、H$_2$O$_2$ 添加量为 2%（体积分数）、固液比为 10g/L。同样地，从图中观察得出对金属 Ni、Co、Mn 浸出率影响因素的最佳水平都为 A1、B3、C3、D2、E1。从对 Li、Ni、Co、Mn 浸出率整体分析，时间是影响金属浸出率最小的因素，但因素水平 B3 出现的次数最多，即 50min 的浸出时间更有利于金属 Ni、Co、Mn 的浸出。综上，选取金属最佳的因素水平组合为：A1、B3、C3、D2、E1，分别对应温度为 60℃、时间为50min、硫酸浓度为3mol/L、H_2O_2添加量为2%（体积分数）、固液比为10g/L，为后面研究单因素实验条件提供了理论基础。

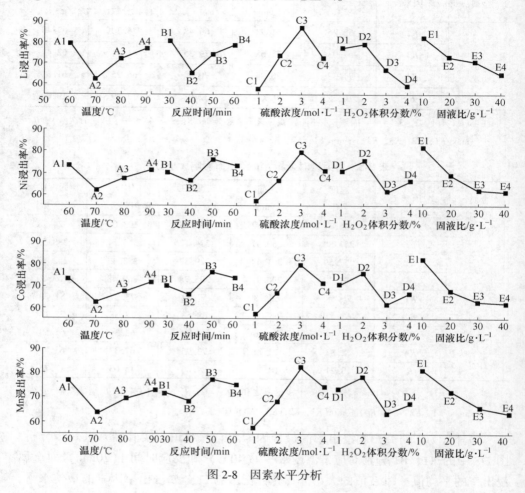

图2-8 因素水平分析

2.1.3.1 硫酸浓度对浸出率的影响规律

正交实验结果表明，硫酸浓度对浸出过程影响显著。采用单因素变量法探索影响金属浸出工艺的最佳条件，首先对硫酸浓度进行考察。在实验条件为：温度为60℃、时间为50min、H_2O_2添加量为2%（体积分数）、固液比为10g/L，取硫酸浓度为1~5mol/L进行金属浸出率的考察，结果如图2-9a所示。当硫酸浓度达到1mol/L时，Li、Ni、Co、Mn金属的浸出率分别为71.44%，75.65%，75.26%，75.71%。随着硫酸浓度从1mol/L增加到5mol/L，4种金属的浸出效率迅速提高。在硫酸浓度提高到3mol/L时，Li、Ni、Co、Mn的浸出率在95%左右。其中 Li 金属变化得最为明显。继续提高硫酸的浓度，4 种金属的浸出率略微有所提高，最终保持在 97% 左右。因此，硫酸浓度取 3mol/L 为最优条件。

2.1.3.2 固液比对浸出率的影响

图 2-9b 所示硫酸浓度为 3mol/L、时间为 50min、温度为 60℃、还原剂添加量为 2%（体积分数）的条件下，固液比对 4 种金属浸出率的影响。当固液比为 10g/L 时，Li、Ni、Co、Mn 4 种金属的浸出率分别达到了 98.23%，98.16%，96.88% 和 97.01%，继续增加固液比至 20g/L 时，Li、Ni、Co 金属的浸出率几乎没变化，仍然维持在一个较高的水平，但是金属 Mn 在此期间的增加相比之下较为明显，有 1.1% 的增幅。随着继续提高固液比，4 种金属的浸出率大大降低，当固液比增大到 50g/L 时，Li、Ni、Co、Mn 的浸出效率分别降低到 66.27%，60.11%，59.01% 和 65.24%。表明了固液比对浸出率的影响比较大，与正交实验分析结果一致。因此，为了保证较高的浸出效率，选取最佳的固液比为 20g/L。而当固液比在 30g/L 时，金属的浸出效率仍能维持在 88% 左右。

2.1.3.3 H$_2$O$_2$ 添加量对浸出率的影响

图 2-9c 为 H$_2$O$_2$ 添加体积分数量对废旧正极粉料浸出的影响，其他条件为：硫酸浓度为 3mol/L，固液比为 20g/L，浸出时间为 30min，浸出温度为 60℃。在不添加 H$_2$O$_2$ 的情况下，金属 Li 的浸出率只有 78.14%，Ni 为 82.15%，Co 和 Mn 分别为 81.21% 和 81.23%。

随着在浸出液中添加还原剂 H$_2$O$_2$，溶液中 Ni、Co、Mn 的浸出效率增加趋势明显。其中 Li 的浸出效率增加不明显，这解释为 H$_2$O$_2$ 对金属浸出效率的影响主要是起到还原剂的作用，将金属从高价态还原成低价态，而低价态的金属更有利于酸性浸出。在废旧 NCM622 正极材料中 Li 的价态为 +1 价，没有更低的价态被还原。而金属 Ni、Co、Mn 在废旧 NCM622 正极材料中均存在着高价态。随着 H$_2$O$_2$ 添加量增加，金属的浸出效率继续提高，金属 Li 浸出率升高是由于 H$_2$O$_2$ 是一个二元弱酸，在水中能够电离出 H$^+$，具体电离过程如式（2-3）和式（2-4）所示：

$$H_2O_2 \Longrightarrow HO_2^- + H^+ \tag{2-3}$$

$$HO_2^- \Longrightarrow O_2^- + H^+ \tag{2-4}$$

H$_2$O$_2$ 在水中电离的过程为浸出液提供了 H$^+$，增加了溶液中酸的浓度，因而提高了 Li 的浸出效率。当 H$_2$O$_2$ 的添加量增加到 3%（体积分数）时，金属的浸出效率达到了 96% 左右，继续向溶液中加入 H$_2$O$_2$ 对 4 种金属的浸出率几乎无贡献，最终确定最佳 H$_2$O$_2$ 的添加量为 3%（体积分数）。

2.1.3.4　温度对浸出率的影响

此外，还研究了温度因素对 4 种金属浸出率的影响。选取温度变化范围在 60~100℃，其他条件为：硫酸酸浓度为 3mol /L，H_2O_2 体积分数为 3%，固液比为 20g/L，浸出时间为 50min。图 2-9d 显示当浸出温度维持在 60℃时，Li、Ni、Co、

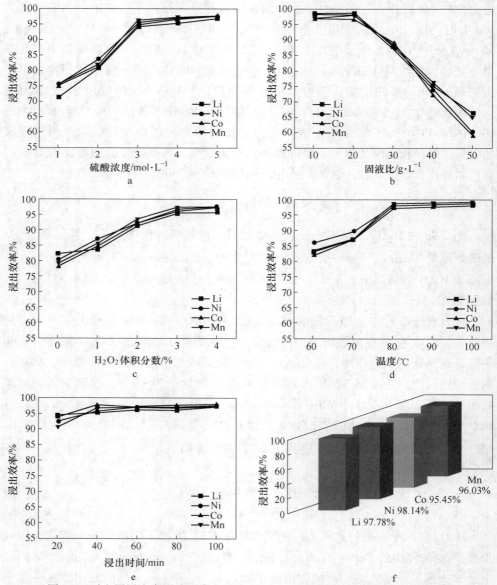

图 2-9　对金属浸出率影响因素：酸浓度(a)，固液比(b)，H_2O_2 添加量(c)，
温度(d)，时间(e)和金属在最佳条件下的浸出率(f)

Mn 的浸出率分别为 83.14%，85.93%，81.86% 和 83.26%。然后，继续对浸出液升温，当升高 10℃ 时，发现金属的浸出效率平均升高了 4% 左右。可见，温度对废旧正极材料的浸出影响较小，与前文正交实验分析结果吻合。继续升温到 80℃ 时，超过 97.2% 的 Li、Ni、Co 和 Mn 浸出到溶液中，而后继续对温度提升，浸出率不再提升。因此，考虑到高温对设备要求更高，以及会增加成本等问题，温度的最佳条件选为 80℃。

2.1.3.5 时间对浸出率的影响

最后，考察了浸出时间对 Li、Ni、Co 和 Mn 浸出率的影响。实验条件如下：硫酸浓度为 3mol/L，H_2O_2 体积分数为 3%，固液比为 20g/L，温度为 80℃，浸出时间为 20~100min。如图 2-9e 所示，浸出时间对金属的浸出效率图像几乎呈一条直线，4 种金属的浸出效率在 20min 内迅速达到 90% 以上，因此，金属能在短时间内快速地溶解，并且在溶液中达到平衡。当反应时间为 60min 时，Li、Ni、Co 和 Mn 的浸出效率就分别达到了 96.17%，97.19%，96.94% 和 97.11%。然而，从 60min 到 100min 的时间内并不能提高金属的浸出效率，这表明酸浸达到了反应的平衡状态。最终，由图像分析可得，当浸出时间为 60min 时，金属的浸出率为最大。

2.1.4 碳酸盐沉淀再生制备 NCM622 正极材料

目前锂离子电池回收方法主要包括火法冶金工艺和湿法冶金工艺。其目的是将废旧锂离子电池中有价金属提取出来。然而，由于金属离子具有相似的化学性质，很难将金属离子分离出来。目前，迫切需要寻找一种效率高、可持续和环境友好的方法来回收废旧锂离子电池。本节采用碳酸盐沉淀法对废旧锂离子电池三元正极材料再利用，避免了金属锂离子地分离，高效地对废旧资源进行回收。

2.1.4.1 再生 NCM622 材料结构、形貌变化

采用碳酸盐沉淀法获得的前驱体分别在 800℃、850℃、900℃ 下进行高温煅烧，得到的 $LiNi_{0.6}Co_{0.2}Mn_{0.2}O_2$ 正极材料分别记做 S-NCM-800、S-NCM-850、S-NCM-900，并进行 XRD、SEM 表征及电化学性能测试。

A 再生材料晶体结构

图 2-10 为不同煅烧温度下制备的三元正极材料 $LiNi_{0.6}Co_{0.2}Mn_{0.2}O_2$ 的 XRD 图谱。由图中可以观察到，制备出的材料均具有 α-$NaFeO_2$ 型层状结构的特征峰，没有杂峰存在，并且衍射峰较尖锐，强度高，表明材料的结晶性良好。另外，从图中可以发现随着煅烧温度的增加，峰强度有微弱增加的趋势，比较明显的是（006/102）和（108/110）峰，随着煅烧温度的上升，两峰分裂显著，进一步说明碳酸盐再生 $LiNi_{0.6}Co_{0.2}Mn_{0.2}O_2$ 材料的结晶性能良好。

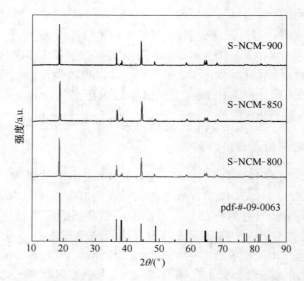

图 2-10   不同烧结温度下再生三元正极材料 $LiNi_{0.6}Co_{0.2}Mn_{0.2}O_2$ 的 XRD 图谱

B   再生材料的形貌及元素变化

如图 2-11 所示,采用碳酸盐沉淀再生的三元正极材料 $LiNi_{0.6}Co_{0.2}Mn_{0.2}O_2$ 具有一次颗粒大小均匀,二次颗粒形状类似椭圆形的结构且颗粒表面不光滑。通过元素面扫描发现 Ni、Co、Mn、O 元素都能够均匀分布在颗粒上。随着煅烧温度增加到 850℃,发现一次颗粒尺寸几乎没有发生改变,但是可以观察到颗粒表面的轮廓更加清晰,颗粒更加均匀。当温度上升到 900℃ 时,一次颗粒明显变大,且二次颗粒的团聚减少,并且各个元素都能均匀地分布在颗粒表面。

2.1.4.2   再生 NCM622 材料的电化学性能

为了比较在 800℃、850℃、900℃ 下用碳酸盐沉淀法再生 $LiNi_{0.6}Co_{0.2}Mn_{0.2}O_2$ 材料的电化学性能,对该材料进行初始充放电测试,充放电循环测试以及在不同倍率下的充放电测试。

图 2-12a 为材料在倍率为 0.1C,电压范围为 2.7~4.3V 的条件下,首次充放电曲线图。所有被测试样品的曲线都具有典型的三元正极材料 $LiNi_{0.6}Co_{0.2}Mn_{0.2}O_2$ 的电位平台(约 3.75V)。S-NCM622-800,S-NCM622-850 和 S-NCM622-900 材料的放电比容量分别为 170.4mA·h/g、173.4mA·h/g 和 166.9mA·h/g,所对应的库仑效率,也称为放电效率分别为 84.1%,84.9% 和 81.8%。煅烧温度为 850℃ 下再生材料的初始放电容量比其他温度下再生材料的高,这是由于 S-NCM622-850 样品的极化值比较低,这一结果在后文 *CV* 曲线分析中可以得到证

明。另外，首次库仑效率较低的原因可能是电极表面形成了固体电解质界面（SEI），存在电解质对电极材料的渗透不足。

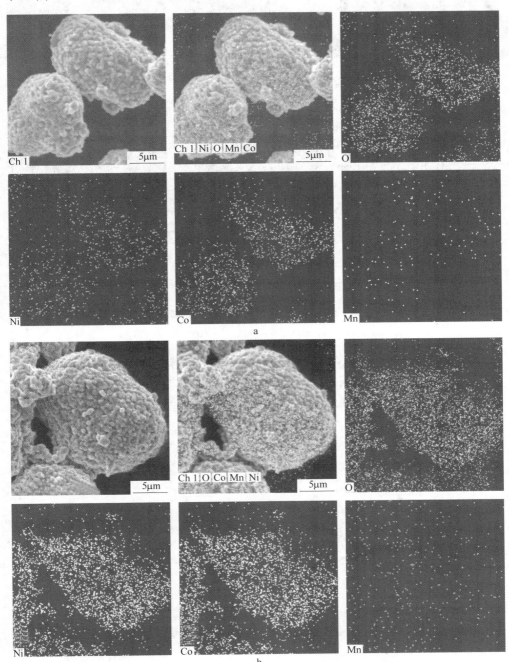

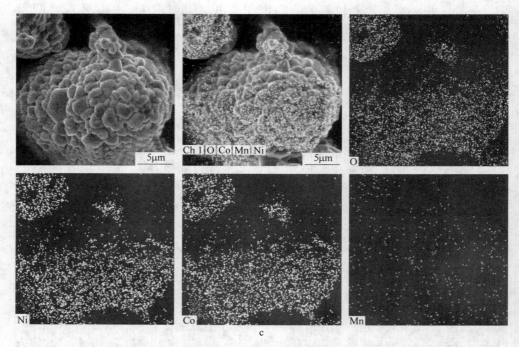

图 2-11　不同烧结温度下再生三元正极材料 $LiNi_{0.6}Co_{0.2}Mn_{0.2}O_2$ 的元素分布及形貌

a—800℃；b—850℃；c—900℃

与此同时，还对所有样品的循环性能进行了研究。图 2-12b 为 S-NCM622-800，S-NCM622-850 和 S-NCM622-900 样品在 1C 条件下，循环 100 次的图谱。所有样品的循环曲线都趋于水平，代表采用碳酸盐沉淀法再合成的材料具有良好的循环性能。S-NCM622-800，S-NCM622-850 和 S-NCM622-900 材料在 100 次循环后的放电比容量依然能够达到 141.0mA·h/g、144.6mA·h/g 和 147.2mA·h/g，对应的容量保持率分别为 89.98%、92.63% 和 95.10%。

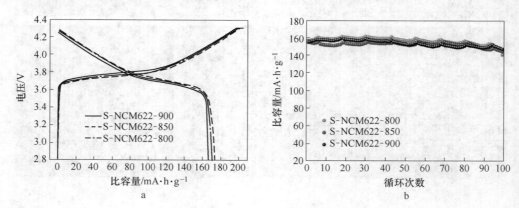

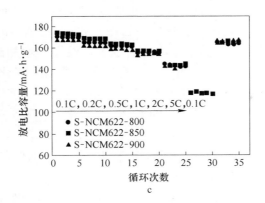

图 2-12　不同烧结温度下再生材料的循环性能

a—0.1C 初始充放电曲线；b—1C 速率下 2.8~4.3V 循环性能；c—不同倍率下的循环性能

为了进一步比较不同温度下再生材料的电化学可逆性，进行了 *CV* 测试。如图 2-13 所示，图 2-13a~c 分别代表煅烧温度为 800℃、850℃和 900℃下再合成材

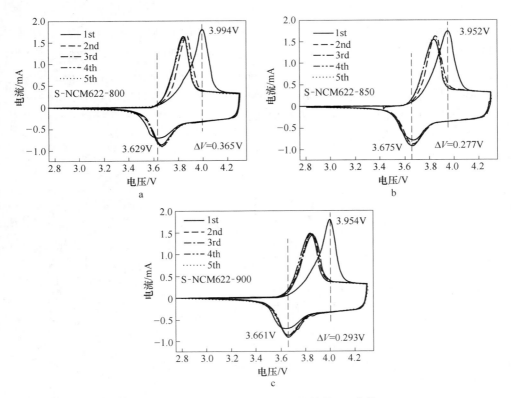

图 2-13　不同煅烧温度下再生材料的 *CV* 曲线

a—800℃；b—850℃；c—900℃

料从第 1 圈到第 5 圈扫描的 CV 曲线。可以明显观察到，只有一个氧化峰与还原峰，对应于 Ni^{2+}/Ni^{4+} 氧化还原反应。首圈扫描中，S-NCM622-800 材料的氧化峰为 3.994V，还原峰在 3.629V 左右。随着烧结温度增加到 850℃，再生材料在 3.952V 和 3.675V 处有分别对应氧化峰与还原峰。氧化还原峰之间的电位差（ΔV 的值）能够反映出材料电化学可逆性，通过计算得出 S-NCM622-800 和 S-NCM622-850 材料所对应的 ΔV 的值分别为 0.365V 和 0.277V，结果表明，后者具有较好的电化学可逆性和较低的极化率，即提高煅烧温度有助于提高材料的电化学可逆性。与此同时，发现煅烧温度为 900℃时，材料的电化学可逆性有所降低，同时 CV 曲线的面积有所减小，这表明材料的比容量有所下降。这一结论与前文首次充放电结果是一致的。在随后的 CV 循环中，氧化还原峰之间的电位差随着循环次数的增多而减小，最后，再生材料的氧化还原峰位大体一致。

为了进一步解释煅烧温度为 850℃条件下再生的材料电化学性能最佳，进行了电化学阻抗测试，图 2-14a 为不同煅烧温度下再生材料的电化学阻抗谱图，频率区间为 $10^{-1} \sim 10^{5}$ Hz。图 2-14a 中所有材料的阻抗曲线在中频区为一个半圆，低频区对应的是一条斜线，中频区的半圆反映的是界面电荷转移阻抗，而低频区的斜线则表示扩散阻抗。图 2-14b 为材料阻抗对应的等效电路图，R_s 代表的是欧姆阻抗，R_{ct} 代表的是电荷转移阻抗，C_1 表示双电层电容，W_1 则表示的是锂离子扩散阻抗。从图 2-14b 中可以观察到，S-NCM622-850 材料的电荷转移阻抗最小，而煅烧温度为 900℃时，材料的阻抗增加，因此，S-NCM622-850 材料具有最佳的电化学性能，这个结果与前文 CV 测试结果一致。

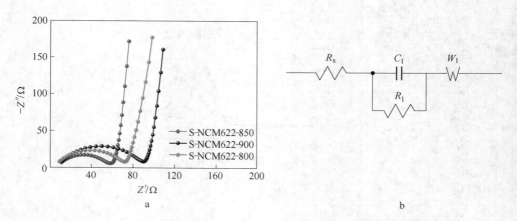

图 2-14 不同烧结温度下再生材料的电化学阻抗谱图(a)和等效电路图(b)

2.1.5 小结

本节对废旧锂离子电池首先进行手工拆解，分离出正极片，随后采用碱浸出，高温煅烧的方法基本除去废旧 NCM622 正极材料中的 Al、C、F 等杂质，为浸出实验提供了原料。

采用硫酸和 H_2O_2 浸出体系，对废旧锂离子电池 NCM622 正极材料进行了酸浸过程的研究，进行了正交实验，研究了酸浓度、还原剂添加量、固液比、浸出时间和温度 5 种因素对废旧 NCM622 材料各金属浸出率影响的大小，影响因素大小的排序为：硫酸浓度 > 固液比 > H_2O_2 添加量 > 温度 > 时间。同时分析了 5 种因素的最佳因素的水平组合是：温度为 60℃、时间为 50min、硫酸浓度为 3mol/L、H_2O_2 添加量为 2%（体积分数）、固液比为 10g/L。优化实验条件，最后发现在实验条件为：硫酸酸浓度为 3mol/L、H_2O_2 的体积分数为 3%、固液比为 20g/L、温度为 80℃、浸出时间为 60min 时，Li、Ni、Co、Mn 的浸出率最高，分别为 97.78%、98.14%、95.45% 和 96.03%。

采用碳酸盐沉淀辅助高温固相法再生的三元正极材料 $LiNi_{0.6}Co_{0.2}Mn_{0.2}O_2$，通过 XRD 分析表明，再生材料无杂峰且层状结构良好；SEM 测试结果显示，煅烧温度在 850℃下，$LiNi_{0.6}Co_{0.2}Mn_{0.2}O_2$ 正极材料的大小更加均一；电化学测试结果说明，在煅烧温度为 850℃下合成的三元正极材料在 0.1C 倍率下，首次充放电性能最好，能达到 173.4mA·h/g，在煅烧温度为 900℃下再生材料的循环性能最佳，在 1C 倍率条件下，循环 100 次后容量保持率为 95.10%。CV 和 EIS 测试曲线表明，再生材料的电化学可逆性在煅烧温度为 850℃时最好。

2.2 废旧三元材料有机酸浸出与材料再生制备

废旧三元材料的酸性浸出是湿法回收锂离子正极材料的重要步骤，能够对后续有价金属的分离或正极材料的再合成产生重要影响。目前，废旧三元正极材料的浸出过程主要采用有机酸或无机酸加还原剂，由于无机酸酸性过强，易腐蚀设备和产生有毒、有害气体。因此，采用温和的有机酸和还原剂浸出废旧三元正极材料成为近来研究的热点。而采用有机酸浸出存在金属浸出率不高的问题，因此，本节通过控制超声波功率、温度、固液比等条件，研究酒石酸浸出废旧三元正极材料的最佳条件。

2.2.1 酒石酸浸出及再生回收利用方案

本节主要围绕对废旧锂离子电池三元正极材料进行回收，再合成三元正极材料为主要目标。实验流程包括预处理过程、浸出过程、共沉淀过程。

2.2.1.1　电池预处理实验

废旧三元锂离子电池由东莞力隆电池科技有限公司提供。废旧锂离子电池的预处理过程如下：

（1）将废弃的锂离子电池浸泡在饱和的 NaCl 溶液中，静置 2~3 天，避免锂离子电池在实验中发生爆炸。

（2）人工将锂离子电池的塑料外壳剥下，将正负极分开。再将正极箔片切成 1cm × 1cm 的小方块。

（3）将切好的带有铝箔的正极材料浸入 2mol/L 的 NaOH 溶液中，在 60℃ 下，搅拌溶解铝箔 2h，反应方程为：

$$2Al + 2NaOH + 2H_2O \longrightarrow 2NaAlO_2 + 3H_2 \uparrow$$

碱浸过程属于湿法冶金过程，利用 NaOH 溶液浸泡正极材料上的铝箔使铝箔溶解，过滤后得到正极活性物质。

（4）用质量浓度为 5% 的 NaOH 溶液对步骤（2）得到的废渣进行三次洗涤，去除残留的铝，再用去离子水洗涤三次，去除表面残碱，所得废渣在 90℃ 下干燥 12h 得到粉料。

（5）将干燥后的粉料，在马弗炉中，温度为 600℃ 下，煅烧 5h。室温冷却后研磨 5h，在 200 目下进行筛分，最终得到颗粒细小的粉末。

2.2.1.2　废旧三元正极材料的浸出

称取一定量的经过预处理得到的粉料倒入三孔瓶中，然后加入一定量的酒石酸和过氧化氢，并且调节酸的浓度和固液比。将三叉瓶置于恒温水浴锅中，同时利用超声波辅助浸出过程，提高金属浸出率。通过控制实验条件考查有机酸浓度、温度、固液比、过氧化氢添加量、超声波功率和时间对浸出效率的影响，从而确定三元正极材料的最佳浸出条件。酸浸结束后，将浸出溶液进行抽滤，定容，稀释后用 ICP 仪器测定浸取液中 Li、Ni 、Co 、Mn 的元素含量。

2.2.1.3　沉淀法再生三元正极材料

称取 0.1g 废旧锂离子电池正极材料，采用 H_2O_2 作还原剂辅助 DL-酒石酸浸出。得到的酸浸液通过过滤后采用 ICP 测定 Li、Ni、Co、Mn 的含量。首先通过加入纯 $NiSO_4$、$CoSO_4$、$MnSO_4$ 将酸浸液中 Ni、Co、Mn 的摩尔比调节至 6∶2∶2，选择 2mol/L 的 Na_2CO_3 作为沉淀剂，2mol/L 的 $NH_3 \cdot H_2O$ 作螯合剂，控制溶液的 pH = 8.5，在搅拌速度为 400r/min、温度为 60℃ 、沉淀时间为 12h，沉淀物经过过滤之后，在90℃下干燥10h，粉碎过筛后得到前驱体，经过混锂，放入马弗炉中，在氧气气氛下：（1）将温度从35℃升高至400℃，升温时间为300min；（2）将温度维持在400℃，煅烧5h；（3）将温度由400℃升高至850℃，升温速度为3℃/min，煅烧时间150min；（4）在850℃下煅烧15h，最终得到再生$LiNi_{0.6}Co_{0.2}Mn_{0.2}O_2$正极材料。

2.2.2　废旧NCM622正极材料的基本性质

本节采用碱浸出以及高温煅烧的方法对废旧三元锂离子电池的正极进行预处理，并且通过SEM-EDS、XRD表征分析废旧三元锂离子电池正极材料在预处理过程中的结构和成分变化。

2.2.2.1　废旧三元材料晶体结构

首先将碱浸后的废旧锂离子电池正极材料在马弗炉中煅烧，除去其中的黏结剂和PVDF，煅烧温度为600℃。图2-15是在600℃下煅烧5h后得到的正极粉料的XRD图谱。可以发现废旧的三元锂离子电池正极材料依然保留了原有的空间结构，但各个峰稍有削弱，说明经过煅烧后的正极材料的空间结构已经被严重破坏。

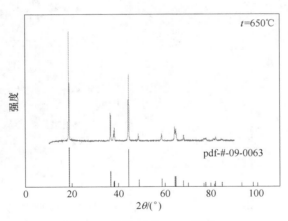

图2-15　煅烧后的XRD图谱

2.2.2.2　正极材料成分组成

废旧三元锂离子正极材料预处理前和预处理后各元素质量分数见表2-9。可以发现，经过预处理后，Ni、Co、Mn三种元素的含量变化不大。而95%的Al、C、F可以通过预处理过程除去。

表 2-9   预处理前后各元素含量

元　素	质量分数/%						
	Li	Ni	Co	Mn	Al	C	F
预处理前	5.97	34.69	11.61	11.65	8.67	2.45	1.98
预处理后	5.57	34.70	11.63	11.55	0.07	0.01	0.01

2.2.2.3   预处理过程中材料形貌及元素变化

废旧锂离子电池正极材料在预处理过程中的 SEM-EDS 测试结果如图 2-16 所示。可以发现废旧锂离子电池正极材料的颗粒呈椭圆状，颗粒大小均匀，但表面粗糙。

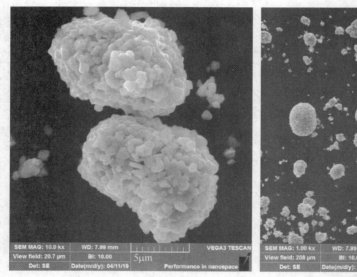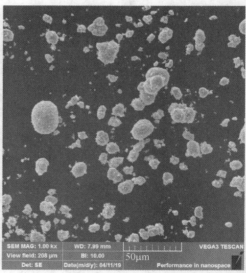

图 2-16   废旧三元正极材料预处理 SEM-EDS 图像

2.2.3   废旧三元锂离子电池正极材料酸浸过程

在三孔瓶中进行湿法冶金酸性浸出实验，将其置于恒温水浴磁力搅拌器中，搅拌器装有超声波装置。通过单因素实验确定最佳实验条件，包括固液比，柠檬酸浓度（0.25~0.75mol/L），H_2O_2 添加量（2.5~7.5mL），温度（40~75℃）和浸出时间（5~30min）。酸浸前，需要对废旧三元正极材料中的金属元素含量进行测定。取废旧三元正极材料 0.1g 溶于 40mL 去离子水中，控制 DL-酒石酸浓度为 0.5mol/L、双氧水添加量为 5mL、温度为 70℃、浸出时间为 20min，然后得到浸出液，过滤之后定容到 100mL 的锥形瓶中，然后用移液管吸取 0.1mL，再定容到 50mL 的试管中，进行 ICP 测试各元素的含量。

浸出率的计算公式为

$$L_E = \frac{V_0 M C_0}{mw} \times 100\%$$

式中，V_0 为浸出液的体积；M 为元素相对分子质量；C_0 为金属离子的浓度；m 为正极材料的质量；w 为样品中金属的质量分数。

2.2.3.1　超声波功率对金属浸出率的影响

由于有机酸存在浸出效率不高的问题，所以本书采用超声波辅助有机酸浸出。采用单因素变量法考察影响金属浸出率的最佳条件，首先考察超声波功率的影响。实验条件：DL-酒石酸浓度为 0.5mol/L、双氧水为 5mL、温度为 70℃、固液比为 2.2g/L、浸出时间为 20min，结果如图 2-17 所示。当关闭超声波时，由图 2-17 可以看出 Li、Ni、Co、Mn 的浸出率均较低，分别为 69.2%、64.6%、61.8%、65.5%。随着超声波功率的提高，4 种金属的浸出率明显升高。当超声波功率达到 100W 时，4 种金属的浸出率均在 80% 左右。当超声波功率继续增大至 120W 时，Li、Ni、Co、Mn 的浸出率变化并不大，所以超声波功率最好选为 100W。其中，金属 Li 的浸出率随超声波功率增加最为明显。

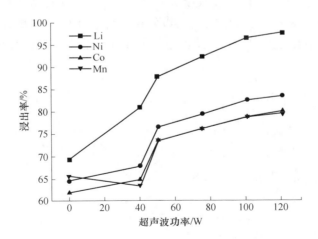

图 2-17　超声波功率对金属浸出率的影响

表 2-10 为超声波功率对金属浸出率的影响情况。

表 2-10   超声波功率对金属浸出率的影响

序号	实验条件						浸出率/%			
	功率/W	温度/℃	时间/min	酒石酸浓度/mol·L⁻¹	H₂O₂添加量/mL	固液比/g·L⁻¹	Li	Ni	Co	Mn
1	120	70	20	0.5	5	2.2	97.6	83.4	80.0	79.6
2	100	70	20	0.5	5	2.2	96.5	82.5	78.7	78.7
3	75	70	20	0.5	5	2.2	92.2	79.3	76.1	76.1
4	50	70	20	0.5	5	2.2	87.8	76.4	73.5	73.4
5	40	70	20	0.5	5	2.2	80.8	67.8	64.7	63.4
6	0	70	20	0.5	5	2.2	69.2	64.6	61.8	65.5

2.2.3.2   有机酸浓度对金属浸出率的影响

图 2-18 为超声波功率为 100%、双氧水体积为 5ml、温度为 70℃、固液比为 2.2g/L、浸出时间为 20min 的条件下，酒石酸浓度对 4 种金属浸出率的影响。当酒石酸浓度从 0.25mol/L 升高至 0.375mol/L 时，Li、Ni、Co 的浸出率均有所上升，而 Mn 的浸出率略有下降。当继续增大酒石酸浓度至 0.5mol/L 时，Ni、Co、Mn 的浸出率略有上升，而 Li 的浸出率下降。继续增大酒石酸浓度，Li、Ni、Co、Mn 的浸出率均上升。当有机酸浓度为 0.75mol/L 时，4 种金属的浸出率分别为 90.5%、84.2%、83.3%、92.8%。可以发现 4 种金属的浸出率在酒石酸浓度为 0.675~0.75mol/L 之间变化不大。为了保证浸出率，酒石酸的浓度最好取 0.675mol/L。

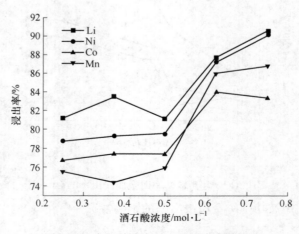

图 2-18   有机酸浓度对金属浸出率的影响

表 2-11 为有机酸浓度对金属浸出率的影响情况。

表 2-11 有机酸浓度对金属浸出率的影响

序号	实 验 条 件						浸出率/%			
	功率/W	温度/℃	时间/min	酒石酸浓度/mol·L⁻¹	H₂O₂添加量/mL	固液比/g·L⁻¹	Li	Ni	Co	Mn
1	100	70	20	0.25	5	2.2	81.2	78.7	76.7	75.5
2	100	70	20	0.375	5	2.2	83.5	79.3	77.4	74.4
3	100	70	20	0.5	5	2.2	81.1	79.5	77.4	75.9
4	100	70	20	0.625	5	2.2	87.7	87.2	84.0	86.0
5	100	70	20	0.75	5	2.2	90.5	90.1	83.3	86.8

2.2.3.3 双氧水添加量对金属浸出率的影响

双氧水对有价金属的浸出具有促进作用，图 2-19 为超声波功率为 100W、酒石酸浓度为 0.625mol/L、温度为 70℃、固液比为 2.2g/L、浸出时间为 20min 的条件下，双氧水对 4 种金属浸出率的影响。当双氧水添加量为 2.5mL 时，金属 Li 的浸出率为 79.2%，Ni 为 81.8%，Co 为 79.9%，Mn 为 78.0%。当双氧水添加量从 2.5mL 升高至 6.25mL 时，4 种金属的浸出率均有所上升，在 5~6.25mL 之间浸出率变化最为明显。且在 6.25mL 时，4 种金属的浸出率分别为 95.1%、96.7%、96.3%、96.8%。继续增加双氧水用量对 4 种金属的浸出率无明显贡献。

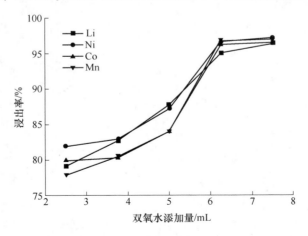

图 2-19 双氧水添加量对金属浸出率的影响

双氧水在水中发生电离反应，增加了溶液中 H⁺ 的浓度，因此在双氧水从 2.5mL 增加到 6.25mL 时，4 种金属离子的浸出率均上升。最终确定双氧水最佳添加量为 6.25mL。

表 2-12 为双氧水添加量对金属浸出率的影响。

表 2-12　双氧水添加量对金属浸出率的影响

序号	实 验 条 件						浸出率/%			
	功率/W	温度/℃	时间/min	酒石酸浓度/mol·L⁻¹	H₂O₂添加量/mL	固液比/g·L⁻¹	Li	Ni	Co	Mn
1	100	70	20	0.625	2.5	2.2	79.2	81.8	79.9	78.0
2	100	70	20	0.625	3.75	2.2	82.7	82.9	80.3	80.5
3	100	70	20	0.625	5	2.2	87.7	87.2	84.0	84.0
4	100	70	20	0.625	6.25	2.2	95.1	96.7	96.3	96.8
5	100	70	20	0.625	7.5	2.2	96.5	97.2	96.5	97.0

2.2.3.4　温度对金属浸出率的影响

如图 2-20 所示，研究了温度对于金属浸出率的影响。温度范围为 50~75℃，其他实验条件为超声波功率为 100W、酒石酸浓度为 0.5mol/L、双氧水添加量为 5mL、固液比为 2.2g/L、浸出时间 20min。可以发现，当浸出温度维持在 60℃ 时，4 种金属均有较高的浸出率，分别为 80.7%、80.7%、73.2%、67.7%。当水浴温度从 60℃ 上升到 70℃ 时，Li、Ni、Co、Mn 的浸出率均有小幅度上升。温度从 70℃ 升高至 75℃ 时，4 种金属的浸出率变化均不明显，此时，4 种金属的浸出率分别为 83.2%、84.7%、80.2%、79.4%。因此，最佳温度确定为 70℃。

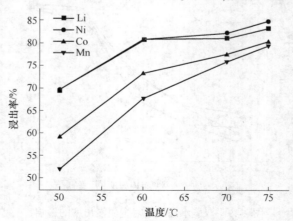

图 2-20　温度对金属浸出率的影响

表 2-13 为温度对金属浸出率的影响。

表 2-13 温度对金属浸出率的影响

序号	实 验 条 件						浸出率/%			
	功率 /W	温度 /℃	时间 /min	酒石酸浓度 /mol·L⁻¹	H₂O₂ 添加量/mL	固液比 /g·L⁻¹	Li	Ni	Co	Mn
1	100	75	20	0.5	5	2.2	83.2	84.7	80.2	79.4
2	100	70	20	0.5	5	2.2	81.1	82.2	77.4	75.9
3	100	60	20	0.5	5	2.2	80.7	80.7	73.2	67.7
4	100	50	20	0.5	5	2.2	69.4	69.5	59.1	52.1

2.2.3.5 浸出时间对金属浸出率的影响

如图 2-21 所示，研究了浸出时间对金属浸出率的影响。其他实验条件为原料 0.1g、超声波功率为 100W、酒石酸浓度为 0.5mol/L、双氧水添加量为 5mL、固液比为 2.2g/L、温度为 70℃。可以发现 Li、Ni、Co 在浸出时间为 5min 时，浸出率均在 90% 以上，而此时 Mn 的浸出率为 69%。浸出时间在 5~10min 范围内 Li、Ni、Co 的浸出没有明显变化，Mn 的浸出率略有上升。当浸出时间延长至 20min 时，Mn 的浸出率明显上升。继续延长浸出时间，Li、Ni、Mn 的浸出率均上升，Co 的浸出率呈下降态势。因此，废旧三元锂离子电池的最佳浸出时间为 20min，此时 4 种金属的浸出率分别为 98.9%、93.8%、98.5%、91.8%。

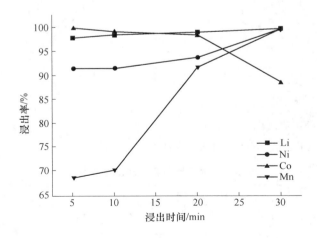

图 2-21 浸出时间对金属浸出率的影响

浸出时间对金属浸出率的影响，见表 2-14。

表 2-14　浸出时间对金属浸出率的影响

序号	实　验　条　件						浸出率/%			
	功率/W	温度/℃	时间/min	酒石酸浓度/mol·L⁻¹	H₂O₂添加量/mL	固液比/g·L⁻¹	Li	Ni	Co	Mn
1	100	70	5	0.5	5	2.2	97.9	91.5	99.8	69
2	100	70	10	0.5	5	2.2	98.5	91.5	99.1	70.5
3	100	70	20	0.5	5	2.2	98.9	93.8	98.5	91.8
4	100	70	30	0.5	5	2.2	99.7	99.7	88.7	99.6

2.2.3.6　固液比对金属浸出率的影响

如图 2-22 所示，研究了固液比对金属浸出率的影响。其他实验条件为超声波功率为 100W、酒石酸浓度为 0.5mol/L、双氧水添加量为 5mL、温度为 70℃、浸出时间为 20min。当固液比为 1.82g/L 时，Li、Ni、Co、Mn 的浸出率分别为 82.2%、80.7%、79.1%、77.1%。增大固液比发现，Li、Ni、Co、Mn 的浸出率下降明显。当固液比为 4g/L 时，Li、Ni、Co、Mn 的浸出率分别为 42.5%、48.2%、45.3%、46.2%。因此，为了保证金属的浸出率，最佳固液比为 1.82g/L。

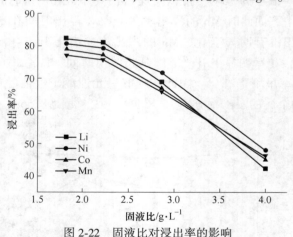

图 2-22　固液比对浸出率的影响

固液比对金属浸出率的影响见表 2-15。

表 2-15　固液比对金属浸出率的影响

序号	实　验　条　件						浸出率/%			
	功率/W	温度/℃	时间/min	酒石酸浓度/mol·L⁻¹	H₂O₂添加量/mL	固液比/g·L⁻¹	Li	Ni	Co	Mn
1	100	70	20	0.5	5	4	42.5	48.2	45.3	46.2

序号	实验条件						浸出率/%			
	功率/W	温度/℃	时间/min	酒石酸浓度/mol·L⁻¹	H₂O₂添加量/mL	固液比/g·L⁻¹	Li	Ni	Co	Mn
2	100	70	20	0.5	5	2.86	68.9	72.0	67.0	66.0
3	100	70	20	0.5	5	2.22	81.1	79.5	77.4	75.9
4	100	70	20	0.5	5	1.82	82.2	80.7	79.1	77.1

用扫描电镜对不同时间下的浸出渣进行测试，可以发现：（1）随着浸出时间的延长，浸出渣颗粒由大变小，且团聚现象较为明显；（2）由于发生腐蚀，颗粒表面被破坏，如图 2-23 所示。

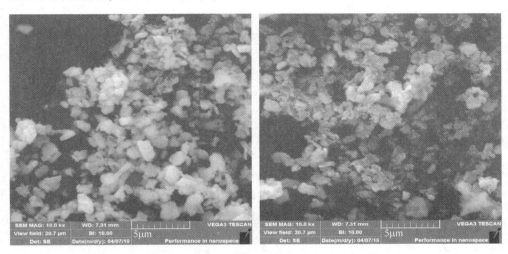

图 2-23 浸出渣在不同时间的 SEM 图

2.2.4 碳酸盐共沉淀法再生制备 NCM622 正极材料

用 $NH_3 \cdot H_2O$ 调节酸浸液的 pH = 8.5，然后采用碳酸盐共沉淀法获得前驱体，将前驱体在 850℃下高温煅烧，得到 $LiNi_{0.6}Co_{0.2}Mn_{0.2}O_2$ 正极材料，进行 XRD、SEM 表征及电化学性能测试。

2.2.4.1 再生材料晶体结构

图 2-24 为再合成正极材料 $LiNi_{0.6}Co_{0.2}Mn_{0.2}O_2$ 的 XRD 图谱，可以观察到样品具有层状结构，没有任何杂质反射，所有的峰都具有空间群 $R-3m$ 的六方 $NaFeO_2$ 晶体结构。尖锐和良好的衍射峰表明材料结晶良好。

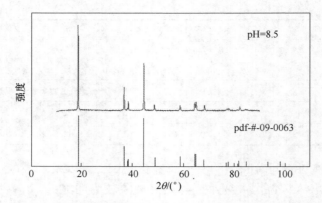

图 2-24　再合成正极材料 $LiNi_{0.6}Co_{0.2}Mn_{0.2}O_2$ 的 XRD 图谱

2.2.4.2　再生材料的形貌变化

如图 2-25 所示，采用碳酸盐共沉淀法再合成的三元正极材料 $LiNi_{0.6}Co_{0.2}Mn_{0.2}O_2$ 具有二次颗粒大小均匀，但一次颗粒形状类似椭圆形的结构且颗粒表面不光滑。

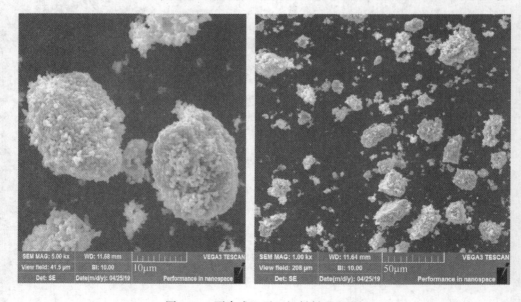

图 2-25　再合成三元正极材料 SEM 图

2.2.4.3　再生 NCM622 正极材料的电化学性能

为了考察再生 NCM622 正极材料的电化学性能，对其进行初始充放电测试。

如图 2-26 所示，所有测试样品都具有典型的三元正极材料 $LiNi_{0.6}Co_{0.2}Mn_{0.2}O_2$ 的电位平台（约 3.75V）。再生 $LiNi_{0.6}Co_{0.2}Mn_{0.2}O_2$ 的初始充放电容量分别为 $210mA \cdot h/g$ 和 $171.5mA \cdot h/g$，这些数据表明了再生的 $LiNi_{0.6}Co_{0.2}Mn_{0.2}O_2$ 与商品化的三元正极材料（$167.5mA \cdot h/g$）的放电容量相当。与此同时，还对样品的循环性能进行了研究。图 2-26b 为样品在倍率为 1C 时，循环 50 次的图谱。样品的循环曲线趋于水平，表明采用碳酸盐共沉淀法再合成的正极材料具有良好的循环性能。再合成的 $LiNi_{0.6}Co_{0.2}Mn_{0.2}O_2$ 在 50 次循环后仍具有 $144.5mA \cdot h/g$ 的初始放电容量和大于 90% 的容量保持率。

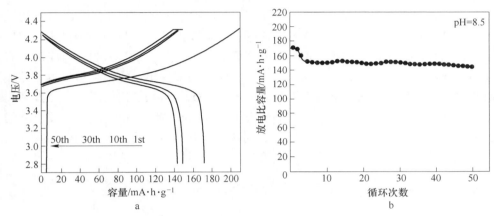

图 2-26 再合成正极材料的电化学性能

a—充放电曲线；b—循环性能

2.2.5 小结

本节采用超声波辅助 DL-酒石酸+H_2O_2 体系浸出废旧三元锂离子电池正极材料。通过单因素实验考察了超声波功率、DL-酒石酸浓度、H_2O_2 添加量、温度、浸出时间对金属浸出率的影响，最终确定了最佳浸出条件：超声波功率为 100W，DL-酒石酸浓度为 0.675mol/L，双氧水添加量为 6.25mL，温度为 70℃，浸出时间为 20min，固液比为 1.82g/L。然后采用碳酸盐共沉淀法-煅烧再合成了 $LiNi_{0.6}Co_{0.2}Mn_{0.2}O_2$ 正极材料。XRD 图谱表明，在温度为 850℃ 下煅烧合成的正极材料 $LiNi_{0.6}Co_{0.2}Mn_{0.2}O_2$ 电化学性能良好，通过对正极材料进行充放电测试发现，再合成的 $LiNi_{0.6}Co_{0.2}Mn_{0.2}O_2$ 在 50 次循环后仍具有 $144.5mA \cdot h/g$ 的初始放电容量和大于 90% 的容量保持率。由废旧三元锂离子电池回收之后，再合成的三元正极材料 $LiNi_{0.6}Co_{0.2}Mn_{0.2}O_2$ 的电化学性能与由商品化的 $LiNi_{0.6}Co_{0.2}Mn_{0.2}O_2$ 正极材料相差不大，所以废旧三元锂离子电池的回收-再合成三元正极材料是具有相当大的前景的。

2.3　废旧 $LiNi_{0.6}Co_{0.2}Mn_{0.2}O_2$ 超声强化苹果酸浸出与再生制备

无机酸如 H_2SO_4、HCl、H_3PO_4、HNO_3 等，这些无机酸对三元材料具有很高的浸出效率。但在浸出过程中会向环境释放出有害的气体，如 SO_3，NO_x，Cl_2 等。与无机酸相比，有机酸更为环保，如酒石酸，草酸，抗坏血酸，琥珀酸等有机酸。一些还原剂则用于提高浸出率，如过氧化氢、亚硫酸钠、葡萄糖、维生素 C 等。

然而，对于有机酸浸出体系，浸出时间通常相对较长，这会增加回收的成本。微波强化提取和超声强化提取已成为新的提取技术，这两种外场强化提取方法可以增强传质过程，缩短提取时间并降低能耗。目前，$LiCoO_2$ 的浸出应用已有超声强化浸出，但对于废旧 $LiNi_xCo_yMn_{1-x-y}O_2$ 材料的浸出研究很少被报道。若能够将超声用于增强有机酸对废旧 $LiNi_xCo_yMn_{1-x-y}O_2$ 材料的浸出效果，这将提高浸出反应速率并减少浸出时间。本实验研究了不同因素对镍、钴、锰和锂浸出率的影响；分析了浸出动力学和浸出机理；讨论了超声空化作用对滤渣形态的影响；并利用在最佳浸出条件下获得的浸出液成功再生制备出三元正极材料。

2.3.1　超声强化苹果酸浸出及再生回收利用方案

2.3.1.1　废旧 $LiNi_{0.6}Co_{0.2}Mn_{0.2}O_2$ 预处理

废旧 $LiNi_{0.6}Co_{0.2}Mn_{0.2}O_2$ 的预处理主要包括放电、拆卸、分离等步骤，具体内容为：首先将废旧电池浸入质量分数为 5% 的 NaCl 溶液中 24h。然后，将电池壳和电芯手动拆卸分离，并将正极片浸入 3mol/L NaOH 溶液（可以防止 $LiPF_6$ 水解产生有毒气体 HF）中，铝箔可以与 NaOH 反应形成 H_2 和 $NaAlO_2$。最后，将铝箔和正极材料剥离，用热碱浸液洗涤 3 次以除去残留的铝等，然后进行抽滤得到正极材料。最后，将正极材料进行煅烧除去电极表面的 PVDF 和导电炭，研磨过筛获得-0.075mm 的粉末。

2.3.1.2　废旧 $LiNi_{0.6}Co_{0.2}Mn_{0.2}O_2$ 材料的浸出及再生

A　浸出

废旧 $LiNi_{0.6}Co_{0.2}Mn_{0.2}O_2$ 材料（标记为 SNCM）回收再生流程如图 2-27 所示。所有浸出实验均在超声池中进行，反应容器为 200mL 三口烧瓶，对于每个实验，共 100mL 酸性溶液。由于浸出反应速率也取决于浸出液的 pH 值，而低 pH 值环境下通常能够加快浸出反应的速率。DL-苹果酸作为有机酸中的强酸，可为浸出反应提供较低的 pH 值，故可用作浸出剂。首先将溶液加热到预定温度

40~80℃，温度控制精度为±0.5℃，然后添加 0.5~1.5mol/L 浸出剂（DL-苹果酸）、废旧 LiNi$_{0.6}$Co$_{0.2}$Mn$_{0.2}$O$_2$材料粉末（0.5~3g）、0~6%（体积分数）还原剂（质量分数为 30% 的 H$_2$O$_2$）到烧瓶中进行浸出反应。实验完成后将金属浸出液用 0.22μm 的滤膜过滤，得到浸出滤液，然后对滤液进行稀释。随后采用原子吸收光谱仪（AAS）测定滤液中 Li、Ni、Co、Mn 的含量，不同金属的浸出率可以根据式(2-5)计算得出。

$$L = \frac{CV}{mw} \times 100\% \tag{2-5}$$

式中，L 为金属的浸出率,%；C 为滤液中金属离子的质量浓度，g/L；V 为浸出液的体积，L；m 和 w 分别为废旧 LiNi$_{0.6}$Co$_{0.2}$Mn$_{0.2}$O$_2$的质量和不同金属的质量分数。

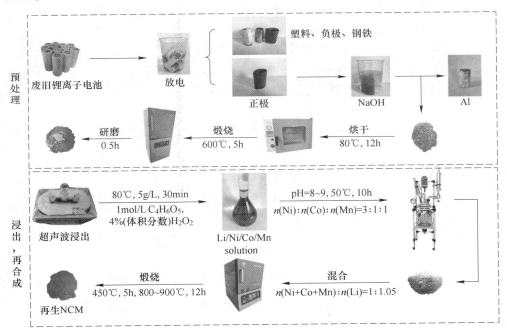

图 2-27 废旧 LiNi$_{0.6}$Co$_{0.2}$Mn$_{0.2}$O$_2$材料回收再生流程

B 再生

浸出反应完成后过滤掉浸出渣并收集滤液，同时用 ICP-OES 测定 Ni、Co、Mn 和 Li 的含量。通过添加 CH$_3$COONi · 4H$_2$O、CH$_3$COOMn · 4H$_2$O 和 CH$_3$COOCo · 4H$_2$O 将 Ni、Co 和 Mn 的摩尔比调节为 3:1:1。将金属富集液（0.6mol/L）和 Na$_2$CO$_3$ 水溶液（0.6mol/L）同时泵入连续搅拌釜反应器中。碳酸盐共沉淀条件为：pH 值为 8~9，温度为 50℃，沉淀时间为 10h，陈化时间为

10h，反应完成后将沉淀物洗涤过滤，并在 120℃下真空干燥 12h，获得前驱体 $Ni_{0.6}Co_{0.2}Mn_{0.2}CO_3$。最后，将前驱体与 $LiOH \cdot H_2O$ 以摩尔比 $n(Li) : n(M) = 1.05$（M=Ni、Co 和 Mn 的总和）混合。最后在 450℃下预烧 5h，800~900℃下烧结 12h，获得再生制备的 $LiNi_{0.6}Co_{0.2}Mn_{0.2}O_2$，并标记为 RNCM。

2.3.2　预处理过程机制分析

2.3.2.1　预处理对废旧三元材料的结构影响

为了确定废旧三元材料中有机物和碳等杂质的脱除煅烧温度，进行了热重/差热分析（TG/DSC），测试结果如图 2-28 所示。其中 TG/DSC 曲线显示了多步的重量损失和吸/放热峰。第一个失重（0.66%）发生在 0~230℃区域，这归因于结合水的去除。第二个失重区（2.69%）出现在 230~450℃的区域内，这与 PVDF 的燃烧分解温度区间一致。第三个失重区域（1.55%）出现在 450~600℃的区域，该区域在 522℃处观察到明显的放热峰，对应于乙炔黑的燃烧。然后，在 600℃以上加热导致质量损失 1.95%，这可能是锂的损失和相变。综上所述，为了使有机物和碳充分燃烧，将废三元材料的煅烧温度确定为 600℃，煅烧时间为 5h。

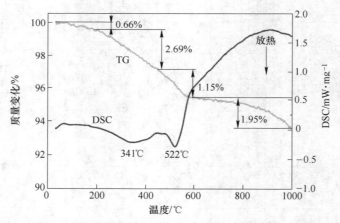

图 2-28　废旧 $LiNi_{0.6}Co_{0.2}Mn_{0.2}O_2$ 材料的 TG-DSC 曲线

为了进一步研究预处理前后对废旧正极材料的结构影响，对其进行了 XRD 物相表征，如图 2-29 所示。可以发现，煅烧前与煅烧后正极废料都具有 α-$NaFeO_2$ 型层状结构，且无杂质相存在。为了进一步探究煅烧处理对废料结构的影响，并进行了 XRD 精修，见表 2-16，经过煅烧后晶胞参数 c/a 变化不大，衍射峰（003）和（104）的峰强度之比 I_{003}/I_{104} 降低，说明经过煅烧处理后材料晶格中 Li/Ni 混排增加，这与 Li 损失可能有关。

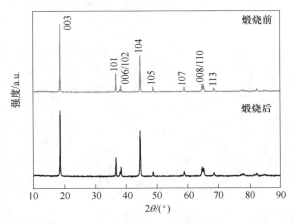

图 2-29 煅烧前和煅烧后废料的 XRD 图

表 2-16 煅烧前和煅烧后废料的 XRD 精修晶胞参数

样 品	a/nm	c/m	c/a	V/nm^3	I_{003}/I_{104}
煅烧前	0.287308	14.21875×10^{-10}	4.949	0.10165	1.53
煅烧后	0.287593	14.23003×10^{-10}	4.948	0.10193	1.44

同时对废旧三元材料粉末用 ICP-OES 测其金属元素含量，检测结果见表 2-17。可以观察出经过拆解得到的废料中 Al、Fe、Cu 杂质的含量相对较少，这意味着在拆解过程中杂质控制较好。综上所述，并通过物相和组分的分析结果，表明废旧三元材料为 $LiNi_{0.6}Co_{0.2}Mn_{0.2}O_2$。

表 2-17 在 600℃下煅烧后废旧三元材料粉末的化学组成

元 素	Li	Ni	Co	Mn	Al	Fe	Cu
质量分数/%	6.64	35.1	12.1	11.2	0.0313	0.04	0.0141

2.3.2.2 预处理对废旧三元材料的形貌影响

废旧三元材料煅烧前后的形貌变化如图 2-30 所示。从图 2-30d~f 可以看出，未煅烧处理废料由于表面有 PVDF 附着，导电性低，较为灰暗，一次颗粒大小均匀，大部分都成类球形，并有散落的一次颗粒，此外由于颗粒表面絮状的 PVDF 或导电碳颗粒与颗粒表面之间存在严重的团聚现象。从图 2-30a~c 可以观察出，SNCM 经过煅烧处理后，颗粒表面絮状物 PVDF 或导电炭全部消失，颗粒的导电性增强，整体明亮清晰，并且团聚现象降低。颗粒大小为 4~19.04μm，平均粒径为 12.97μm。

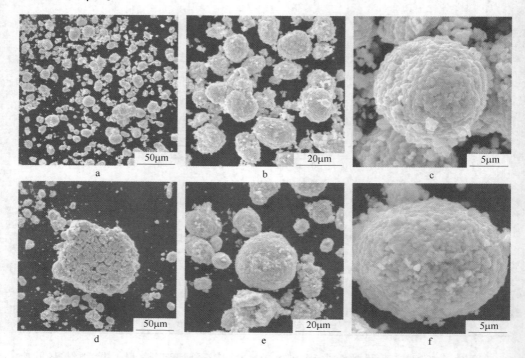

图 2-30　煅烧后(a~c)和煅烧前(d~f)SNCM 的 SEM 图

2.3.3　废旧 $LiNi_{0.6}Co_{0.2}Mn_{0.2}O_2$ 材料浸出正交规律

为了研究超声强化苹果酸浸出 SNCM 过程中各种因素对金属浸出率的影响，设计并进行了正交实验，结果见表 2-18。可以观察出浸出率随条件的变化而变化，表明这些因素共同影响浸出率。同时对正交实验结果进行了极差分析，结果见表 2-19~表 2-22，结果表明，影响浸出率大小程度由大到小的顺序为：温度、浸出时间、DL-苹果酸浓度、超声强度和 H_2O_2 体积分数。

表 2-18　正交实验设计的实验结果

| 序号 | 影　响　因　素 | | | | | 浸出率/% | | | |
	温度/℃	时间/min	DL-苹果酸浓度/mol·L⁻¹	双氧水(体积分数)/%	超声强度/W	Ni	Co	Mn	Li
1	80	30	1.50	6	100	99.3	99.7	98.4	99.8
2	80	25	1.25	5	90	98.1	97.9	96.6	98.3

序号	影 响 因 素					浸出率/%			
	温度 /℃	时间 /min	DL-苹果酸浓度 /mol·L^{-1}	双氧水 (体积分数)/%	超声强度 /W	Ni	Co	Mn	Li
3	80	20	1.00	4	80	97.2	95.3	96.2	97.4
4	80	15	0.75	3	70	96.0	94.8	95.3	96.7
5	80	10	0.50	2	60	89.2	87.3	85.2	90.3
6	70	30	1.25	4	60	96.3	93.5	92.6	96.3
7	70	25	1.00	3	100	95.2	94.3	91.8	95.9
8	70	20	0.75	2	90	83.9	81.6	82.7	86.0
9	70	15	0.50	6	80	83.5	80.6	81.2	84.1
10	70	10	1.50	5	70	97.6	97.5	97.0	98.2
11	60	30	1.00	2	70	92.6	88.8	91.0	93.0
12	60	25	0.75	6	60	89.5	85.8	86.9	90.5
13	60	20	0.50	5	100	84.9	81.1	82.4	85.3
14	60	15	1.50	4	90	94.9	91.2	91.2	87.3
15	60	10	1.25	3	80	84.3	80.2	83.8	85.0
16	50	30	0.75	5	80	91.4	84.7	88.4	94.3
17	50	25	0.50	4	70	71.2	65.0	71.4	71.8
18	50	20	1.50	3	60	75.0	68.2	75.6	73.7
19	50	15	1.25	2	100	68.2	63.4	71.6	70.3
20	50	10	1.00	6	90	57.4	50.0	59.3	58.6
21	40	30	0.50	3	90	60.5	54.0	63.2	62.6
22	40	25	1.50	2	80	59.9	53.5	62.0	61.3
23	40	20	1.25	6	70	48.7	42.0	55.8	53.5
24	40	15	1.00	5	60	29.6	21.5	33.9	37.9
25	40	10	0.75	4	100	23.5	14.4	27.5	33.0

表 2-19 正交实验的分析结果（Ni 元素）

元素	影响因素	温度/℃	时间/min	DL-苹果酸浓度 /mol·L^{-1}	双氧水 (体积分数)/%	超声强度/W
Ni	$K1$	95.96	88.02	85.34	75.68	74.22
	$K2$	91.30	82.78	79.12	80.32	78.96
	$K3$	89.24	77.94	74.40	76.62	83.26
	$K4$	72.64	74.44	76.86	82.20	81.22
	$K5$	44.44	70.40	77.86	78.76	75.92
	极差 R	51.52	17.62	10.94	6.52	9.04

优先顺序：温度 > 时间 > DL-苹果酸浓度 > 超声强度 > 双氧水体积分数

表 2-20　正交实验的分析结果（Co 元素）

元素	影响因素	温度/℃	时间/min	DL-苹果酸浓度/mol·L⁻¹	双氧水（体积分数）/%	超声强度/W
Co	$K1$	95.00	84.14	82.02	71.62	70.58
	$K2$	89.50	79.30	75.40	76.54	74.94
	$K3$	85.42	73.64	69.98	71.88	78.86
	$K4$	66.26	70.30	72.26	78.30	77.62
	$K5$	37.08	65.88	73.60	74.92	71.26
	极差 R	57.92	18.26	9.76	6.68	8.28

优先顺序：温度 > 时间 > DL-苹果酸浓度 > 超声强度 > 双氧水体积分数

表 2-21　正交实验的分析结果（Mn 元素）

元素	影响因素	温度/℃	时间/min	DL-苹果酸浓度/mol·L⁻¹	双氧水（体积分数）/%	超声强度/W
Mn	$K1$	94.34	86.72	84.84	76.32	74.34
	$K2$	89.06	81.74	80.08	79.66	78.60
	$K3$	87.06	78.54	74.44	75.78	82.32
	$K4$	73.26	74.64	76.16	81.94	82.10
	$K5$	48.48	70.56	76.68	78.50	74.84
	极差 R	45.86	16.16	10.40	6.16	7.98

优先顺序：温度 > 时间 > DL-苹果酸浓度 > 超声强度 > 双氧水体积分数

表 2-22　正交实验的分析结果（Li 元素）

元素	影响因素	温度/℃	时间/min	DL-苹果酸浓度/mol·L⁻¹	双氧水（体积分数）/%	超声强度/W
Li	$K1$	96.50	89.20	85.06	77.30	76.86
	$K2$	91.50	83.56	80.68	82.80	78.56
	$K3$	88.22	79.18	76.56	77.16	84.42
	$K4$	73.74	75.26	80.10	82.78	82.64
	$K5$	49.66	72.42	78.82	80.18	77.74
	极差 R	46.84	16.78	8.50	5.64	7.56

优先顺序：温度 > 时间 > DL-苹果酸浓度 > 超声强度 > 双氧水体积分数

2.3.4 废旧 $LiNi_{0.6}Co_{0.2}Mn_{0.2}O_2$ 材料浸出单因素影响

通过对废旧 $LiNi_{0.6}Co_{0.2}Mn_{0.2}O_2$ 材料的浸出正交实验进行极差分析，得出了各种因素之间的相互作用，以及对金属浸出率影响最大的因素，由于正交实验数据分布不均匀，为了进一步得出最优的浸出条件，需对其进行浸出单因素实验，并得出最佳的浸出条件同时验证正交实验结果。

2.3.4.1 超声强度对金属浸出率的影响

为了研究超声强度（60~100W）对 SNCM 中不同金属浸出的影响，在 DL-苹果酸浓度为 1mol/L，温度为 70℃，浸出时间为 20min，H_2O_2 体积分数为 2%，固液比为 5g/L 条件下进行浸出实验，结果如图 2-31 所示。结果表明，在不进行超声波强化的情况下，Ni、Co、Mn、Li 的浸出率分别为 71.3%、70.3%、69.8% 和 72%。说明在没有外场强化对流的情况下，金属浸出变慢且浸出效率降低。为了强化金属氧化物颗粒的碰撞和金属溶液的对流扩散，引入超声波作为浸出强化场。当超声强度提高到 60W 时，Ni、Co、Mn 和 Li 的浸出率分别为 92.3%、91.3%、89.8% 和 92.3%。并且可以发现，金属锂比其他金属更容易浸出。随着超声强度增加到 90W 时，Ni、Co、Mn 和 Li 的浸出率分别为 95.6%、94.6%、94% 和 95.8%。当继续提高超声强度浸出率并没有明显提高，为了兼顾高浸出率和低成本消耗，选择 90W 为最佳的超声强度。

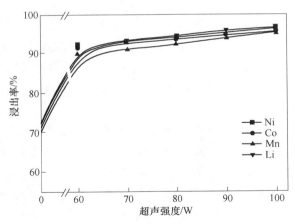

图 2-31 优化条件下超声强度对金属浸出率的影响

2.3.4.2 苹果酸浓度对金属浸出率的影响

为了研究苹果酸浓度（0.5~1.5mol/L）对 SNCM 中不同金属浸出的影响，

在超声强度为 90W，温度为 70℃，浸出时间为 20min，H₂O₂ 体积分数为 2%，固液比为 5g/L 条件下进行浸出实验，结果如图 2-32 所示。可以观察出，随着酸浓度从 0.5mol/L 增加到 1mol/L，浸出率也大幅增加。当酸浓度超过 1mol/L 时，浸出率变化不明显，表明 DL-苹果酸的最佳浓度为 1mol/L。在最优条件下，Li、Ni、Co 和 Mn 的浸出率分别可以达到 95.6%、93.3%、95.2%、94.6%。

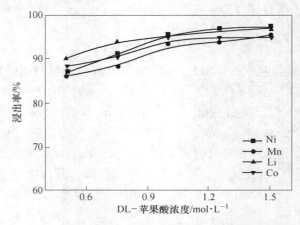

图 2-32　优化条件下苹果酸浓度对金属浸出率的影响

2.3.4.3　双氧水体积分数对金属浸出率的影响

为了研究 H₂O₂ 体积分数（0~6%）对 SNCM 中不同金属浸出的影响，在超声强度为 90W，温度为 70℃，浸出时间为 20min，DL-苹果酸浓度为 1mol/L，固液比为 5g/L 条件下进行浸出实验，结果如图 2-33 所示。可以发现在不添加 H₂O₂ 的条件下，Ni、Co、Mn 的浸出率相对较低。然而，锂的浸出率可以达到 71.7%，表明锂的浸出比较容易进行，这主要是因为两方面：一是 Li⁺ 位于过渡金属与 O 形成的八面体层中，与 O 化学键结合较弱，很容易从层状金属氧化物中析出；二是 Li⁺ 的半径较小，很容易从八面体间隙溶出。当 H₂O₂ 体积分数增加为 3% 过程中，浸出率明显增加；随着 H₂O₂ 体积分数从 3% 增加到 6%，浸出率变化很小，这表明过量还原剂的加入并不能显著提高浸出率。因此，最佳的还原剂体积分数为 4%。根据前人研究用 H₂O₂ 作为还原剂可以显著降低 SNCM 中金属的价态。Ni、Co、Mn 的价态降至 +2 价，可以破坏 O 与过渡金属形成的 MO₆ 化合键，降低 O 对过渡金属的吸附，更有利于金属元素的浸出。

2.3.4.4　固液比（S/L）对金属浸出率的影响

为了研究固液比（5~25g/L）对 SNCM 中不同金属浸出的影响，在超声强度

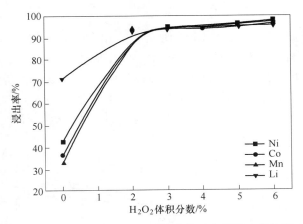

图 2-33 优化条件下双氧水体积分数对金属浸出率的影响

为 90W，温度为 70℃，浸出时间为 20min，DL-苹果酸浓度为 1mol/L，H_2O_2 浓度（体积分数）为 4%条件下进行浸出实验，结果如图 2-34 所示。结果表明，随着固液比的增加，Ni、Co、Mn 和 Li 的浸出率降低。当 S/L 从 25g/L 降至 10g/L 时，Ni、Co、Mn 和 Li 的浸出率分别从 62.7%、61%、57.5%、65.7%增加到 81%、79.2%、78.4%、82.9%。这主要是由于在浸出过程中，较大的固液比一方面会极大降低溶液的对流和扩散且会降低超声的空化效率，另一方面化学计量比也限制了最大的 S/L 范围，从而引起金属浸出率的降低。因此，从 SNCM 中浸出 Ni、Co、Mn 和 Li 的最佳固液比选取 5g/L 为宜。

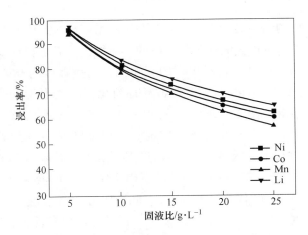

图 2-34 优化条件下固液比对金属浸出率的影响

2.3.4.5　浸出时间对金属浸出率的影响

为了进一步提高金属的浸出率，研究了浸出时间（5~40min）对 SNCM 中不同金属浸出的影响，结果如图 2-35 所示。可以观察出，浸出反应在前 20min 之内进行迅速。随后浸出时间增加到 30min 过程中，金属浸出率缓慢增加。当浸出时间超过 30min，浸出率随时间变化很小。这主要是动力学限制了金属的浸出，必须延长浸出时间来增强反应物从表面到内核的扩散。综上所述，最佳反应时间为 30min。

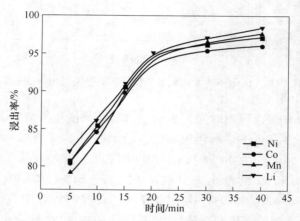

图 2-35　优化条件下浸出时间对金属浸出率的影响

2.3.4.6　浸出温度对金属浸出率的影响

正交实验分析的结果显示出，温度对金属浸出率影响最大，从动力学角度分析来看，温度的提高可以极大地降低反应的活化能，从而加快反应的速率。为了探究温度（50~90℃）对金属浸出率的影响，在超声强度为 90W，浸出时间为 30min，固液比为 5g/L，DL-苹果酸浓度为 1mol/L，H_2O_2 体积分数为 4% 条件下进行浸出实验，结果如图 2-36 所示。可以发现，随着温度从 50℃增加到 70℃，浸出率发生显著增加，当温度超过 70℃时，浸出率随时间略有变化。当温度从 80℃增加到 90℃过程中，浸出率基本不变，因此最佳反应温度为 80℃。

总体而言，对于 SNCM 浸出，最佳的浸出条件为：DL-苹果酸浓度为 1mol/L、浸出时间为 30min、H_2O_2 体积分数为 4%、固液比为 5g/L、温度为 80℃、超声强度为 90W。金属的总浸出率如图 2-37 所示，在最佳浸出条件下，Ni、Co、Mn 和 Li 的浸出率分别为 97.8%、97.6%、97.3% 和 98%。此外与其他金属相比，锂最容易实现浸出。

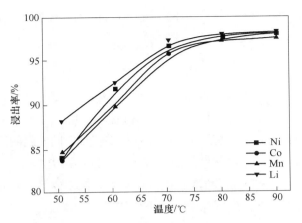

图 2-36 优化条件下浸出温度对金属浸出率的影响

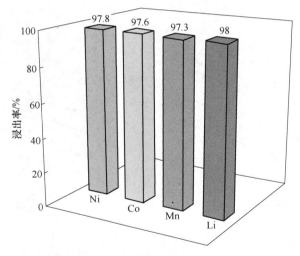

图 2-37 最佳条件下金属的浸出率

2.3.5 浸出过程的动力学

为了确定超声强化 DL-苹果酸浸出废旧 $LiNi_{0.6}Co_{0.2}Mn_{0.2}O_2$ 过程的浸出反应控制机制，在上述优化条件下，以不同温度和浸出时间对 SNCM 中金属浸出率的影响为分析依据，进行了动力学分析。根据浸出过程的特性，对 SNCM 颗粒的浸出过程包括以下步骤：（1）反应性离子在液膜中的外扩散；（2）反应性离子通过膜的扩散，直到内核表面的颗粒（内扩散）；（3）内核表面的化学反应。浸出动力学模型可分为 4 种类型：表面化学控制（式（2-6））；扩散控制模型（式

（2-7））；对数速率定律模型（式(2-8)）和 Avrami 方程模型（式(2-9)）。

模型 1： $$1 - (1 - x)^{1/3} = k_1 t \tag{2-6}$$

模型 2： $$1 - \frac{2}{3}x - (1 - x)^{2/3} = k_2 t \tag{2-7}$$

模型 3： $$\left[-\ln(1 - x) \right]^2 = k_3 t \tag{2-8}$$

模型 4： $$\ln\left[-\ln(1 - x) \right] = \ln k_4 + n\ln t \tag{2-9}$$

此外，要借助 Arrhenius 方程（式(2-10)）来获得不同金属的活化能（E_a）：

$$k = Ae^{-E_a/RT} \quad 或 \quad \ln k = \ln A - E_a/RT \tag{2-10}$$

式中，x 为 Li、Ni、Co 和 Mn 的浸出率；k 为反应速率常数，min^{-1}；t 为反应时间，min；A 为频率因子；E_a 为表观活化能；R 为气体常数，8.3145J/（mol·K）；T 为浸出温度，K。

根据不同的浸出动力学拟合模型，在不同温度下从 SNCM 浸出金属过程中的浸出率随时间变化的曲线分别如图 2-38~图 2-41 所示，对比模型 3 与其他 3 个模

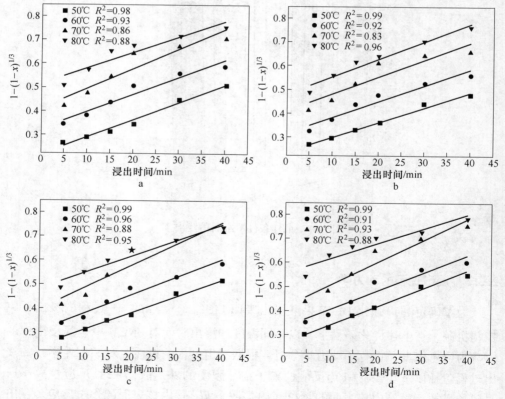

图 2-38　不同温度下从 SNCM 浸出金属过程中 $[1-(1-x)^{1/3}]$ 随时间变化曲线

a—Ni；b—Co；c—Mn；d—Li

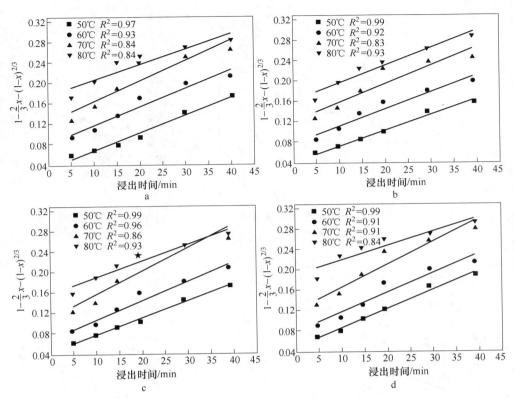

图 2-39　不同温度下从 SNCM 浸出金属过程中 $\left(1-\dfrac{2}{3}x-(1-x)^{2/3}\right)$ 随时间变化曲线

a—Ni；b—Co；c—Mn；d—Li

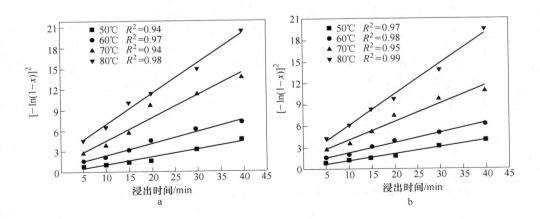

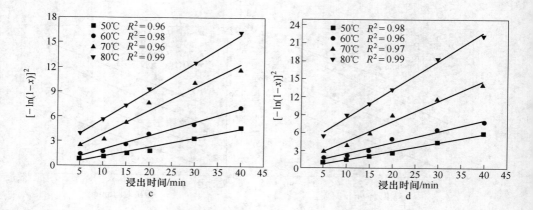

图 2-40 不同温度下从 SNCM 浸出金属过程中 $(-\ln(1-x))^2$ 随时间变化曲线

a—Ni；b—Co；c—Mn；d—Li

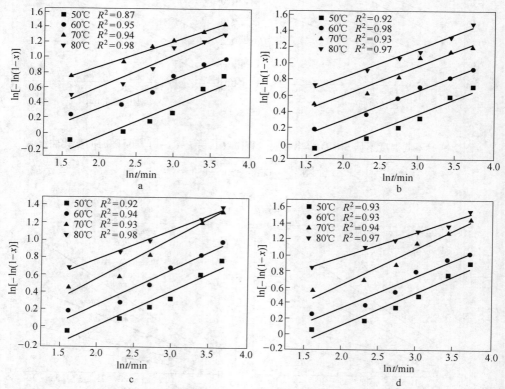

图 2-41 不同温度下从 SNCM 浸出金属过程中 $\ln[-\ln(1-x)]$ 随 $\ln t$ 变化曲线

a—Ni；b—Co；c—Mn；d—Li

型的拟合结果，模型 3 的拟合曲线具有最佳的拟合相关性，即最好的拟合度（R^2值越接近于 1，拟合度越好），所以废旧 LiNi$_{0.6}$Co$_{0.2}$Mn$_{0.2}$O$_2$超声强化 DL-苹果酸浸出过程中，浸出速率控制模型为对数速率定律模型。4 种模型拟合得到的浸出动力学具体参数见表 2-23～表 2-26。

表 2-23　超声强化 DL-苹果酸浸出镍的动力学参数

金属	T/K	模型 1	模型 2	模型 3	模型 4		
		R^2	R^2	R^2	R^2	n	$\ln k$
Ni	323.15	0.98585	0.97919	0.94288	0.86731	0.41263	−0.86746
	333.15	0.93093	0.93222	0.97474	0.95593	0.38725	−0.44414
	343.15	0.86045	0.84614	0.93704	0.94933	40.42149	−0.23076
	353.15	0.88165	0.84803	0.98876	0.98824	0.33750	0.20217

表 2-24　超声强化 DL-苹果酸浸出钴的动力学参数

金属	T/K	模型 1	模型 2	模型 3	模型 4		
		R^2	R^2	R^2	R^2	n	$\ln k$
Co	323.15	0.99029	0.99053	0.97895	0.92741	0.37484	−0.74241
	333.15	0.92327	0.92986	0.98753	0.98877	0.36562	−0.42837
	343.15	0.83855	0.83017	0.95196	0.93495	0.37100	−0.14388
	353.15	0.96210	0.93848	0.98833	0.97550	0.35857	0.10883

表 2-25　超声强化 DL-苹果酸浸出锰的动力学参数

金属	T/K	模型 1	模型 2	模型 3	模型 4		
		R^2	R^2	R^2	R^2	n	$\ln k$
Mn	323.15	0.99407	0.99259	0.96812	0.92307	0.39562	−0.77323
	333.15	0.96119	0.96416	0.98667	0.94643	0.40379	−0.55614
	343.15	0.88508	0.86949	0.96098	0.93918	0.46517	−0.37236
	353.15	0.95130	0.93230	0.99407	0.98444	0.33541	0.11282

表 2-26　超声强化 DL-苹果酸浸出锂的动力学参数

金属	T/K	模型 1	模型 2	模型 3	模型 4		
		R^2	R^2	R^2	R^2	n	$\ln k$
Li	323.15	0.99094	0.99211	0.98037	0.93537	0.41630	−0.70867
	333.15	0.91703	0.91663	0.96143	0.93392	0.40231	−0.46549
	343.15	0.93256	0.91228	0.97505	0.94535	0.45970	−0.28280
	353.15	0.88669	0.84248	0.99413	0.97834	0.31639	0.34227

反应速率常数 k 由式（2-10）计算得出，$\ln k$ 对 $1000/T$ 的曲线如图 2-42 所示。根据计算得出，Ni、Co、Mn 和 Li 的浸出活化能分别为 49.72kJ/mol、48.33kJ/mol、46.43kJ/mol 和 41.92kJ/mol。当活化能超过 40kJ/mol，这表明浸出过程中的浸出速率控制步骤是 Ni、Co、Mn 和 Li 的表面化学反应控制。这种模式下金属的浸出率受浸出温度影响很大，特别是在较高温度下，与正交实验结果相吻合。根据活化能的值，表明锂更容易实现浸出，该金属浸出顺序也在单因素实验中得到了验证。使用超声强化 DL-苹果酸浸出 SNCM 过程中，通过超声的空化作用能够在颗粒表面形成大量孔洞，从而增加了反应面积（减小了颗粒粒径），降低了黏度，并促进金属离子和溶液的对流扩散，使浸出剂可以扩散到颗粒内部，从而加速了浸出反应的进行。

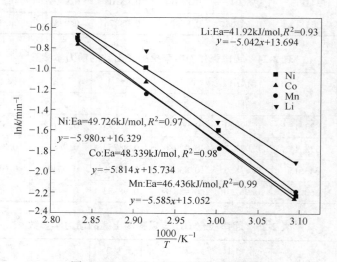

图 2-42　$\ln k$ 随 $1000/T$ 变化的曲线

2.3.6　超声强化反应过程

为了探究超声强化苹果酸浸出的机理，对浸出渣进行 SEM 分析，图 2-43a~f 分别是 SNCM、无超声强化酸浸滤渣和超声强化酸浸滤渣的形貌图。从图 2-43a 和 b 可以观察出，在无超声和酸浸的条件下，SNCM 的粒径为 3~11μm，颗粒为类球形，散落的一次颗粒较少且表面光滑。从图 2-43c 可以看出，苹果酸浸出 SNCM 后，滤渣的粒径为 0.3~3μm。从图 2-43d 可以看出，常规的无超声酸浸法具有明显的颗粒团聚，这主要是因为在浸出过程中颗粒表面可能会附着反应产物，从而引起颗粒的团聚。图 2-43e 和 f 是超声强化酸浸滤渣的形貌图，可以观察出引入超声强化浸出后，颗粒尺寸减小，这主要是超声形成的"空化核"爆裂崩溃从而对颗粒表面造成刻蚀引起的。从图 2-43f 可以清楚地看到，在颗粒表面上有大量的微孔，这表明在空化发生的微小空间内产生 100MPa 以上的高压及 5000K 以上高温，冲击波、微射流可能会对颗粒造成微小区域的刻蚀溶解，这些微孔有助于增加反应的表面积，从而增加反应速率。同时高压和冲击波也能够加强溶液的对流，使浸出剂能够扩散到 SNCM 颗粒内部从而加快反应速率，提高金属的浸出率。

图 2-43　废料(a，b)、常规浸出滤渣(c，d)、
超声强化酸浸出滤渣(e，f)SEM 图

为了明确 DL-苹果酸浸出三元材料过程中反应产物的可能结构，对反应产物做 FT-IR 分析，SNCM 和浸出滤渣的 FT-IR 光谱如图 2-44 所示。400cm^{-1} ~ 4000cm^{-1} 之间的全波数分为特征区域和指纹区域。首先分析特征区内相应有机物的化学键和特征基团，结果表明，反应后浸出滤渣具有两个主要特征区域（1495~1420cm^{-1} 和 1090~1040cm^{-1}），分别代表 CO（v_{C-O}）的拉伸振动和 CH

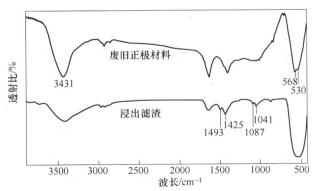

图 2-44　SNCM 和浸出滤渣的 FT-IR 图谱

的拉伸振动 ($v_{C—H}$)。1495~1420cm^{-1}的吸收峰也分别代表羧基的不对称拉伸振动 (v_{as}) 和对称拉伸振动 (v_s)。当 Δ（见式 (2-11)）小于 200cm^{-1} 时，配位方式为桥接配位，浸出滤渣 Δ 为 68cm^{-1}，表明存在桥接配位，浸出产物的可能结构模型如图 2-45 所示。

$$\Delta = v_{as} - v_s \tag{2-11}$$

在 SNCM 的指纹区域中，3431cm^{-1}、568cm^{-1} 和 530cm^{-1} 分别代表吸附 H_2O 中特征键（O—H）、M—O($v_{M—O}$) 和 Li—O($v_{Li—O}$) 的弯曲振动。浸出后 M—O ($v_{M—O}$) 和 Li—O($v_{Li—O}$) 的特征键消失，表明 $LiNi_{0.6}Co_{0.2}Mn_{0.2}O_2$ 材料中过渡金属与 O 交替形成的层状氧化物层遭到严重破坏，同时 O 对 Li 的吸附作用大大降低。另外，浸出后 SNCM 峰强度显著降低，表明 SNCM 的结构和成分发生了变化，这主要是金属与氧之间形成的化学键遭到破坏，从而造成结构变化和金属溶出。

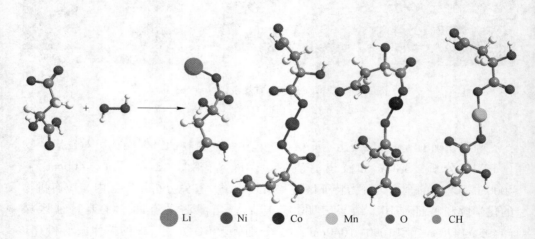

　　　　Li　　　Ni　　　Co　　　Mn　　　O　　　CH

图 2-45　DL-苹果酸浸出三元材料过程中反应产物的可能结构模型

使用 H_2O_2 作为还原剂，用 DL-苹果酸从 SNCM 中还原浸出 Co、Ni、Mn、Li 的化学反应方程如式 (2-12) 和式 (2-13) 所示。

$$LiNi_{0.6}Co_{0.2}Mn_{0.2}O_2(s) + C_4H_6O_5(s) \longrightarrow C_4H_5O_5Li(aq) + Ni(C_4H_5O_5)_2(aq) +$$
$$Co(C_4H_5O_5)_2(aq) + Mn(C_4H_5O_5)_2(aq) + H_2O(aq) + O_2(g) \tag{2-12}$$

$$LiNi_{0.6}Co_{0.2}Mn_{0.2}O_2(s) + C_4H_6O_5(s) + H_2O_2(aq) \longrightarrow C_4H_5O_5Li(aq) +$$
$$Ni(C_4H_5O_5)_2(aq) + Co(C_4H_5O_5)_2(aq) + Mn(C_4H_5O_5)_2(aq) + H_2O(aq) + O_2(g)$$
$$\tag{2-13}$$

2.3.7 碳酸盐共沉淀制备再生 LiNi$_{0.6}$Co$_{0.2}$Mn$_{0.2}$O$_2$材料

2.3.7.1 煅烧温度对再生材料结构的影响

根据研究，在 pH=8.5 条件下合成的前驱体具有最好的性能，其中煅烧温度起着关键的作用，其有助于电极材料从非晶态到晶态 α-NaFeO$_2$ 型层状结构的转变，适当的二段煅烧温度将使材料结构发育完全，从而使再生材料有较好的电化学性能，因此只对二段煅烧温度进行优化。将 800℃、850℃、900℃下煅烧再生的 LiNi$_{0.6}$Co$_{0.2}$Mn$_{0.2}$O$_2$分别标记为 800-RNCM、850-RNCM、900-RNCM。

图 2-46 为不同二段煅烧温度下再生 LiNi$_{0.6}$Co$_{0.2}$Mn$_{0.2}$O$_2$的 XRD 图谱，可以看出再生的 LiNi$_{0.6}$Co$_{0.2}$Mn$_{0.2}$O$_2$ 材料都具有 α-NaFeO$_2$ 型层状岩盐结构，且（006）/（102）和（108）/（110）峰分裂明显，说明材料的层状结构良好。表 2-27所示为具体的晶胞参数，可以发现，随着煅烧温度的增加，晶格参数 c/a 先增加后降低且都大于 4.94，850-RNCM 样品具有最高的 c/a 值为 4.956，说明其形成了较好的层状结构，有利于锂离子的扩散。同时 I_{003}/I_{104} 值是用来评价结构中锂离子与镍离子混排程度的一个指标，一般来说应大于 1.2，850-RNCM 样品具有最大的 I_{003}/I_{104} 值，为 1.573，即具有最小的锂镍混排，这说明了随温度升高，900-RNCM 样品的锂镍混排程度最严重。综上所述，再生 LiNi$_{0.6}$Co$_{0.2}$Mn$_{0.2}$O$_2$最佳的二段煅烧温度为 850℃。

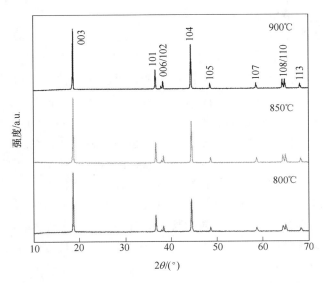

图 2-46　不同二段煅烧温度下再生 LiNi$_{0.6}$Co$_{0.2}$Mn$_{0.2}$O$_2$的 XRD 图谱

表 2-27 不同二段煅烧温度下再生 $LiNi_{0.6}Co_{0.2}Mn_{0.2}O_2$ 的 XRD 精修晶胞参数

样品	温度/℃	a/nm	c/nm	c/a	V/nm³	I_{003}/I_{104}
1	800	0.2865	1.4191	4.953	0.100900	1.485
2	850	0.2867	1.4213	4.956	0.101240	1.573
3	900	0.2872	1.4219	4.949	0.101700	1.408

为了明确不同煅烧温度下再生样品的化学组成，用 ICP-OES 测定出再生 $LiNi_{0.6}Co_{0.2}Mn_{0.2}O_2$ 中金属元素的含量，检测结果见表 2-28。可以发现，再生样品的成分基本满足 $LiNi_{0.6}Co_{0.2}Mn_{0.2}O_2$ 成分要求。

表 2-28 不同二段煅烧温度下再生 $LiNi_{0.6}Co_{0.2}Mn_{0.2}O_2$ 的化学组成

样品	温度/℃	元素含量（质量分数）/%			
		Li	Ni	Co	Mn
1	800	7.07	35.56	11.84	11.31
2	850	7.05	35.03	11.72	11.15
3	900	7.03	34.68	11.43	11.04

2.3.7.2 煅烧温度对再生材料形貌的影响

为了研究二段煅烧温度对材料微观形貌的影响，对 800-RNCM、850-RNCM、900-RNCM 样品进行 SEM 分析，结果如图 2-47 所示。从图 2-47a 可以看出，在 pH=8.5 条件下共沉淀再生制备的 $LiNi_{0.6}Co_{0.2}Mn_{0.2}O_2$ 颗粒大小不均匀，二次颗粒为类球形或不规则形状，表面有絮状的细小一次颗粒且有部分散落。从图 2-47b 高倍数来看，一次颗粒较小，轮廓边缘不清晰，这主要是二段煅烧温度较低导致一次颗粒没有结晶发育完全造成的。从图 2-47c 可以看出，在 850-RNCM 样品中二次颗粒表面的絮状一次颗粒消失，整体为类球状，经过粒径统计，二次颗粒的粒径为 4~15μm，平均粒径为 8.25μm 左右。从高倍数图 2-47d 来看，一次颗粒明显长大，表面光滑且颗粒轮廓清晰、致密，有利于电解液的充分润湿且能够在一定程度上减缓电解液对电极材料的侵蚀。从图 2-47e 和 f 可以观察出，二段煅烧温度升高有助于一次颗粒的长大但有部分颗粒边界模糊，这表明温度升高可能导致一次颗粒的融化。综上所述，850℃为最佳的二段煅烧温度。

为了分析 850-RNCM 样品的元素分布，对其进行 EDS 表征，如图 2-48 所示，可以观察出，Ni、Co、Mn、O 元素均匀分布在颗粒表面，这有利于电极材料电化学性能更好地发挥。

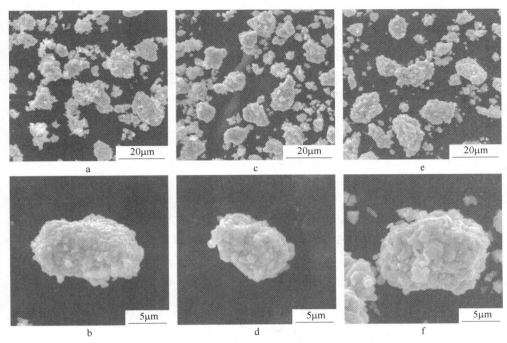

图 2-47　800-RNCM(a，b)、850-RNCM(c，d)、900-RNCM(e，f)样品 SEM 图

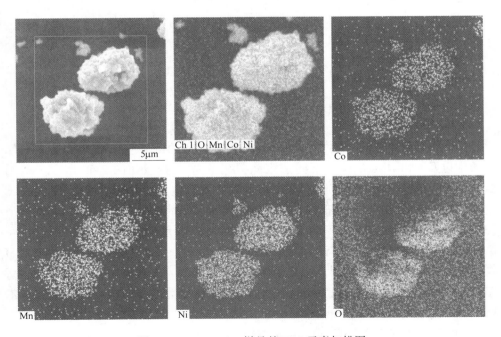

图 2-48　850-RNCM 样品的 EDS 元素扫描图

2.3.7.3 煅烧温度对再生材料电化学性能的影响

不同二段煅烧温度下再生 $LiNi_{0.6}Co_{0.2}Mn_{0.2}O_2$ 的首次充放电（0.1C）曲线如图 2-49 所示。可以直观地看出，850-RNCM 样品的电化学性能较优，在 0.1C 电流密度下，初始放电比容量为 169.4mA·h/g，库仑效率为 86.3%。这主要归因于较大的 c/a 和 I_{003}/I_{104} 值使得 850-RNCM 样品具有较好的层状结构，从而为 Li^+ 的扩散提供了结构基础。此外，800-RNCM、900-RNCM 样品在 0.1C 电流密度下的首次放电比容量分别为 168.3mA·h/g、164.3mA·h/g，库仑效率分别为 84.99%、78.24%。从图 2-49 中还可以看出，废旧三元材料充放电之间的平台间距最大且恒压充电平台最长，说明其电压极化最大，这主要是其内部的 Li^+ 传输通道发生严重的坍塌从而导致电化学性能极差。并且可以看出 SNCM 的库仑效率仅为 53.54%，这可归因于电极表面上形成的固体电解质界面（SEI）。

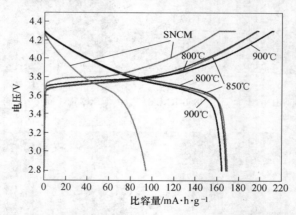

图 2-49 不同二段煅烧温度下再生 $LiNi_{0.6}Co_{0.2}Mn_{0.2}O_2$ 首次充放电（0.1C）曲线

不同二段煅烧温度下再生 $LiNi_{0.6}Co_{0.2}Mn_{0.2}O_2$ 前 103 次循环放电比容量、库仑效率以及 850-RNCM 样品不同选定圈数的充放电曲线如图 2-50 所示。从图 2-50a 可以观察出，850-RNCM 样品有最优的首次放电比容量和循环性能，在 1C 电流密度下首圈放电比容量为 154.9mA·h/g，循环 100 圈后，放电比容量为 131.8mA·h/g，容量保持率为 85.1%。同时可以发现，在小电流激活过程中，0.2C 倍率下的放电比容量高于 0.1C 下的放电比容量，这主要归功于 850-RNCM 样品更有利于电解液的浸润，使再生 $LiNi_{0.6}Co_{0.2}Mn_{0.2}O_2$ 得到充分地激活，提高了 Li^+ 传输能力。从图 2-50b 可以看出，随着循环圈数增加，充放电平台间距不断加大，电压平台升高，说明电化学极化增加。同时可以发现，1C 倍率下，SNCM 的放电比容量为 36.1mA·h/g，这也说明了经过多次充放电循环后，其内

部的 Li^+ 传输通道遭到严重的破坏，Li^+ 难以进行嵌入/嵌脱。此外，800-RNCM、900-RNCM 样品在 1C 电流密度下首圈放电比容量分别为 137.6mA·h/g、141.8mA·h/g，800℃ 虽略低于 900℃ 下再生样品的放电比容量，但显示出更好的循环性能。800-RNCM 样品循环 100 圈后，依然可以提供 119.6mA·h/g 的放电比容量，900-RNCM 样品仅为 89.0mA·h/g，容量保持率分别为 86.9%、62.7%。这主要归因于高温下部分再生 $LiNi_{0.6}Co_{0.2}Mn_{0.2}O_2$ 层状结构破坏以及颗粒长大降低了 Li^+ 的传输能力，这与 XRD 精修、SEM 分析结果是相印证的。从图 2-50c 可以看出，经过 0.1C、0.2C、0.5C 小电流密度充放电活化后，库仑效率都保持在 99% 以上。

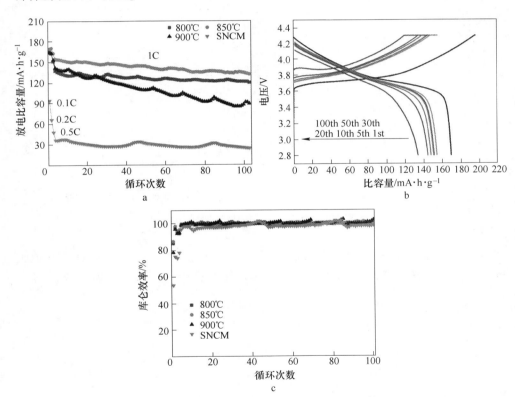

图 2-50 不同二段煅烧温度下再生 $LiNi_{0.6}Co_{0.2}Mn_{0.2}O_2$ 前 103 次循环放电比容量(a)、850-RNCM 样品选定圈数的充放电曲线(b)和不同二段煅烧温度下再生 $LiNi_{0.6}Co_{0.2}Mn_{0.2}O_2$ 的库仑效率图(c)

为了进一步分析 800-RNCM、850-RNCM、900-RNCM 三个样品在充放电过程中的电化学行为，在 2.8~4.3V 的电压范围内以 0.1mV/s 的扫描速率测定了 3 个样品的循环伏安曲线（CV），结果如图 2-51 所示。从图 2-51a 可以看出，不同煅

烧温度下再生 $LiNi_{0.6}Co_{0.2}Mn_{0.2}O_2$ 的 CV 曲线都具有一对明显的氧化还原峰，对应 Li^+ 的嵌入/嵌脱过程（或对应 Ni^{2+}、Ni^{3+} 和 Co^{2+}、Co^{3+} 之间的氧化还原反应）。另外从图 2-51a 中可以测量得出 3 个样品的极化电压，850-RNCM 样品最小（约 0.14V），900-RNCM 样品最大（约 0.2V），800-RNCM 样品的极化电压为 0.17V 左右。极化电压越小，说明 Li^+ 在材料中进行嵌入/嵌脱反应阻抗越小，循环可逆性越好。图 2-51b 为 850-RNCM 样品在 0.1mV/s 扫描速率下的循环伏安曲线。从图 2-51b 中可以看出经过 4 次循环后，电压极化减小，并且氧化还原峰接近一致，这说明 850-RNCM 样品具有较好的电化学可逆性。

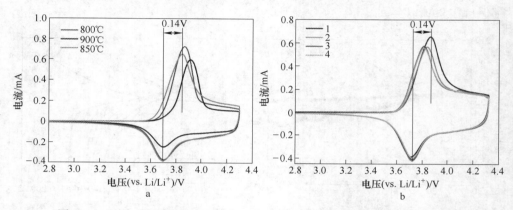

图 2-51　不同二段煅烧温度下再生 $LiNi_{0.6}Co_{0.2}Mn_{0.2}O_2$ 的循环伏安曲线(a)和
850-RNCM 样品的循环伏安曲线(b)

图 2-52 显示了在不同煅烧温度下再生 $LiNi_{0.6}Co_{0.2}Mn_{0.2}O_2$ 和 SNCM 的交流阻抗图（EIS）。从图 2-52 可以发现，曲线由两个半圆弧和一条斜线所构成，第一

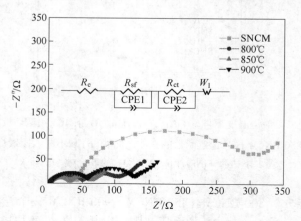

图 2-52　不同样品的 EIS 图

个半圆弧（高频区）与 Z' 的截距代表了欧姆接触阻抗（R_e），半圆弧代表了固体电解质界面膜阻抗（R_{sf}），第二个半圆弧（中频区）代表电荷转移阻抗（R_{ct}），斜线则代表了 Li^+ 扩散的 Warburg 阻抗。对图谱进行拟合发现，每个阻抗图谱都与图 2-51 所示等效电路模型完全吻合，具体的电阻值见表 2-29。可以观察到，废旧电极材料的固体电解质界面膜阻抗和电荷转移阻抗较大，这归因于材料经过多次循环充放电后导致锂离子的传输通道破坏严重。同时 850-RNCM 样品具有最小的 R_{sf} 和 R_{ct}，分别为 $24.60\Omega \cdot cm^2$、$33.76\Omega \cdot cm^2$，较小的电荷转移阻抗有利于锂离子的嵌入/嵌脱。综上所述，850-RNCM 样品具有最好的电化学性能。

表 2-29 不同二段煅烧温度下再生 $LiNi_{0.6}Co_{0.2}Mn_{0.2}O_2$ 和 SNCM 的电阻值

样 品	$R_e/\Omega \cdot cm^2$	$R_{sf}/\Omega \cdot cm^2$	$R_{ct}/\Omega \cdot cm^2$
SNCM	1.36	42.73	219.50
800-RNCM	1.19	40.29	51.68
850-RNCM	1.42	24.60	33.76
900-RNCM	1.49	52.29	63.95

2.3.8 小结

本节采用超声强化 DL-苹果酸浸出 $LiNi_{0.6}Co_{0.2}Mn_{0.2}O_2$ 材料，并采用碳酸盐共沉淀法从滤液中成功再生制备出 $LiNi_{0.6}Co_{0.2}Mn_{0.2}O_2$。经过实验优化后，最佳的浸出条件为：固液比为 5g/L、DL-苹果酸浓度为 1.0mol/L、超声强度为 90W、H_2O_2 体积分数为 4%、温度为 80℃、浸出时间为 30min，在此条件下，Ni、Co、Mn、Li 的浸出率分别为 97.8%、97.6%、97.3% 和 98%。经过动力学分析表明，超声强化 DL-苹果酸浸出 $LiNi_{0.6}Co_{0.2}Mn_{0.2}O_2$ 的浸出动力学符合对数速率定律模型，并用 FT-IR 分析推断出了浸出过程可能的反应式。在 pH=8.5 条件下沉淀再生的 $LiNi_{0.6}Co_{0.2}Mn_{0.2}O_2$ 为类球形，平均粒径为 8.25μm。电化学测试结果表明，850℃ 下再生制备的 $LiNi_{0.6}Co_{0.2}Mn_{0.2}O_2$ 性能最好，在 0.1C 电流密度下的首次放电比容量为 169.4mA·h/g，1C 倍率下首圈放电比容量为 154.9mA·h/g，循环100 圈后，放电比容量为 131.8mA·h/g，容量保持率为 85.1%，经过循环伏安和电化学阻抗分析也说明在 850℃ 下再生制备的 $LiNi_{0.6}Co_{0.2}Mn_{0.2}O_2$ 具有最小的极化电压和电化学阻抗。

2.4 废旧 $LiNi_{0.6}Co_{0.2}Mn_{0.2}O_2$ 喷雾干燥法再生

虽然超声可以提高 DL-苹果酸对废旧 $LiNi_{0.6}Co_{0.2}Mn_{0.2}O_2$ 的浸出效率，但是共沉淀法存在实验流程长、控制因素复杂等不足。若可以找到一种既不用分离提取有价金属，也无需控制繁琐工艺条件的方法来制备出前驱体，将极大简化再生 $LiNi_{0.6}Co_{0.2}Mn_{0.2}O_2$ 材料流程。

喷雾干燥法是一种较容易制备获得均匀前驱体的方法，该方法可以实现元素原子水平上的混合，且制备的前驱体为球形形态，其技术优势包括在反应器中的停留时间短，不需要进一步的纯化，并且产物的组成是均匀的。若可以通过喷雾干燥从有机酸浸出液中快速高效地制备出均匀的前驱体，将有助于进一步缩短、简化实验流程。本实验直接从有机酸浸出液中快速制备三元材料的前驱体，并结合高温煅烧再生制备 $LiNi_{0.6}Co_{0.2}Mn_{0.2}O_2$。本节主要研究了 DL-苹果酸与金属摩尔比、二段煅烧温度对再生制备材料性能的影响规律；分析表征了导致材料性能差异的内部结构原因。

2.4.1　喷雾再生回收利用方案

2.4.1.1　废旧 $LiNi_{0.6}Co_{0.2}Mn_{0.2}O_2$ 浸出过程

基于 2.3 节废旧 $LiNi_{0.6}Co_{0.2}Mn_{0.2}O_2$ 预处理和超声强化浸出研究，浸出液的制备步骤如下：在浸出温度为 80℃、固液比为 5g/L、超声强度为 90W 的条件下，用 1.0mol/L DL-苹果酸+4%（体积分数） H_2O_2 溶液浸出煅烧除碳后的废旧 $LiNi_{0.6}Co_{0.2}Mn_{0.2}O_2$ 材料 30min，得到废旧 $LiNi_{0.6}Co_{0.2}Mn_{0.2}O_2$ 的浸出液。

2.4.1.2　废旧 $LiNi_{0.6}Co_{0.2}Mn_{0.2}O_2$ 浸出-喷雾干燥-固相法再生

首先，用 ICP 检测废旧 $LiNi_{0.6}Co_{0.2}Mn_{0.2}O_2$ 浸出液中金属的元素含量，并按照 $n(Ni):n(Co):n(Mn)=3:1:1$，$n(Li):n(M)=1.05(M=Ni+Co+Mn)$，加入 $NiC_4H_6O_4 \cdot 4H_2O$、$CoC_4H_6O_4 \cdot 4H_2O$、CH_3COOLi、$MnC_4H_6O_4 \cdot 4H_2O$，然后用质量分数为 5% 的 $NH_3 \cdot H_2O$ 将溶液 pH 值调至 3（降低酸性溶液对机器的腐蚀同时防止金属离子的沉淀），配制成前驱体溶液。然后进行喷雾干燥，制备出 $LiNi_{0.6}Co_{0.2}Mn_{0.2}O_2$ 的前驱体，控制进口温度为 190℃、进料速度为 650mL/h、进气压力为 0.2MPa。将得到的淡粉红色前驱体在氧气气氛下 450℃ 预烧 5h，冷却至室温后取出，在研钵中研磨 30min，最后在 850~900℃ 下煅烧 12h，得到再生 $LiNi_{0.6}Co_{0.2}Mn_{0.2}O_2$，主要实验流程如图 2-53 所示。

2.4.2　前驱体结构与形貌变化

图 2-54 为喷雾干燥制备前驱体粉末的 XRD 图谱，从图中未观察到比较尖锐的衍射峰，呈现漫散峰，这说明制备出的前驱体为非晶态，这主要归因于低温、快速的成型过程。如图 2-55 是前驱体的微观形貌图，从图 2-55a 和 d 可以清楚地

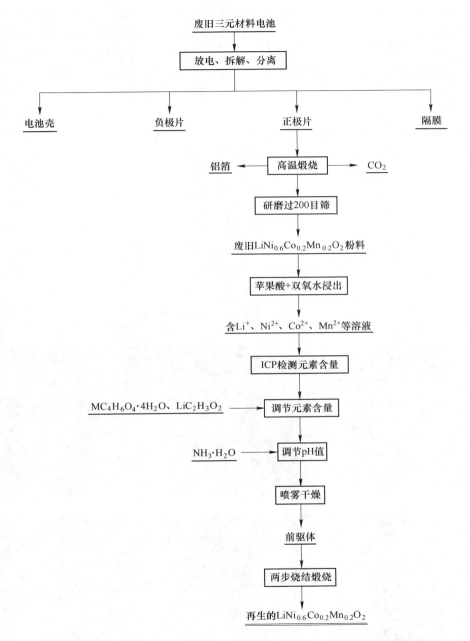

图 2-53 浸出-喷雾干燥-固相法再生 $LiNi_{0.6}Co_{0.2}Mn_{0.2}O_2$ 的实验流程

看出前驱体较为分散，呈单一完整球形颗粒，这有利于后期烧结形成团聚现象较低的电极材料颗粒。同时可以发现颗粒分布不均一，经过测量和统计，球形颗粒直径分布在 1~15.2μm。从图 2-55b 和 e 可以看出大部分颗粒表面光滑，少部分前驱体颗粒为空心球壳且壁厚较大，这可能是由于前驱体溶液浓度较低造成的。放大 5000 倍后，从图 2-55c 和 f 可以看出颗粒表面光滑但较多颗粒表面略微凹陷，这可能是前驱体在形成后的冷却过程中，颗粒内部气体收缩造成的。

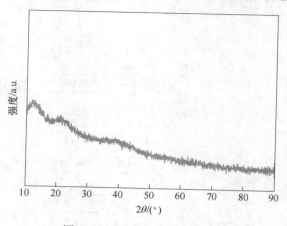

图 2-54　前驱体的 XRD 图谱

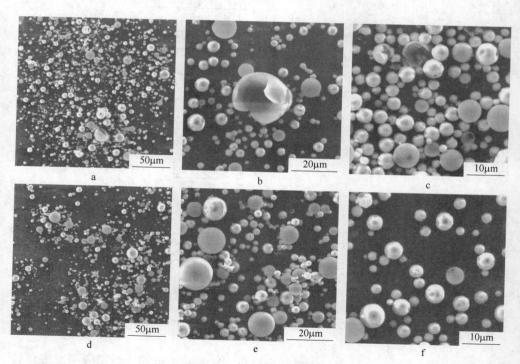

图 2-55　前驱体的 SEM 图

2.4.3 苹果酸添加量对再生材料性能的影响

2.4.3.1 再生 $LiNi_{0.6}Co_{0.2}Mn_{0.2}O_2$ 过程的 TG/DSC 曲线

为了进一步清楚所制备前驱体随温度分解的情况，对得到的前驱体进行热重/差热分析（35~1000℃），测试结果如图 2-56 所示。从 TG/DSC 曲线图中可以看出，温度为 35~155℃时，质量损失为 4.22%，主要是前驱体中吸附水和结晶水的损失造成的；155~364℃时，质量损失较大为 43.43%，查阅文献得知，发生的反应为苹果酸的分解；当温度为 364~375℃时，主要归结于乙酸盐的分解，质量损失为 8.59%；375~429℃时，质量损失为 19.96%，发生的反应为 $LiNi_{0.6}Co_{0.2}Mn_{0.2}O_2$ 的固态反应，温度在 429℃以上时，质量损失为 8.13%，对应于材料的结晶度提升及锂损失。由于在 429℃时，前驱体的固态反应已经完成，温度更高时会进一步提升材料的结晶度。综上所述，为了使有机物进一步分解完全，将一段煅烧温度定为 450℃，具体的变化与反应见表 2-30。

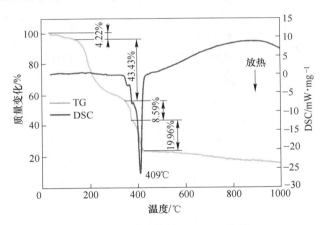

图 2-56 前驱体的 TG/DSC 曲线

表 2-30 前驱体随温度变化过程中发生的变化与反应

温度/℃	35~155	155~364	364~375	375~429	429~1000
质量损失/%	4.22	43.43	8.59	19.96	8.13
变化与反应	吸附水和结晶水的损失	苹果酸分解	乙酸盐分解	固态反应	结晶度提升及锂损失

2.4.3.2 苹果酸添加量对再生材料结构的影响

在制备前驱体金属溶液过程中，适量的螯合剂可以减少溶液中游离金属离子的数量，从而可以制备出成分均一、稳定的前驱体。由于采用苹果酸进行酸浸出，其在结构上具有两个羧基且有二级电离，与金属离子可以快速形成较多的络合离子，提高了金属浸出液的稳定性，从而有利于制备出成分均一的前驱体。如果苹果酸添加量过高，则表面会形成薄的双电层，排斥能就会相应的降低，喷雾干燥得到的前驱体就会存在严重的团聚现象，不利于材料性能的发挥，而降低添加量会使得形成的金属溶液成分均一性降低。为了能在两项参数之间找到一个平衡点，进行不同苹果酸添加量的试验组。按照不同的苹果酸添加量将实验分为3组，其中，将苹果酸和 Ni+Co+Mn+Li 的物质的量比记为 1：n，其中 $n=1.0$、2.0、3.0，实验依次记为 1-1、1-2、1-3。

不同苹果酸添加量下再生 $LiNi_{0.6}Co_{0.2}Mn_{0.2}O_2$ 材料的 XRD 图谱如图 2-57 所示，可以看出再生的三元材料都具有 α-$NaFeO_2$ 型层状岩盐结构，属于六方晶系，没有明显的杂质峰存在，衍射图中（006）/（012）和（108）/（110）峰分裂明显，说明材料形成了良好的层状结构。为了进一步得到再生三元材料的晶胞参数，特对 XRD 图谱进行拟合，结果见表 2-31，可以观察出，随着 n 值的增加，晶格参数 a 和 c 减小，c/a 值先增加后降低，一般来说，c/a 值显示了锂离子扩散通道的优劣，比值越大越有利于锂离子的扩散，可以看出 1-2 样品具有最高的 c/a 值。此外 I_{003}/I_{104} 也是用来评价结构中锂离子与镍离子混排程度的一个指标，一般来说应大于 1.2。从表 2-31 中可以看出 1-2 样品具有良好的层状结构并且锂镍混排程度最低。

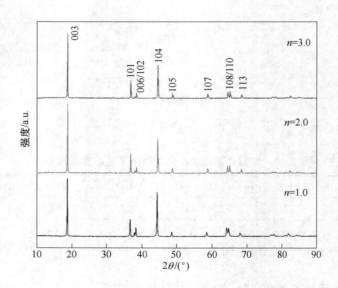

图 2-57　不同苹果酸添加量下再生 $LiNi_{0.6}Co_{0.2}Mn_{0.2}O_2$ 的 XRD 图谱

表 2-31　不同苹果酸添加量下再生 $LiNi_{0.6}Co_{0.2}Mn_{0.2}O_2$ 的 XRD 精修晶胞参数

样品	n	a/nm	c/nm	c/a	V/nm	I_{003}/I_{104}
1-1	1	0.2874	1.4253	4.958	0.102020	1.300
1-2	2	0.2863	1.4206	4.961	0.100880	1.770
1-3	3	0.2860	1.4190	4.960	0.100560	1.540

2.4.3.3　苹果酸添加量对再生材料形貌的影响

不同苹果酸添加量下再生 $LiNi_{0.6}Co_{0.2}Mn_{0.2}O_2$ 材料的微观形貌如图 2-58 所示，从图 2-58a 可以观察出，1-1 样品团聚现象严重，没有保持前驱体的球形形貌，颗粒形状不规则且周围伴随有散落的小颗粒，这归因于前驱体的球形框架是由有机物构成的，当有机物燃烧时结构就会坍塌，而大量有机物燃烧分解则会由于双电层的存在造成颗粒团聚。从图 2-58b 可以观察出二次颗粒不光滑，表面有一些孔洞，这主要是苹果酸和有机盐燃烧生成 H_2O 和 CO_2 气体造成的。图 2-58c 表明了二次颗粒表面致密且不光滑，一次颗粒轮廓不清晰，粒径为 0.32 ~ 0.95μm。从图 2-58d 可以观察出，当苹果酸和 Ni+Co+Mn+Li 的摩尔量比为 1:2 时，颗粒粒径减小，团聚大幅降低，颗粒为条状或类球形等不均匀形状，虽存在极少数大颗粒但整体颗粒较小，经统计颗粒平均粒径为 2.24μm，粒径基本保持均匀。从大倍数 SEM 图（见图 2-58e 和 f）来看，颗粒表面光滑，颗粒为片状或不规则块状分布，整体颗粒粒径分布均一，较小粒径的电极材料能够缩短 Li^+ 在正负极中的扩散距离，有利于电池进行快速地充放电，改善材料的离子电导率。随着苹果酸与 Ni+Co+Mn+Li 的摩尔比减小为 1:3 时，从图 2-58g 可以观察出，较 1-1 样品来看，颗粒团聚现象大幅降低，虽有少量 10μm 左右的颗粒，但整体颗粒分布均匀。从大倍数 SEM 图（见图 2-58h 和 i）来看，二次颗粒表面粗糙，一次颗粒大小不均匀、致密且轮廓模糊，散落的小颗粒为不均匀块状分布，表面光滑，粒径在 2μm 左右。

同时对 1-2 样品进行了 EDS 元素面扫描，如图 2-58j 所示，可以看出 1-2 样品的组成元素 Ni、Co、Mn、O 分布均匀且较为清晰，过渡元素良好的分布也有利于形成较好的 MO_6 八面体结构层，这为良好的电化学性能奠定了基础。

2.4.3.4　苹果酸添加量对再生材料电化学性能的影响

不同苹果酸添加量下再生 $LiNi_{0.6}Co_{0.2}Mn_{0.2}O_2$ 的首次充放电（0.1C）曲线如图 2-59 所示。可以直观地看出，SNCM 的电压平台高且差距较大，说明废旧电池材料在长期循环过程中结构受到破坏而失效，锂离子扩散受到严重阻碍，需要更大的电压来提供锂离子扩散的能量。1-1、1-2、1-3、SNCM 样品在 0.1C 倍率下，

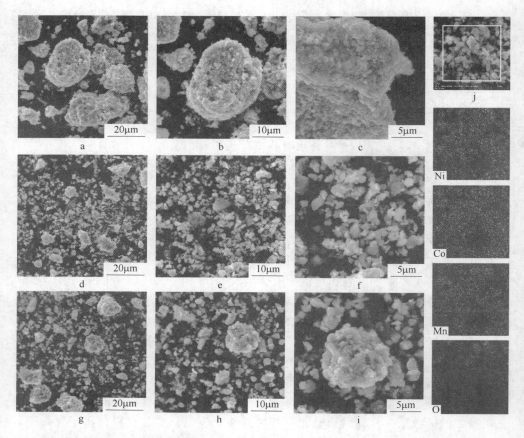

图 2-58   1-1 样品(a~c)、1-2 样品(d~f)、1-3 样品(g~i)的 SEM 图
及 1-2 样品(j)的 EDS 元素扫描图

首次放电比容量分别为 148.9mA·h/g、165.3mA·h/g、153.2mA·h/g、80.2mA·h/g，再生的 3 个样品都具有完整的充放电电压平台且都维持在 3.77V 左右，同时可以发现 1-1 与 1-3 样品在恒压充电时，1-1 样品有更长的平台说明其极化电压大于 1-3 样品。综合来说，1-2 样品具有较小的平台差距，说明极化电压小，材料的循环稳定性好，同时也说明苹果酸的加入会极大地改变电池材料性能，这主要归因于苹果酸的两个羧基基团对金属离子的螯合作用，螯合作用太强则再生制备的电极材料团聚严重，螯合作用太弱则会造成样品成分不均匀，从而不利于电极材料性能的发挥。

再生 $LiNi_{0.6}Co_{0.2}Mn_{0.2}O_2$ 和 SNCM 前 103 次循环放电比容量及库仑效率图如图 2-60 所示。可以明显地看出，SNCM 在前三圈激活过程中，放电比容量迅速衰减，放电倍率为 1C 时放电比容量只有 21.5mA·h/g，库仑效率仅为 45.3%，说

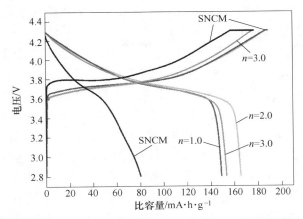

图 2-59　不同苹果酸添加量下再生 $LiNi_{0.6}Co_{0.2}Mn_{0.2}O_2$ 和 SNCM 的首次充放电（0.1C）曲线

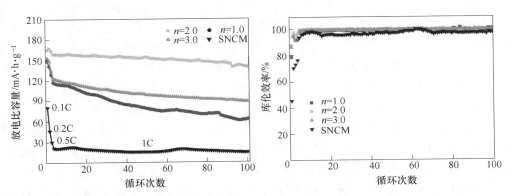

图 2-60　不同苹果酸添加量下再生 $LiNi_{0.6}Co_{0.2}Mn_{0.2}O_2$ 和
SNCM 前 103 次循环放电比容量及库仑效率图

明其结构已经受到严重的破坏。1-1 样品在 0.1C 电流密度下首次放电比容量为 148.9mA·h/g，库仑效率为 78.8%。1-2 样品首次放电比容量为 165.3mA·h/g，库仑效率为 87.9%。1-3 样品首次放电比容量为 153.2mA·h/g，库仑效率为 86.5%。较高的库仑效率可归因于 1-2 样品表面的副反应少、不可逆相变少等原因。3 个样品在 1C 电流密度下首圈放电比容量分别为 117.6mA·h/g、158.9mA·h/g、123.3mA·h/g，循环 100 圈后，容量保持率分别为 56.9%、86.7%、71.9%，SNCM 仅有 67.9%。同时可以发现 1-1、1-3 样品在活化过程中放电比容量也出现不同程度的衰减，其中 1-2 样品的性能最优，经过 0.1C 循环后，而样品在 0.2C 倍率下放电比容量却高于 0.1C 倍率下放电比容量，这主要是归因于 1-2 样品更有利于电解液的浸润，从而提高了再生材料的电化学性能。经过活化后，3 个再生样品的库仑效率大于 99.5%，而 SNCM 库仑效率在 97% 左右浮动。由此可见，1-2 样品具有较好的循环性能和库仑效率。

　　不同苹果酸添加量下再生的 $LiNi_{0.6}Co_{0.2}Mn_{0.2}O_2$ 倍率性能曲线如图 2-61 所示，从图 2-61a 直观地看出，SNCM 在不同倍率下容量衰减特别严重，在 4C、5C 电流密度下，放电比容量几乎为 0，可见废旧电极材料的电化学性能非常差。1-2 样品在不同倍率下都具有较高的放电比容量，且在 0.2C 电流密度下的放电比容量最好，高达 168.5mA·h/g。从 0.1C 倍率到 0.2C 倍率充放电过程中，放电比容量略微提升，这可能是由于在充放电过程中电解液对再生的 $LiNi_{0.6}Co_{0.2}Mn_{0.2}O_2$ 的充分浸润，电池得到了充分激活，进而材料的电化学性能得到了提升。再生的 $LiNi_{0.6}Co_{0.2}Mn_{0.2}O_2$ 在 5C 倍率下的放电比容量仍然可以保持在 134.1mA·h/g，当再次以 0.1C 的电流密度充放电时，放电比容量高达 163.3mA·h/g，容量保持率为 98.8%。这说明该材料具有优异的倍率性能和电化学可逆性，有利于电极材料进行大倍率充放电。1-3 样品虽然具有较好的首圈放电比容量，但在 0.1C、0.2C、0.5C 电流密度下，放电比容量低于 1-1 样品。在大倍率放电时，1-3 样品表现出更好的放电比容量，这主要是 1-1 样品颗粒大且团聚严重，在大倍率充放电时，锂离子扩散距离和阻抗增加，进而影响了 Li^+ 的扩散动力学。当再次以 0.1C 的电流密度充放电时，1-1 样品放电比容量为 127.1mA·h/g，容量保持率为 85.4%，1-3 样品放电比容量为 116.6mA·h/g，容量保持率为 76.1%。

　　1-2 样品在不同充放电倍率下的首圈充放电曲线如图 2-61b 所示，可以看出随着充放电倍率的增加，充放电比容量降低，但是依然可以提供一定的放电比容量且有典型的充放电平台。说明再生的 $LiNi_{0.6}Co_{0.2}Mn_{0.2}O_2$ 具有良好的电化学可逆性和优异的倍率性能，这主要是较小的电极颗粒缩短了 Li^+ 的扩散距离，可以在一定程度上提高 Li^+ 的嵌入/嵌脱效率。

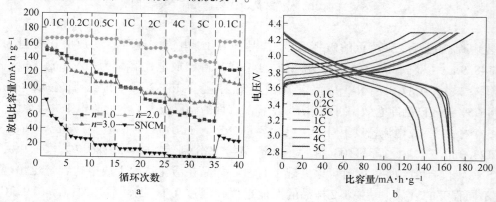

图 2-61　不同苹果酸添加量下再生 $LiNi_{0.6}Co_{0.2}Mn_{0.2}O_2$ 的倍率性能曲线（a）和
1-2 样品在不同倍率下的首圈充放电曲线（b）

2.4.4　煅烧温度对再生三元正极材料性能的影响

2.4.4.1　煅烧温度对再生材料结构的影响

不同煅烧温度下再生 LiNi$_{0.6}$Co$_{0.2}$Mn$_{0.2}$O$_2$ 的 XRD 图谱如图 2-62 所示，可以看出再生制备的材料都具有 α-NaFeO$_2$ 型层状结构，属于六方晶系，$R3m$ 空间群，没有明显的杂质峰存在，（006）/（102）和（108）/（110）峰分裂明显，说明材料形成了良好的层状结构。为了进一步得到再生三元材料的晶胞参数，特对 XRD 图谱进行拟合，结果见表 2-32，随着煅烧温度的增加，晶格参数 c/a 先增加后降低且都大于 4.95，说明形成了较好的层状结构，有利于锂离子的扩散，可以看出煅烧温度为 850℃时具有最高的 c/a 值，为 4.961。同时观察 I_{003}/I_{104} 值也说明随温度升高锂镍混排程度加重，这可能是 Li 损失造成的。从表 2-32 中可以看出，850℃下再生材料具有较好的层状结构且锂镍混排程度低。将在 800℃、850℃、900℃下煅烧再生的 LiNi$_{0.6}$Co$_{0.2}$Mn$_{0.2}$O$_2$分别标记为 800-RNCM、850-RNCM、900-RNCM 样品。

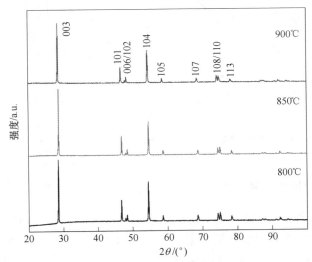

图 2-62　不同煅烧温度下再生 LiNi$_{0.6}$Co$_{0.2}$Mn$_{0.2}$O$_2$的 XRD 图谱

表 2-32　不同煅烧温度下再生 LiNi$_{0.6}$Co$_{0.2}$Mn$_{0.2}$O$_2$的 XRD 精修晶胞参数

样品	温度/℃	a/nm	c/nm	c/a	V/nm^3	I_{003}/I_{104}
1	800	0.2866	1.4216	4.960	0.101130	1.640
2	850	0.2863	1.4206	4.961	0.100880	1.770
3	900	0.2875	1.4244	4.953	0.102010	1.550

为了进一步分析煅烧温度对再生样品的影响，对材料进行傅氏转换红外线光谱分析（FT-IR）从而得到化学键的信息，不同煅烧温度下再生 $LiNi_{0.6}Co_{0.2}Mn_{0.2}O_2$ 的 FT-IR 图谱如图 2-63 所示。$4000 \sim 400cm^{-1}$ 之间的全波数分为特征频率区域（$4000 \sim 1330cm^{-1}$）和指纹区域（$1330 \sim 400cm^{-1}$）。结果表明，3 个样品具有相似的光谱，在 $578cm^{-1}$ 附近的吸收带为过渡金属氧化物（MO_6）的不对称拉伸振动（v_{M-O}），在 $531cm^{-1}$ 附近的吸收带主要是弯曲振动（v_{Li-O}），可以观察出 850-RNCM 样品具有较强的 M—O 键，这有助于电极材料进行充放电循环时保持更好的层状结构。同时也观察到大约在 $1637cm^{-1}$ 和 $3417cm^{-1}$ 存在两个明显的吸收峰，表示材料中吸附 H_2O 存在的弯曲振动（v_{O-H}），此宽带与文献报道的完全一致，也说明 850-RNCM 样品中吸附水较少（水分与电解液反应少），有利于材料电化学性能的提升，由此证实了再生 $LiNi_{0.6}Co_{0.2}Mn_{0.2}O_2$ 的化学完整性。

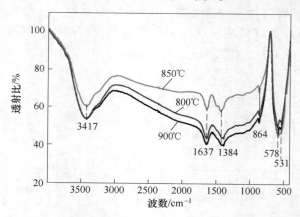

图 2-63　不同煅烧温度下再生 $LiNi_{0.6}Co_{0.2}Mn_{0.2}O_2$ 的 FT-IR 图谱

2.4.4.2　煅烧温度对再生材料形貌的影响

800-RNCM 样品的形貌和元素扫描如图 2-64 所示。从图 2-64a 可以观察出颗粒形状不规则，呈类球形或者类三角形等，同时也有少量一次颗粒，经过粒径统计，整体颗粒粒径为 $7.6 \sim 17.9\mu m$。从图 2-64b 可以看出，颗粒表面不光滑，表面有凸起的一次颗粒，可能会阻碍充放电时 SEI 膜的形成从而增加极化电压。从图 2-64c 可以观察到，二次颗粒表面粗糙，一次颗粒呈多面体和片状，且一次颗粒边缘轮廓不清晰，这可能是在相对低的温度下进行煅烧结晶，一次颗粒长大不完全造成的，同时也会造成团聚严重。从整体上来看，800-RNCM 样品大于 850-RNCM 样品的颗粒粒径。对二次颗粒进行 EDS 元素扫描（见图 2-64d）可以看出，Ni、Co、Mn、O 元素分布均匀。

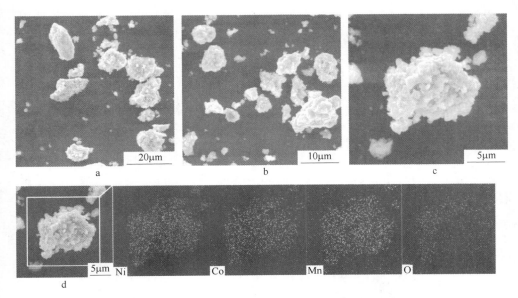

图 2-64 800-RNCM 样品的 SEM 图（a~c）与 EDS 元素扫描图（d）

同时也对 900-RNCM 样品进行了形貌和元素扫描分析，如图 2-65 所示。从图 2-65a 可以观察出，相比于煅烧温度为 900℃，800-RNCM 样品中颗粒的团聚现象减低，整体来看颗粒粒径为 1.17~9.38μm，平均粒径为 3.36μm。从图 2-65b

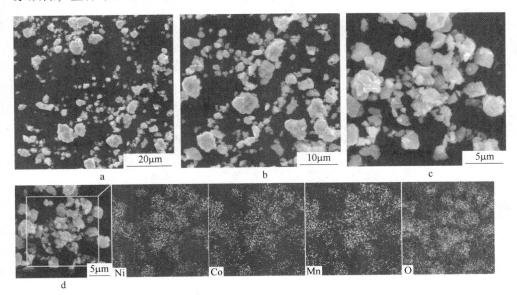

图 2-65 900-RNCM 样品的 SEM 图（a~c）与 EDS 元素扫描图（d）

可以看出，相对于 850℃ 下再生的 $LiNi_{0.6}Co_{0.2}Mn_{0.2}O_2$，颗粒明显长大，说明温度促进了一次颗粒的长大从而形成更大的二次颗粒。从图 2-65c 可以观察出，有部分散落的一次颗粒，粒径为 1.68μm 左右，二次颗粒呈多面体状并且表面一次颗粒融化导致边界模糊，同时表面不光滑，有少量细小颗粒凸起。从 EDS 元素扫描图（见图 2-65d）来看，Ni、Co、Mn、O 元素分布也相对均匀。

为了进一步研究 850-RNCM 样品的晶体结构，特对样品进行了 HRTEM 分析，如图 2-66 所示。从图 2-66a 可以看出，再生 $LiNi_{0.6}Co_{0.2}Mn_{0.2}O_2$ 颗粒的粒径为 2.5μm 左右且分布均匀，这与 SEM 观测的形貌一致。从图 2-66b~d 可以看出，标定晶格条纹的间距分别为 0.244nm、0.475nm、0.204nm，这也代表着三元材料中最强的 3 条衍射峰，分别对应于（101）、（003）、（104）晶面，由此证明了再生制备材料的结构完整性。

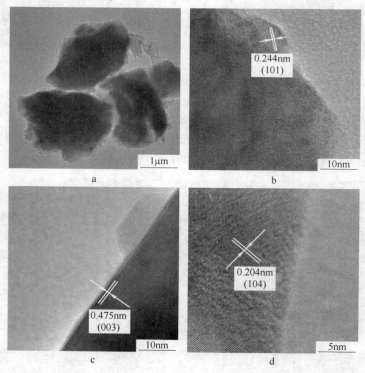

图 2-66　850-RNCM 样品的 HRTEM 图

2.4.4.3　煅烧温度对再生材料电化学性能的影响

不同煅烧温度下再生 $LiNi_{0.6}Co_{0.2}Mn_{0.2}O_2$ 的首次充放电（0.1C）曲线如图 2-67所示。可以观察出，850-RNCM 样品在 0.1C 电流密度下充放电比容量最高，首次充电比容量为 188mA · h/g, 首次放电比容量为 165.3mA · h/g, 库仑效率为 87.91%, 放电中压为 3.77V。此外, 800-RNCM 样品在 0.1C 电流密度下的首次放电比容量为 152.8mA · h/g, 库仑效率为 82.43%, 放电中压为 3.79V。900℃ 再生的 LiNi$_{0.6}$Co$_{0.2}$Mn$_{0.2}$O$_2$在 0.1C 电流密度下的首圈放电比容量为 152.1mA · h/g, 库仑效率为 80.19%, 放电中压为 3.76V。从图 2-67 中还可以看出, 850-RNCM 样品的充放电电压平台之间的间距较小, 这说明 850℃下再生制备的 LiNi$_{0.6}$Co$_{0.2}$Mn$_{0.2}$O$_2$极化电压小, 有利于材料进行循环充放电。

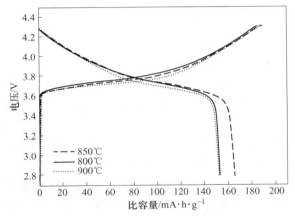

图 2-67　不同煅烧温度下再生 LiNi$_{0.6}$Co$_{0.2}$Mn$_{0.2}$O$_2$的首次充放电 (0.1C) 曲线

不同煅烧温度下再生 LiNi$_{0.6}$Co$_{0.2}$Mn$_{0.2}$O$_2$前 103 次循环放电比容量及库仑效率图如图 2-68 所示。可以观察出来, 850-RNCM 样品具有最好的首次放电比容量和循环性能, 在 1C 电流密度下首圈放电比容量为 158.9mA · h/g, 循环 100 圈后, 放电比容量为 137.8mA · h/g 容量保持率为 86.7%。经过 0.1C、0.2C、0.5C 小电流密度充放电活化后, 库仑效率都保持在 99%以上。此外, 样品 800-RNCM 和 900-RNCM 样品在 1C 电流密度下首圈放电比容量分别为 140.7mA · h/g、141.2mA · h/g, 虽然 800℃略高于 900℃下再生样品的放电比容量, 但显示出更好的循环性能, 循环 100 圈后, 依然可以提供 115.1mA · h/g 的放电比容量, 900-RNCM 样品仅为 99.8mA · h/g, 容量保持率分别为 81.8%、70.7%。这归因于高温下部分 LiNi$_{0.6}$Co$_{0.2}$Mn$_{0.2}$O$_2$层状结构的破坏, 以及颗粒长大使 Li$^+$扩散距离增加, 从而降低了 Li$^+$的传输能力, 这与 XRD 精修和 SEM 分析结果是相符合的。并且可以发现, 3 个再生样品在 0.2C 倍率下的放电比容量反而比 0.1C 倍率下的放电比容量高, 这可以归功于在充放电过程中, 电解液实现了对正极材料的充分浸润, 使再生的 LiNi$_{0.6}$Co$_{0.2}$Mn$_{0.2}$O$_2$得到充分地激活, 从而提高了材料的电化学性能。

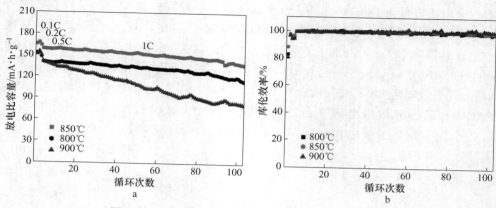

图 2-68　不同煅烧温度下再生的 $LiNi_{0.6}Co_{0.2}Mn_{0.2}O_2$
前 103 次循环放电比容量及库仑效率图
a—循环放电比容量；b—库仑效率

　　850-RNCM 样品选定圈数的充放电曲线及不同温度下 $LiNi_{0.6}Co_{0.2}Mn_{0.2}O_2$ 的
倍率性能曲线如图 2-69 所示。从图 2-69a 可以观察出，从第 1 次到第 100 次的充
放电循环过程中，样品的工作电压缓慢降低，这表明材料的电化学极化增加较
慢，结构稳定性更好。850-RNCM 样品在不同充放电倍率下依然有最高的放电比
容量，且在 0.2C 电流密度下的放电比容量最大，高达 168.5mA·h/g。从 0.1C
倍率到 0.2C 倍率充放电过程中，放电比容量略微提升，这可能是由于在充放电
过程中再生的 850-RNCM 样品更有利于电解液的充分浸润，电化学性能得到了充
分激活，进而材料的电化学性能得到了提升。再生 $LiNi_{0.6}Co_{0.2}Mn_{0.2}O_2$ 在 5C 倍
率下的放电比容量最大仍然可以保持在 134.1mA·h/g，说明可以进行大倍率充

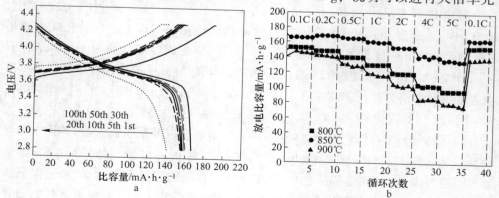

图 2-69　850-RNCM 样品选定圈数的充放电曲线(a)和不同煅烧
温度下再生 $LiNi_{0.6}Co_{0.2}Mn_{0.2}O_2$ 的倍率性能曲线(b)

放电。当再次以 0.1C 的电流密度充放电时，放电比容量高达 163.3mA · h/g，容量保持率为 98.8%。这说明该材料具有良好的倍率性能和电化学可逆性。800-RNCM 和 900-RNCM 样品的倍率性能曲线有相同规律，当 800-RNCM 和 900-RNCM 样品再次以 0.1C 的电流密度充放电时，放电比容量分别为 152.5mA · h/g、137.2mA · h/g，容量保持率分别为 99.8%、90.3%。这个结果与 XRD 分析一致。

为了进一步分析再生样品的电化学性能差异，在 0.1mV/s、0.2mV/s、0.4mV/s、0.6mV/s、0.8mV/s 的扫描速率下进行循环伏安测试，并拟合分析了 Li$^+$ 嵌入/脱嵌反应的动力学参数，如图 2-70 所示。从图 2-70a~c 可以观察出随着扫描速率的增加，氧化峰移至高电位，而还原峰移至低电位。此外，峰值电流 I_p 随着扫描速率的增加而增加。同时观察出 850-RNCM 样品在扫描速率为 0.1mV/s 时，有差距更小的一对氧化还原峰（3.84/3.70V），说明该样品具有良好的可逆性和较小的极化电压，这与 XRD 和充放电测试结果是相吻合的。对于均质系统，可以根据 Randles-Sevcik 方程计算锂离子扩散系数：

$$I_p = \frac{0.447F^{3/2}An^{3/2}D_{Li^+}^{1/2}C\nu^{1/2}}{R^{1/2}T^{1/2}} \tag{2-14}$$

式中，I_p 为峰值电流，A；n 为转移的电子数，$n=1$；F 为法拉第常数，96458C/mol；A 为正极片面积，1.33cm^2；C 为电极中 Li$^+$ 浓度，1.65×10^{-2} mol/cm；D_{Li^+} 为 Li$^+$ 扩散系数，cm^2/s；ν 为扫描速率，V/s；R 为气体常数，8.314J/(mol · K)；T 为热力学温度，取常温，298K。

将上述参数数值代入式（2-14），简化后得到式（2-15）。

$$I_p = 5.903 \times 10^3 D_{Li^+}^{1/2}\nu^{1/2} \tag{2-15}$$

如图 2-70b、d 和 f 所示，I_p 与 $\nu^{1/2}$ 曲线呈线性拟合，这表明了反应过程由扩散控制。根据 $dI_p/d\nu^{1/2}$ 的斜率，计算得出 3 个样品在氧化过程的 D_{Li^+} 分别为 8.74×10^{-11} cm^2/s、4.25×10^{-10} cm^2/s、6.5×10^{-11} cm^2/s，在还原过程的 D_{Li^+} 分别为 1.53×10^{-10} cm^2/s、3.36×10^{-10} cm^2/s、7.34×10^{-11} cm^2/s。结果表明，850-RNCM 样品有较大的 Li$^+$ 扩散系数，与已有研究结果相接近，也进一步证明最佳的煅烧温度为 850℃。良好的锂离子扩散系数为电池进行快速充放电提供了动力学基础，从而使该样品具有优异的倍率性能。

图 2-71 显示了在不同煅烧温度下再生 LiNi$_{0.6}$Co$_{0.2}$Mn$_{0.2}$O$_2$ 的电化学阻抗图。首先将电池以 1C 倍率充电至 4.3V，然后保持 4.3V 直至电流密度降低至 0.1C，然后再用于电化学阻抗谱（EIS）测试。每个阻抗图谱都与图 2-71 所示等效电路模型完全吻合，具体的电阻值见表 2-33。可以观察出，废旧电极材料的固体电解质界面膜阻抗和电荷转移阻抗较大，这归因于材料经过多次循环充放电后导致锂离子的传输通道被严重破坏。同时 850-RNCM 样品具有最小的 R_{sf} 和 R_{ct}，分别为

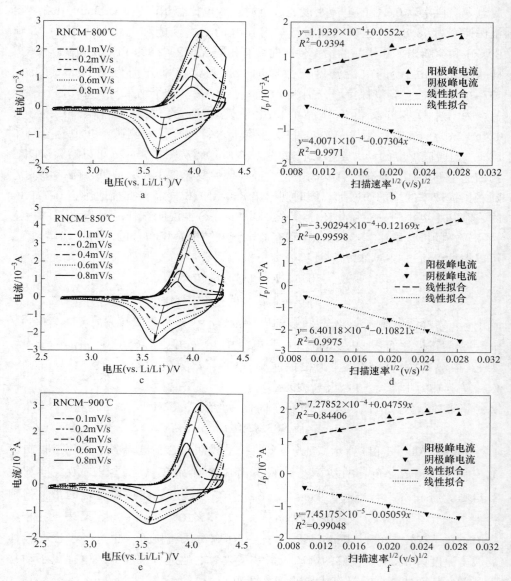

图 2-70　800-RNCM(a)、850-RNCM(c)、900-RNCM 样品(e)在不同扫描速率下的
CV 曲线和 800-RNCM(b)、850-RNCM(d)、
900-RNCM 样品(f)的 I_p-$\nu^{1/2}$ 曲线

$20.15\Omega \cdot cm^2$、$22.19\Omega \cdot cm^2$，较小的电荷转移阻抗有利于锂离子的嵌入/嵌脱，使电池能够进行快速充放电，这与前面的 XRD 图谱和充放电曲线结果是一致的。SNCM 的阻抗较大，不利于锂离子的嵌入和嵌脱，这也是 SNCM 电化学性能下降

的主要原因。综上所述，850℃下再生制备的 LiNi$_{0.6}$Co$_{0.2}$Mn$_{0.2}$O$_2$具有最好的电化学性能。

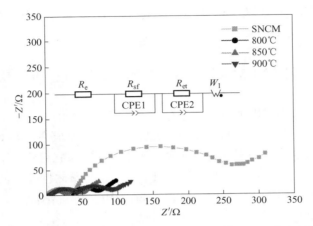

图 2-71　不同煅烧温度下再生 LiNi$_{0.6}$Co$_{0.2}$Mn$_{0.2}$O$_2$和 SNCM 的电化学阻抗图

表 2-33　不同煅烧温度下再生 LiNi$_{0.6}$Co$_{0.2}$Mn$_{0.2}$O$_2$和 SNCM 的电阻值

样品	$R_e/\Omega \cdot cm^2$	$R_{sf}/\Omega \cdot cm^2$	$R_{ct}/\Omega \cdot cm^2$
SNCM	2.41	37.67	192.5
800-RNCM	3.54	25.97	35.66
850-RNCM	3.16	20.15	22.19
900-RNCM	3.28	35.19	41.02

2.4.5　小结

本节采用喷雾干燥从浸出液中制备出 LiNi$_{0.6}$Co$_{0.2}$Mn$_{0.2}$O$_2$的前驱体，并结合固相法成功再生了 LiNi$_{0.6}$Co$_{0.2}$Mn$_{0.2}$O$_2$。通过 TG/DSC、XRD 分析确定了前驱体的分解温度和反应变化，通过 SEM、XRD 分析证明有机物的螯合作用太强时，会由于双电层的排斥能降低而导致电极材料团聚严重。当有机酸与金属摩尔比为 1:2 时，再生材料具有良好的 α-NaFeO$_2$型层状结构，粒径基本保持均匀，平均粒径为 2.24μm 左右且元素分布均匀。并借助 FT-IR 分析得出 850℃下再生制备的材料具有更强的 M—O 键，这有利于材料在循环充放电过程中保持稳定的层状结构，并用 HRTEM 进一步证明再生材料为 LiNi$_{0.6}$Co$_{0.2}$Mn$_{0.2}$O$_2$。电化学测试结果表明，有机酸与金属摩尔比为 1:2，850℃下再生制备的 LiNi$_{0.6}$Co$_{0.2}$Mn$_{0.2}$O$_2$具有最好的电化学性能，在 0.1C 电流密度下首次放电比容量为 165.3mA · h/g，1C 倍率下首圈放电比容量为 158.9mA · h/g，循环 100 圈后，依然可以提供

137.8mA·h/g 的放电比容量，容量保持率为 86.7%。在 2C、4C、5C 倍率下，放电比容量分别为 152.2mA·h/g、140.3mA·h/g、136.1mA·h/g。经过不同倍率充放电 35 圈后，再次以 0.1C 电流密度进行充放电，放电比容量高达 163.3mA·h/g，容量保持率为 98.8%。

2.5   废旧 NCM622 正极材料短程补锂直接再生及改性

传统的废旧锂离子电池再生方法存在工艺流程复杂的缺点。本节研究了一种新型高效环保的回收工艺，利用废旧三元锂离子电池合成高性能 NCM622 复合材料，并将废旧 NCM622 的不稳定岩盐表面用富锂锰基层状氧化物进行改性。在工艺中，首先采用简单补锂-烧结工艺对废旧锂离子正极材料进行回收，其次为了提高回收 NCM622 的电化学性能，研究了 $Li_{1.20}Mn_{0.54}Ni_{0.13}Co_{0.13}O_2$ 纳米涂层对再生材料的电化学性能以及结构稳定性的影响。

2.5.1   短程直接再生及改性回收利用方案

本节主要围绕对废旧三元材料短程直接再生及改性关键技术，以高效再生 NCM622 正极材料为目的进行说明，工艺主要包括短程直接再生、再生材料改性等过程。

2.5.1.1   短程直接补锂再生过程

如图 2-72 所示，首先称取废旧 NCM622 正极粉料 10g，用 $LiOH·H_2O$ 作为锂源，控制 Li^+ ：$M(Ni^{2+}+Mn^{2+}+Co^{2+})$（摩尔比）为 1.01：1、1.03：1、1.05：1、1.07：1（样品分别记做 S-NCM622+1%，S-NCM622+3%，S-NCM622+5%，S-NCM622+7%），再采用废旧 NCM622 粉料+$LiOH·H_2O$ 与聚氨酯球的质量比控制在 20：1。通过球磨，在搅拌速度为 100r/min 条件下，球磨 30min。球磨结束之后，将前驱体混合物与聚氨酯球分离，之后在 80℃ 真空干燥箱中干燥 12h，最后在马弗炉中氧气气氛下分别以 500℃ 和 830℃ 进行两段煅烧，煅烧时间分别为 5h 和 10h，最终得到再生的 $LiNi_{0.6}Co_{0.2}Mn_{0.2}O_2$ 正极材料，最终产物标记为 R-NCM622。

2.5.1.2   再生三元材料包覆改性过程

如图 2-73 所示，首先将 10g R-NCM622 均匀分散于 100mL 乙醇中，继续机械搅拌，调节转速为 450r/min。以 $Ni(CH_3COO)_2·4H_2O$，$Co(CH_3COO)_2·4H_2O$ 和 $Mn(CH_3COO)_2·4H_2O$ 作为原料，调节 Ni、Co、Mn 的摩尔比为 0.13：0.13：0.54。在包覆过程中，在包覆量为 1% 的条件下，控制金属溶液的摩尔浓度为

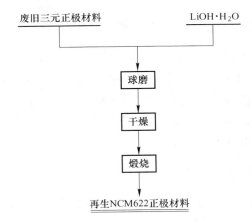

图 2-72　补锂再生 $LiNi_{0.6}Co_{0.2}Mn_{0.2}O_2$ 正极材料实验流程

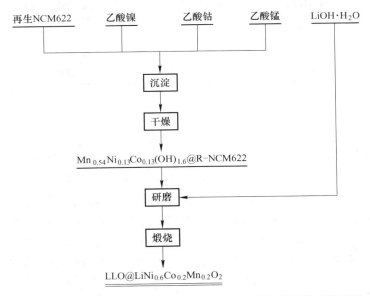

图 2-73　补锂再生 $LiNi_{0.6}Co_{0.2}Mn_{0.2}O_2$ 正极材料包覆改性实验流程

0.1mol/L，在 40℃下以 5mL/min 的速度连续泵入含有 R-NCM622 的溶液中。过程中通过 LiOH 控制 pH 值在 10.5±0.1。包覆结束之后，过滤并用乙醇洗涤 3 次，之后在真空干燥箱中 80℃下，干燥 12h，得到 $Mn_{0.54}Ni_{0.13}Co_{0.13}(OH)_{1.6}$ 包覆的 R-NCM622 前驱体。随后将前驱体与 LiOH 混合，并控制 $M(Li^+)/M(Ni^{2+}+Mn^{2+}+Co^{2+})$ 摩尔比为 1.2，最后在空气气氛 850℃条件下，煅烧 2h 后得到最终的 LLO @ $LiNi_{0.6}Co_{0.2}Mn_{0.2}O_2$ 材料，标记为 R-NCM622@ 1%LLO。

2.5.2   短程直接再生三元材料的物化性能

采用直接补锂-煅烧法再生 $LiNi_{0.6}Co_{0.2}Mn_{0.2}O_2$ 正极材料，废旧三元锂离子电池正极材料不做任何处理，标记为 S-NCM622，添加 Li 量为 1%、3%、5%、7%。再生的 NCM622 正极材料分别记做 S-NCM622+Li1%、S-NCM622+Li3%、S-NCM622+Li5%、S-NCM622+Li7%。进行 ICP 测试、XRD 精修处理和 SEM 形貌的观察以及电化学性能的测试。

2.5.2.1   元素成分与含量

从表 2-34 可以看出三元锂离子电池 NCM622 经过有限次充放电之后其正极材料中的过渡金属含量几乎没发生改变，而 Li 含量减少较大，可能是由于在充放电过程中，材料结构的坍塌以及 Li 位被 Ni 位占据，导致 Li 产生不可逆循环。

表 2-34   商业 NCM622 正极材料与废旧 NCN622 正极材料的有价金属摩尔比 (1:1)

正极材料	Li	Ni	Co	Mn
废旧 NCM622 正极材料	0.861	0.581	0.197	0.221
商业 NCM622 正极材料	0.996	0.596	0.198	0.197

2.5.2.2   晶体结构

如图 2-74 所示，所有样品均具有 α-$NaFeO_2$ 型层状结构，具有 $R-3m$ 空间组群，与 $LiNiO_2$ 标准峰吻合良好，且无杂峰出现。对比没有补加 Li 源的样品（S-NCM622）与补加之后的样品（S-NCM622+Li 1%）可以明显发现（003）和（104）峰比较尖锐，峰强度增加，表明材料的结晶性能变好，这与 ICP 测试结果符合，正极材料中储 Li 量少，导致不能正常的进行锂离子的脱嵌，简单地进行补锂之后能够保证锂离子的充足。随着补锂含量的增加，能够发现（006）/（102）和（110）/（108）峰有微小的分裂现象，说明 Li 过量能够提高材料的结晶性能，这是由于在高温煅烧过程中金属锂会发生挥发，因此在补锂时过量会提高材料的性能。

为了进一步比较不同补加锂下再生材料的晶体结构，考察了所有样品的晶格参数，见表 2-35。随着补锂量从 1% 增加到 5% 的过程中，c/a 的值在呈现增大的趋势，这表明补锂量增加对材料的晶体结构有促进作用。然而继续增大补锂量会起到一个相反的作用，原因是补锂量继续增大会增加颗粒表面的残碱量，不利于材料的层状结构发育。另一方面，从表 2-35 中可以得到所有样品 R 值（$R = I_{(003)}/I_{(104)}$）均大于 1.2，表明补锂再生材料的阳离子混排轻微，即在 3a 位少量

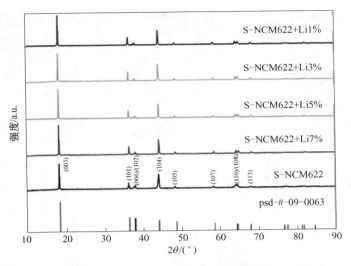

图 2-74　不同补锂量再生 NCM622 正极材料的 XRD 图谱

的 Li^+ 离子与在 $3b$ 位的 Ni^{2+} 离子有交换。从侧面说明了三元锂离子电池 NCM622 正极材料报废之后仍具有高的修复率。从 R 值的变化也判断出补锂量为 5% 的废旧三元正极材料具有最佳的晶体结构。

表 2-35　商业 NCM622 和不同补锂量再生 NCM622 的晶格参数

样　品	晶格参数 a/nm	晶格参数 c/nm	晶格参数 c/a	强度化 $I_{(003)}/I_{(104)}$
商业 NCM622	0.2869606	1.4221142	4.955782	1.64
S-NCM622+Li1%	0.2874814	1.4232384	4.950715	1.44
S-NCM622+Li3%	0.2873633	1.4229033	4.951583	1.47
S-NCM622+Li5%	0.2873744	1.4231233	4.952157	1.51
S-NCM622+Li7%	0.2874221	1.4227689	4.950182	1.42

2.5.2.3　形貌变化

为了研究补锂量对再生材料微观形貌的影响，用扫描电镜对所有材料进行了测试。测试结果发现，废旧三元正极材料 NCM622 一次颗粒具有严重的团聚现象，颗粒大体呈球形且颗粒粒径在 $0.1 \sim 0.3 \mu m$ 之间。这是由于长期充放电过程中，因不可逆相变而产生的颗粒裂纹和非晶结构等特征。如图 2-75c～f 所示，补锂再生材料的颗粒也同样存在着裂缝，与废旧 NCM622 基体材料一个明显的区别是一次颗粒表面变得光滑。随着补锂量的增加，对一次颗粒的大小没有影响，观

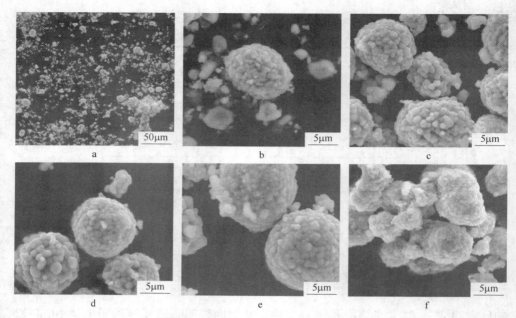

图 2-75 废旧 NCM622 正极材料(a、b)和补锂量为 1%(c)，3%(d)，
5%(e)，7%(f)下再生 NCM622 正极材料的 SEM 图

察到补锂量超过 5%时，二次颗粒之间存在着团聚现象，这是由于在高温煅烧的过程中过量的 Li 融化富集在一起，导致二次颗粒粘连在一起的结果。

2.5.2.4 短程直接再生三元材料电化学性能

为了研究补锂量对再生材料电化学性能的影响，在 0.1C 倍率条件下，对再生 NCM622 正极材料进行首次充放电测试，如图 2-76a 所示。补锂量为 5%的材料具有突出的充放电能力，0.1C 下，放电比容量达到了 171.5mA·h/g，能够证明废旧锂离子电池 NCM622 正极材料经过简单的补锂-煅烧工艺能够重新"修复"再生。同时，通过对不同补锂量再生 NCM622 正极材料的循环性能测试，发现随着补锂量的增加循环性能有减小的趋势，这是因为材料颗粒表面残碱量增加的缘故。5%补锂量下再合成的材料在 1C 倍率下循环 100 圈后，容量保持率为 83.01%。

2.5.3 短程直接再生三元材料的包覆改性

由于锂离子电池长期循环过程中形成严重的侧相和 Li-Ni 无序导致锂离子电池失效，因此提出采取有效的措施来增强富镍层状结构材料的化学和结构的稳定性。其中，NCM 与层状富锂锰基氧化物（LLO）有效结合，可改善基体材料的

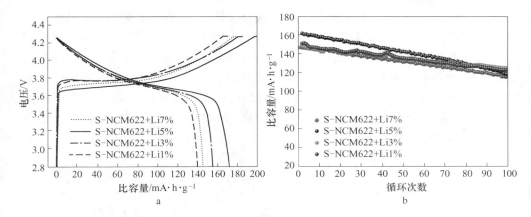

图 2-76　不同补锂量再生 NCM622 正极材料充放电曲线（a）和循环曲线（b）

电化学性能。本节采用质量分数为 1% 的 LLO 对补锂-煅烧再生材料（标记为 R-NCM622）进行包覆改性，得到的复合材料标记为 R-NCM622@1%LLO。

2.5.3.1　包覆材料元素含量

通过 ICP 对元素含量进行测试，废旧 NCM622、R-NCM622、商业化的 NCM622 正极材料的元素含量见表 2-36。显然，与商业 NCM622 相比，NCM622 的锂损耗约为 14%，这可能是由于反复充放电过程中发生不可逆副反应所致。经 LiOH 混合再热处理后，Li 含量恢复到预期的化学计量值。

表 2-36　废旧 NCM622、R-NCM622 和商业化的 NCM622 正极材料的 ICP 测试结果

样品	元素含量				Li, Ni, Co, Mn 元素摩尔比
	Li	Ni	Co	Mn	
废旧 NCM622	5.97	34.69	11.61	11.65	$Li_{0.861}Ni_{0.591}Co_{0.197}Mn_{0.212}O_2$
R-NCM622	7.00	34.63	11.49	11.53	$Li_{1.008}Ni_{0.590}Co_{0.195}Mn_{0.210}O_2$
商业化 NCM622	6.92	35.10	11.90	11.04	$Li_{0.998}Ni_{0.598}Co_{0.202}Mn_{0.201}O_2$

2.5.3.2　包覆材料结构变化

图 2-77 为商业化 NCM622、废旧 NCM622、R-NCM622 和 R-NCM622@1%LLO 样品的 XRD 图谱。可见，所有样品均表现出较强的衍射峰，说明了废旧 NCM622、R-NCM622 和 1%LLO 包覆的 R-NCM622 均具有较高的结晶度。所有样品均与 *R-3m* 空间组的 LiNiO$_2$ 样品吻合良好且无杂峰存在。然而，废旧 NCM622

与商业样品相比，局部放大图中可以看出（108）和（110）峰是模糊的，此外，废旧 NCM622 的（003）峰值转向低角度偏移。因为在锂损耗和锂、镍无序状态下，氧层之间沿 c 方向的静电斥力使 c 晶格参数增大，这与 ICP 测试结果吻合较好。经过添加锂盐和热处理之后，再生的 NCM622 峰强度较强。值得注意的是，再生样品的与商业化样品的（003）峰位置一致，说明再生过程中晶格得到了恢复。R-NCM622@1%LLO 试样的 XRD 衍射峰的 LLO 峰观察不到，是由于再生NCM622 颗粒表面只有 1%（质量分数）LLO，同时也说明了 LLO 改性不会影响到体相的晶体结构。

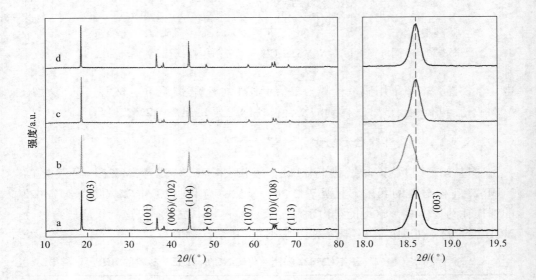

图 2-77　商业化 NCM622(a)、废旧 NCM622(b)、R-NCM622(c)、R-NCM622@1%LLO(d)的
XRD 图谱和在 18.0°~19.5°区域范围内的放大图

采用 EXPGUI 程序的 GSAS 软件进行 Rietveld 精修，进一步分析了商业化的NCM622、R-NCM622 和 R-NCM622@1%LLO 的晶体结构。图 2-78 为商业化的NCM622、R-NCM622 和 R-NCM622@1%LLO 样品的全谱拟合结构，精修得到的结构参数见表 2-37。所有样本组成均具有明显的层状 α-NaFeO₂ 结构，没有检测到过锂氧化物和其他有害杂相（如 LiCoO₂、Al₂O₃ 或 NiO）生成。所有样品的晶格参数接近，且所有样本显示，在 LiNiO₂ 相中大约有 1.5%的 Li⁺ 位点被 Ni²⁺ 离子占据。这些结果再一次表明，R-NCM622 和 R-NCM622@1%LLO 具有良好的结构以及再生能力。

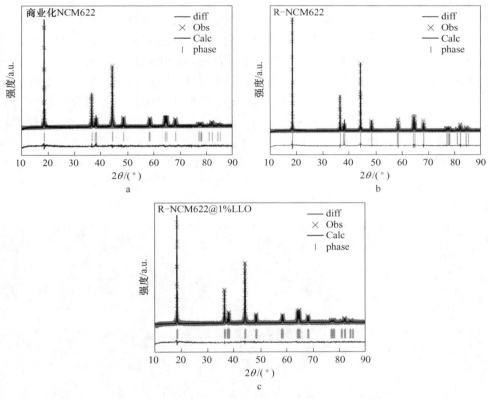

图 2-78 商业化的 NCM622(a)、R-NCM622(b)和
R-NCM622@ 1%LLO(c)样品的 XRD 精修图

表 2-37 商业化 NCM622、再生 NCM622 和包覆后 NCM622 的晶格参数表

样 品	商业化 NCM622	R-NCM622	R-NCM622@ 1%LLO
a 轴/nm	0.28696	0.28670	0.28685
b 轴/nm	0.28696	0.28670	0.28685
c 轴/nm	1.42211	1.42071	1.42165
$I_{(003)}/I_{(104)}$	1.62	1.58	1.63
$d(003)$/nm	0.47717	0.47669	0.47669
$d(104)$/nm	0.20439	0.20404	0.20429
Ni 占 Li 位/%	1.43	1.51	1.47

2.5.3.3 包覆材料的形貌

为了直观观察包覆改性后材料的表面形貌和元素在颗粒表面的分布情况，采

用了扫描电镜和 EDS 能谱进行测试。废旧 NCM622、R-NCM622、R-NCM622@ 1%LLO 的 SEM 图像如图 2-79 所示。图 2-79a 中的废旧 NCM622 呈球形且二次颗粒有严重的团聚现象。这是由于长期充放电过程中不可逆相变而产生的颗粒裂纹和非晶结构等特征。图 2-79c 和 d 中再生材料的颗粒也同样存在着裂缝，与废旧 NCM622 基体材料一个明显的区别的是，一次颗粒表面变得光滑。R-NCM622@ 1%LLO 样品与其他样品有明显不同，能够观察到其一次颗粒表面有一层均匀的包覆层，颗粒表面的裂缝几乎观察不到，证明 $Li_{1.20}Mn_{0.54}Ni_{0.13}Co_{0.13}O_2$ 不仅成功的包覆在 R-NCM622 表面，而且填补了颗粒表面的裂缝。随后对 R-NCM622@ 1% LLO 材料进行 EDS 检测，进一步检测元素在粒子中的分布。Ni、Co、Mn 元素在再生的 R-NCM622@ 1%LLO 样品表面分布是均匀的，没有观察到单独的成核特征，这也是 LLO 涂层成功地包覆在 R-NCM622 表面的有力证据。

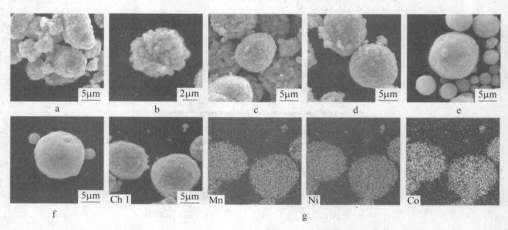

图 2-79　废旧 NCM622(a, b)，R-NCM622(c, d)，R-NCM622@ 1%LLO(e, f)
样品的扫描电镜图像以及 Ni、Co、Mn(g) 的 EDS 图谱

2.5.3.4　包覆材料微观结构

为了进一步说明 LLO 成功包覆在 R-NCM622 表面，采用透射电镜和高分辨透射电镜图进一步对废旧 NCM622 和再生样品的结构特征进行表征。如图 2-80a 和 b 所示，废旧 NCM622 样品呈现一个凸状的形态和颗粒表面可以清楚地观察到裂纹。随后，通过高分辨透射电镜对废旧 NCM622 的微观结构进行了详细的表征，可以看出颗粒表面晶格条纹有缠结现象，证明了在反复充放电循环过程中废旧 NCM622 严重的结构紊乱。图 2-80c 和 d 为 R-NCM622 的透射电镜剖面图，其表面形貌明显与废旧 NCM622 相似，也说明了简单的补锂-热处理工艺并不能明显恢复颗粒裂纹。然而，补锂-热处理工艺能够减少再生 NCM622 颗粒内晶格条纹的无序。如图 2-80d 所示，R-NCM622 的高分辨率透射电镜图像显示出有序的晶

格条纹，说明再生 NCM622 具有较高的结晶度。利用数字显微软件对点阵间距进行进一步分析，图 2-80d 为层状结构 NCM622 的（101）点阵面，点阵条纹的间距为 0.245nm。R-NCM622@1%LLO 的透射电镜和高分辨透射电镜图像（见图 2-80e 和 f）显示，可以清晰地检测到 LLO 和 NCM622 的特征晶格平面，且 R-NCM622 被 LLO 层紧密包裹。R-NCM622@1%LLO 晶体外表面能够探测到两种结构，0.48nm 的平面间距对应于（003）点阵平面 $R\overline{3}m$ 层状结构，晶格间距 0.245nm 对应于层状结构（101）晶面。

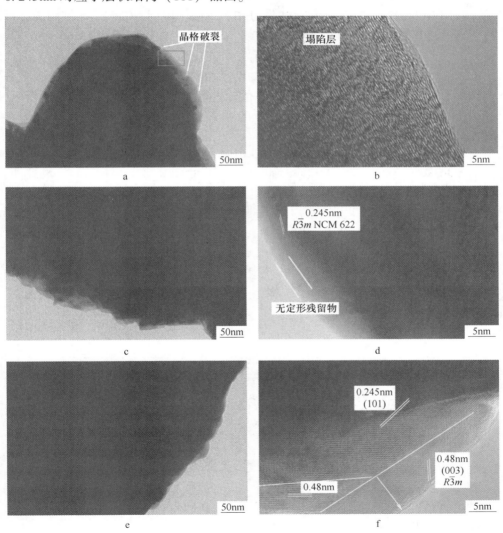

图 2-80　废旧 NCM622(a, b)，R-NCM622(c, d)，
R-NCM622@1%LLO(e, f)样品的透射电镜图

2.5.3.5   包覆材料表面价态

在 XRD、SEM 和 TEM 结果的基础上，利用 XPS 对制备样品表面 Mn 和 Ni 的化学价态进行研究。从图 2-81 可以明显看出，Ni2p$_{3/2}$ 和 2p$_{1/2}$ 的峰值分别位于 855eV 和 873eV，卫星峰值分别位于 861eV 和 879.1eV。制备样品的 Ni 2p$_{3/2}$ 谱位于 854~856eV 之间，通过实验测试得到的峰谱可以分为 Ni^{2+} 和 Ni^{3+} 峰。用 Ni^{2+} 和 Ni^{3+} 峰拟合 NCM622、R-NCM622 和 R-NCM622@ 1% LLO 的 Ni 2p$_{3/2}$ 光谱。可见，废旧 NCM622 中 Ni 的元素态几乎为+2，反映了废旧 NCM622 的结构破坏严重，而经过锂添加后 Ni^{3+} 比例明显提高，Ni^{2+} 与 Ni^{3+} 的比例达到 43.66∶56.54，最终经过 LLO 包覆后，Ni 的原子价几乎完全转化为 Ni^{2+}，这一结果与前人研究中 Li$_{1.20}$Mn$_{0.54}$Ni$_{0.13}$Co$_{0.13}$O$_2$ 的 Ni 2p$_{3/2}$ 的结果相同，表明再生 NCM622 上存在分层结构 LLO。通过峰拟合对 Mn 2p 的峰位置进行表征分析，如图 2-81d~f 所示，Mn 2p 的峰位置和特征峰与文献报道的非常接近，表明所有研究样本均存在 Mn^{4+}。

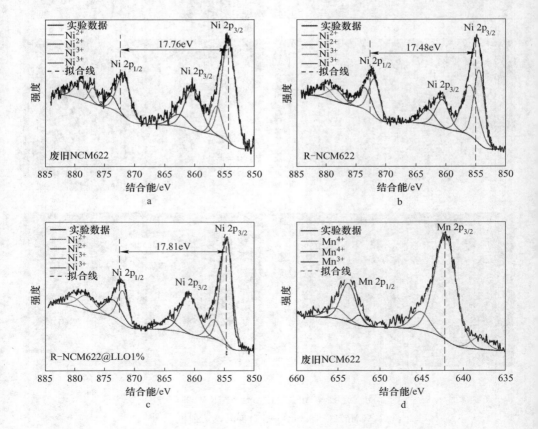

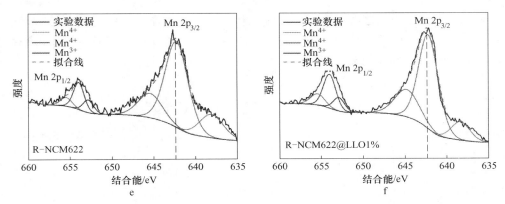

图 2-81 废旧 NCM622、R-NCM622 和 1%LLO 包覆后的 R-NCM622 样品的 XPS 光谱

a~c—Ni 2p；d~f—Mn 2p

2.5.3.6 包覆材料电化学性能

包覆材料的电化学性能如图 2-82 所示。图 2-82a 为商业化 NCM622、R-NCM622 和 R-NCM622@ 1%LLO 在电压范围为 3.0~4.3V，0.2C 倍率下的首次充放电曲线图。3 种样品的充放电曲线形态基本相似，初始放电能力基本相同。经过简单补锂-热处理工艺后，再生 NCM622 正极材料的电化学性能再次提高。商业化的 NCM622、R-NCM622 和 R-NCM622@ 1%LLO 在 0.2C 倍率条件下的放电比容量分别为 175.2mA·h/g、173.4mA·h/g 和 178.2mA·h/g。采用 LLO 包覆改性后的再生 NCM622 材料的放电容量在三者中较为突出。在此，没有证据显示 Li^+ 离子的充放电特性是从 Li_2MnO_3 结构进入 $Li_{1.20}Mn_{0.54}Ni_{0.13}Co_{0.13}O_2$ 相的，这表明 1% LLO 包覆层不干扰 Li^+ 离子在 NCM622 材料的 α-NaFeO_2 结构中传输。图 2-82b 为所有测试材料在 1C 倍率下，100 圈的循环曲线图。很显然可以观察到商业化的 NCM622 和 R-NCM622 样品与 LLO 包覆改性后的样本相比，容量衰减速度更快，100 次循环后容量保持率分别为 93.9% 和 91.6%。经过 1% 的 LLO 包覆改性后，R-NCM622 的循环性能有了显著的提高，100 次循环后的容量保持率能够达到 98.4%。图 2-82c~e 为商业化的 NCM622、R-NCM622 和 R-NCM622@ 1% LLO 在电压范围 3.0~4.3V，1C 倍率条件下的第 2、10、20、30、40 以及 50 圈的充放电曲线图。对比图 2-82c~e 结果表明，LLO 包覆层能够有效改善再生颗粒 R-NCM622 的循环性能。如图 2-82f 所示，所有样品在 3.0~4.3V 的电压范围下，从 0.1C 到 5C，再回到 0.1C 的倍率曲线图。与其他样品相比，R-NCM622@ 1% LLO 样品表现出优越的倍率性能。在 0.1C 倍率条件下的放电比容量为 183.8mA·h/g，在高倍率 5C 下的放电比容量为 142.6mA·h/g。结果表明，经 LLO 包覆改

性可显著提高再生 NCM622 正极材料锂离子存储性能。4.5V 稳定 LLO 包覆层可以增加 NCM622 内核之间的界面稳定性，电解质和电极的电导率。导电的 LLO 包覆层取代了 NCM622 电解质界面上的绝缘残留物，是提高 R-NCM622@1%LLO 循环稳定性和倍率性能的关键原因。

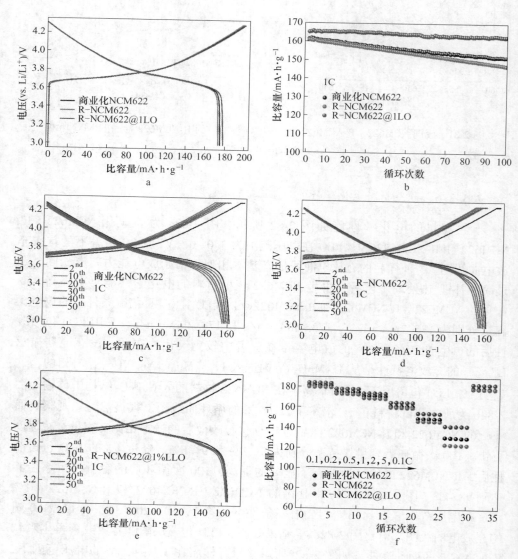

图 2-82　0.2C 初始充放电曲线(a)；在 1C 倍率下 3.0~4.3V 循环性能(b)；

商业 NCM622、R-NCM622、和 R-NCM622@1%LLO、在 1C 倍率下

不同循环下的充放电曲线(c~e)以及研究样品的倍率性能(f)

为了表征 LLO 包覆对再生 NCM622 材料循环过程的影响，对 R-NCM622 和 R-NCM622@1%LLO 材料进行循环伏安测试。图 2-83 为 2.8~4.3V 电压范围内，在 0.1mV/s 的扫描速度下 R-NCM622 和 R-NCM622@1%LLO 样品的第 1、10、20、30、50 圈的 CV 图谱。在 CV 曲线上只观察到一个氧化和一个还原峰，说明从 2.8V 到 4.3V 没有从六边形相到单斜相的相变。一方面，R-NCM622@1%LLO 样品在第 1~50 圈周期的峰值重现性较好，说明再生的样品具有较好的可逆性。另一方面，CV 曲线中存在一个氧化还原峰位电位差 ΔV，电位差的值反应材料极化大小，因此，LLO 包覆后的 R-NCM622 材料具有一个较小的极化。CV 曲线表明，补锂-热处理工艺辅助 LLO 包覆改性技术回收的 NCM622 复合材料具有良好的可逆锂离子存储性能。

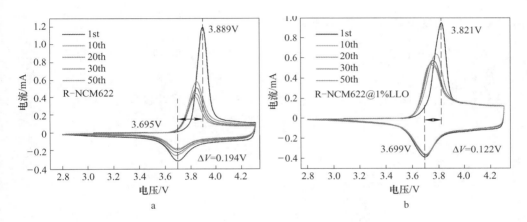

图 2-83　R-NCM622(a) 和 R-NCM622@1%LLO(b) 在 2.8~4.3V 电压
范围内，扫描速率为 0.1mV/s 条件下的 CV 曲线

2.5.4　小结

本节采用补锂-煅烧法从废锂离子电池中再生 $LiNi_{0.6}Co_{0.2}Mn_{0.2}O_2$ 正极材料，回收过程简单，绿色环保，实现废旧了锂离子电池循环使用。采用 LLO 纳米壳包覆改性再生 $LiNi_{0.6}Co_{0.2}Mn_{0.2}O_2$ 的正极材料，可显著提高其放电能力、循环稳定性和倍率等电化学性能。其中，在 3.0~4.3V 的电压范围内，1C 倍率条件下，放电比容量为 183.8mA·h/g，100 次循环后容量保持率高达 98.4%。纳米结构的 LLO 层能够为锂离子提供高离子导电性扩散通道，限制了循环过程中表面副反应的发生，LLO 改性后 $LiNi_{0.6}Co_{0.2}Mn_{0.2}O_2$ 的电化学性能明显优于商品化的 $LiNi_{0.6}Co_{0.2}Mn_{0.2}O_2$。

2.6   废旧三元材料还原酸浸与沉淀再生

废旧三元材料现有研究中有机酸还原浸出成为研发重点方向，为此，本节选取废旧三元材料 $LiNi_{0.5}Co_{0.2}Mn_{0.3}O_2$ 作研究对象，构建温和有机酸与绿色还原剂的浸出体系，基于单因素设计考察酸浓度、还原剂用量、浸出时间、温度、固液比等因素对金属浸出率的影响规律，筛选出较优还原酸浸因素参数，并分析物料、浸出液的元素组成及含量。选取上述浸出液为对象，通过沉淀法制备前驱体，再经混锂高温烧结制备再生三元正极材料，并结合物理性质和电化学性能分析再生正极材料的综合性能。

2.6.1   还原酸浸与沉淀再生回收利用方案

本节是对废旧三元材料 $LiNi_{0.5}Co_{0.2}Mn_{0.3}O_2$ 进行回收处理，最终目标是合成新的 $LiNi_{0.5}Co_{0.2}Mn_{0.3}O_2$ 材料。实验的具体流程分为三部分，分别是预处理过程、浸出过程、碳酸盐法共沉淀过程，图 2-84 为本次实验过程的流程图。

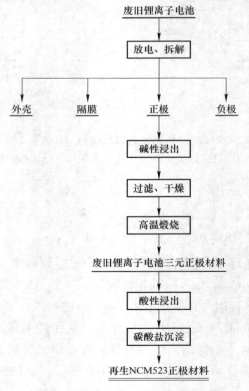

图 2-84   废旧三元锂离子电池湿法回收流程

2.6.1.1　废旧电池的预处理实验

首先进行对废旧锂离子电池的预处理过程，预处理的具体过程如下：

（1）为了防止废旧锂电池发生爆炸等安全隐患，先将废旧电池放置在 NaCl 溶液中浸泡 2~3 天，强制其短路并且释放电量。

（2）将浸泡完的废旧电池取出，把电池的外壳剥离，剥离时注意将电池的正负极分开放置，把正极取出裁剪成多个边长为 1cm 的正方形。

（3）把裁剪好的正极放置在 NaOH 溶液中浸泡，此过程一定要注意防止 LiPF$_6$ 水解，在 60℃ 的水浴温度下，搅拌 2~3h，此过程是为了去除正极材料上面附着的铝箔，具体的反应方程式为

$$2Al + 2NaOH + 2H_2O \longrightarrow 2NaAlO_2 + 3H_2 \uparrow \tag{2-16}$$

这就是预处理过程中的碱性浸出过程，此时铝箔会被溶解到浸出液中，而正极材料仍然以固体的状态存在，这就实现了正极和铝箔的分离，然后将正极材料过滤出来。

（4）过滤后的正极材料上面仍然附着部分铝残渣，因此需要用质量浓度为 5% 的 NaOH 溶液对正极材料进行至少 3 次冲洗，去除铝之后再用去离子水继续冲洗 3 次以上，目的是洗掉残留的 NaOH，再将此时的正极材料干燥 12h，干燥温度为 90℃，这时我们会得到粉末状正极材料。

（5）干燥过后的正极材料放置在马弗炉中，设定系统的温度为 600℃，设定煅烧时间为 5h。将煅烧完的正极材料取出，并且冷却至室温，研磨正极材料 5h，放在 200 目的滤筛中过滤，得到细小的正极粉末，结束整个预处理过程。

2.6.1.2　废旧三元正极材料的浸出

经过预处理之后的正极粉料平均分成若干份，倒入三孔瓶中，加入一定量的苹果酸和 NaHSO$_3$，按照浓度梯度调节好苹果酸浓度。对三孔瓶进行不同温度的水浴加热，这个过程的目的是提高有价金属的浸出率。通过单因素变量法研究搅拌速度、苹果酸的浓度、温度、NaHSO$_3$ 添加量和浸出时间对浸出效率的影响，确定预处理后的正极材料 LiNi$_{0.5}$Co$_{0.2}$Mn$_{0.3}$O$_2$ 的最佳浸出条件。浸出过程结束后，浸出液在容量瓶中经过过滤、定容和稀释，使用 ICP 测定容量瓶中的溶液，测定 Li、Ni、Co、Mn 的含量。

2.6.1.3　共沉淀法再生三元正极材料

为了使酸浸液中 Ni、Co、Mn 的摩尔比调节至 5 : 2 : 3，必须加入含有 Ni$^+$、Co$^+$、Mn$^+$ 的试剂，然后使用滴管滴加 2mol/L 的氨水，目的是控制溶液的 pH 为 8.5 左右，得到的浸出液需要在温度为 60℃、搅拌速度为 300r/min 的条件下进行

沉淀过程，12h 后得到沉淀物。将沉淀物进行过滤处理，处理后的沉淀物需干燥
10h 左右，干燥温度为 90℃。干燥后的沉淀物干料经过研磨后使用筛子过筛，就
得到了前驱体。将前驱体放置在充满氧气的马弗炉中进行煅烧，煅烧过程分为 4
步：（1）设定马弗炉的升温时间为 300min，升温温度为 400℃，即在 300min 时
将温度提高至 400℃；（2）保持马弗炉的温度不变继续煅烧 5h；（3）再次将马
弗炉的温度升高，这次升温时间为 150min，升温温度为 850℃；（4）保持炉子温
度不变，继续煅烧 15h，这时就可以得到再合成 $LiNi_{0.5}Co_{0.2}Mn_{0.3}O_2$ 正极材料。

2.6.2　废旧 $LiNi_{0.5}Co_{0.2}Mn_{0.3}O_2$ 正极材料的基本性质

在预处理过程中对废旧电池进行了碱性浸出和高温煅烧，并且通过 SEM、
XRD 表征分析了预处理过程后正极材料的结构和成分。

2.6.2.1　预处理后三元材料成分

首先，通过 XRD 和 ICP 对预处理过程后的正极材料样品中 Li、Ni、Co、Mn
等元素进行定量分析，分析结果如图 2-85 和表 2-38 所示，由图 2-85 可以看出，
图中各峰还是很明显，说明废料里原有的空间结构并未被破坏，但是杂峰较多。

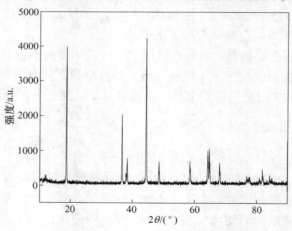

图 2-85　废旧正极材料的 XRD 图谱

表 2-38　预处理后正极材料中的各元素含量

元　素	质量分数/%						
	Ni	Co	Li	Mn	Al	C	Fe
预处理后	29.47	12.11	6.36	16.43	<0.01	<0.01	<0.01

由表 2-38 可以看出，经过预处理之后的样品，Al、C、Fe 等杂质金属元素基
本上被除去，而 Li、Ni、Co、Mn 这 4 种主要元素含量变化不大。

2.6.2.2 预处理后正极材料形貌分析

废旧锂离子电池的正极材料在预处理后的 SEM 测试结果如图 2-86 所示，可以看出，预处理之后的正极材料的颗粒几乎都呈椭圆形，但是表面十分粗糙，需要进行下一步的浸出处理和再合成处理。

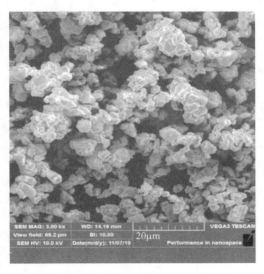

图 2-86 废旧三元正极材料预处理后的 SEM 图像

2.6.3 废旧三元正极材料酸浸规律

湿法冶金过程的酸性浸出实验是在三孔瓶中进行的，将浸出液放置于恒温水浴搅拌器中。通过单因素实验确定最佳实验条件，包括苹果酸浓度（0.5~2.5mol/L），$NaHSO_3$ 添加量（0.25~1.25mL），温度（60~90℃），浸出时间（5~120min）以及搅拌速度（200~500r/min）。

2.6.3.1 搅拌速度对金属的浸出率的影响

本书采用了单因素变量法研究提高金属浸出率的最优条件，首先研究的是搅拌速度对金属浸出率的影响。实验条件如下：浸出时间为 60min、亚硫酸氢钠添加量为 0.75ml、温度为 80℃、苹果酸浓度为 2mol/L，结果见表 2-39。当搅拌速度为 200r/min 时，由表 3-2 可知，Li 、Ni、Co 、Mn 的浸出率均达到 90%以上，分别为 96.21%、94.72%、93.36%、92.89%。随着搅拌速度的提高，四种金属的浸出率还有明显地升高。当搅拌速度 400r/min 时，四种金属的浸出率分别为 97.96%、97.12%、95.25%、94.02%。

表 2-39 搅拌速度对金属浸出率的影响

序号	实 验 条 件					浸出率/%			
	搅拌速度 /r·min⁻¹	温度 /℃	浸出时间 /min	苹果酸浓度 /mol·L⁻¹	NaHSO₃ 添加量/mL	Li	Ni	Co	Mn
1	200	80	60	2.0	0.75	96.21	94.72	93.36	92.89
2	300	80	60	2.0	0.75	97.18	96.53	94.78	93.45
3	400	80	60	2.0	0.75	97.96	97.12	95.25	94.02
4	500	80	60	2.0	0.75	98.38	97.66	95.92	94.61

如图 2-87 所示，当搅拌速度从 400r/min 提高至 500r/min 时，Li 、Ni 、Co 、Mn 的浸出率虽然有所增加，但是增加程度并不明显，所以为了提高金属浸出率，最佳搅拌速度设为 400r/min。其中，金属 Ni 的浸出率随搅拌速度增加比其他金属更明显。

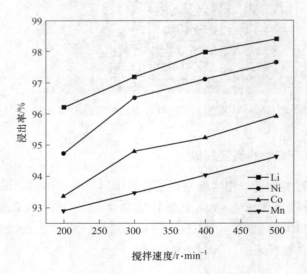

图 2-87 搅拌速度对浸出率的影响

2.6.3.2 有机酸浓度对金属浸出率的影响

这组实验研究的是搅拌速度为 300r/min、亚硫酸氢钠添加量为 0.75mL、温度为 80℃、浸出时间为 60min 的条件下，苹果酸浓度对 Li、Ni、Co、Mn 浸出率的影响。从表 2-40 可以看出，当苹果酸浓度调整至 1.0mol/L 时，这 4 种金属的浸出率均有所上升，且上升程度比较明显。

表 2-40 有机酸浓度对金属浸出率的影响

序号	实 验 条 件					浸出率/%			
	搅拌速度 /r·min⁻¹	温度 /℃	浸出时间 /min	苹果酸浓度 /mol·L⁻¹	NaHSO₃ 添加量/mL	Li	Ni	Co	Mn
1	300	80	60	0.5	0.75	90.12	87.82	88.23	86.81
2	300	80	60	1.0	0.75	93.31	91.11	91.35	89.23
3	300	80	60	1.5	0.75	94.65	94.09	92.27	91.68
4	300	80	60	2.0	0.75	96.23	95.71	93.48	92.43
5	300	80	60	2.5	0.75	97.1	96.26	94.52	95.26

当继续增大苹果酸浓度至 1.5mol/L 时，Li、Ni、Co、Mn 的浸出率略有上升，但是 Co 的上升程度有所减缓。继续增大苹果酸浓度，Li、Ni、Co、Mn 的浸出率均上升，但是金属 Mn 在苹果酸浓度由 2.0mol/L 增加到 2.5mol/L 时浸出率上涨明显。当苹果酸浓度为 2.0mol/L 时，4 种金属的浸出率分别为 96.23%、95.71%、93.48%、92.43%，当苹果酸浓度为 2.5mol/L 时，Li、Ni、Co、Mn 的浸出率分别为 97.1%、96.26%、94.52%、95.26%。

从图 2-88 可以发现，Li、Ni、Co 的浸出率在苹果酸浓度为 2.0~2.5mol/L 之间变化不大，而 Mn 的浸出率却上涨幅度较大。虽然苹果酸浓度在 2.0mol/L 时其他金属浸出率变化不大，但要考虑全部金属的浸出，因此苹果酸浓度最好选择为 2.5mol/L。

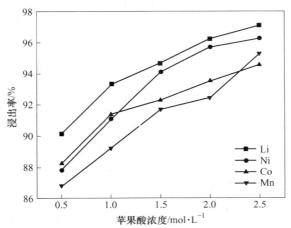

图 2-88 有机酸浓度对金属浸出率的影响

2.6.3.3 亚硫酸氢钠添加量对金属浸出率的影响

亚硫酸氢钠对有价金属的浸出具有促进作用，表 2-41 为搅拌速度为

300r/min、苹果酸浓度为 2.0mol/L、温度为 80℃、浸出时间为 60min 的条件下，亚硫酸氢钠对 Li、Ni、Co、Mn 这 4 种金属浸出率的影响。当亚硫酸氢钠添加量为 0.25mL 时，金属 Li、Ni、Co、Mn 的浸出率分别为 93.59%、91.15%、89.24%、90.11%。

表 2-41　亚硫酸氢钠添加量对金属浸出率的影响

序号	实 验 条 件					浸出率/%			
	搅拌速度 /r·min⁻¹	温度 /℃	浸出时间 /min	苹果酸浓度 /mol·L⁻¹	NaHSO₃ 添加量/mL	Li	Ni	Co	Mn
1	300	80	60	2.0	0.25	93.59	91.15	89.24	90.11
2	300	80	60	2.0	0.5	95.11	93.67	92.39	91.29
3	300	80	60	2.0	0.75	96.23	95.71	93.48	92.43
4	300	80	60	2.0	1	97.18	96.53	94.78	93.45
5	300	80	60	2.0	1.25	98.03	97.77	96.25	95.39

当持续增加亚硫酸氢钠添加量时，4 种金属的浸出率全都呈上升状态，而且在亚硫酸氢钠添加量为 1.25mL 时，Li、Ni、Co、Mn 4 种金属的浸出率分别达到了 98.03%、97.77%、96.25%、95.39%。亚硫酸氢钠能提高金属浸出率的原因应该是其在水中发生了水解反应，使得溶液中 H^+ 增多。

从图 2-89 可以明显看出，在亚硫酸氢钠添加量从 0.25mL 增加到 1.25mL 时，4 种金属离子的浸出率均呈上升状态。最终可以确定亚硫酸氢钠最佳添加量为 1.25mL。

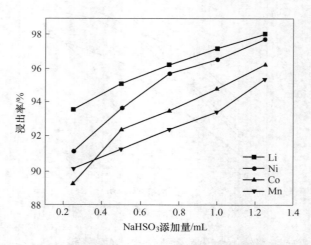

图 2-89　亚硫酸氢钠添加量对金属浸出率的影响

2.6.3.4 温度对金属浸出率的影响

温度上升会使离子的运动迁移加速，能够有效提高金属浸出率，因此这组实验研究温度对金属浸出率的影响。本次实验考察的温度在60~90℃之间，其他实验条件基本保持不变，分别为搅拌速度为300r/min、苹果酸浓度为2.0mol/L、亚硫酸氢钠添加量为0.75mL、浸出时间为60min（见表2-42）。可以发现，当浸出温度在70℃时，4种金属的浸出率已经达到很高的标准，分别为97.18%、96.53%、94.78%、93.45%。当温度上升到80℃时，这4种金属的浸出率还在持续上升，分别为98.33%、97.27%、96.54%、95.43%。

表 2-42 温度对金属浸出率的影响

序号	实 验 条 件					浸出率/%			
	搅拌速度 /r·min⁻¹	温度 /℃	浸出时间 /min	苹果酸浓度 /mol·L⁻¹	NaHSO₃ 添加量/mL	Li	Ni	Co	Mn
1	300	60	60	2.0	0.75	90.28	88.35	87.31	88.12
2	300	70	60	2.0	0.75	97.18	96.53	94.78	93.45
3	300	80	60	2.0	0.75	98.33	97.27	96.54	95.43
4	300	90	60	2.0	0.75	99.91	99.27	98.14	98.43

由图2-90可以看出，温度升高至90℃时，4种金属的浸出率变化不太明显，原因是之前温度下金属的浸出率就已经很高了。此时，4种金属的浸出率分别为99.91%、99.27%、98.14%、98.43%。由于在90℃的条件下，4种金属的浸出率已经接近100%，所以最佳温度确定为90℃。

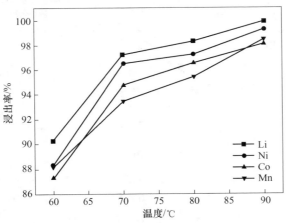

图 2-90 温度对金属浸出率的影响

2.6.3.5　浸出时间对金属浸出率的影响

浸出时间的长短也会影响金属的浸出率，因此，本组实验研究浸出时间与金属浸出率的关系（见表2-43）。其他实验条件为搅拌速度为300r/min、苹果酸浓度为2.0mol/L、亚硫酸氢钠添加量为0.75mL、温度为80℃。可以发现在浸出时间为5min时，Li、Ni、Co、Mn浸出率为82.37%、79.41%、80.03%、78.19%。

表 2-43　浸出时间对浸出率的影响

序号	实 验 条 件					浸出率/%			
	搅拌速度 /r·min^{-1}	温度 /℃	浸出时间 /min	苹果酸浓度 /mol·L^{-1}	NaHSO$_3$ 添加量/mL	Li	Ni	Co	Mn
1	300	80	5	2.0	0.75	82.37	79.41	80.03	78.19
2	300	80	15	2.0	0.75	88.46	84.4	83.81	81.73
3	300	80	30	2.0	0.75	93.27	91.35	90.54	91.39
4	300	80	60	2.0	0.75	97.18	96.53	94.78	93.45
5	300	80	90	2.0	0.75	98.85	98.02	97.39	96.25
6	300	80	120	2.0	0.75	99.89	99.75	99.38	99.49

如图2-91所示，浸出时间在5~30min范围内这4种金属的浸出率出现了小幅度的上升。当浸出时间为60min时，Mn的浸出率明显不如Li、Ni、Co的浸出率上升快速。继续延长浸出时间至120min时，Li、Ni、Co、Mn的浸出率均上升，而且Mn的浸出率明显上升。

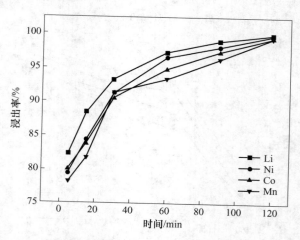

图 2-91　浸出时间对金属浸出率的影响

由实验数据可以看出，浸出时间为 120min 时，Li、Ni、Co、Mn 的浸出率分别为 99.89%、99.75%、99.38%、99.49%，也几乎达到了 100%。因此，浸出时间选择为 120min。

由上述的单因素实验不难总结出，影响废旧 NCM523 材料浸出的最佳条件为搅拌速度为 400r/min，苹果酸浓度为 2.5mol/L，亚硫酸氢钠添加量为 1.25mL，温度为 90℃，浸出时间为 120min，Li、Co、Ni、Mn 这 4 种金属的浸出率分别达到了 99.91%、98.14%、99.27%、98.43%。

2.6.4 共沉淀法再合成 NCM523 正极材料

为了使酸浸液的 pH 达到 8.5 左右，我们在实验中采用氨水调节酸性浸出液的 pH 值，然后采用共沉淀法在酸浸液中获得前驱体，获得前驱体之后，把其放置在马弗炉中进行高温煅烧，设置马弗炉的温度为 850℃，冷却至室温就可以得到 $LiNi_{0.5}Co_{0.2}Mn_{0.3}O_2$ 正极材料，对再生的正极材料进行 SEM、XRD 表征及电化学性能测试。

2.6.4.1 再生 $LiNi_{0.5}Co_{0.2}Mn_{0.3}O_2$ 的结构

再生的 $LiNi_{0.5}Co_{0.2}Mn_{0.3}O_2$ 材料的 XRD 图谱如图 2-92 所示，图中衍射峰的图形强度明显很高，这足以表明再生材料具有良好的结晶性能特性。

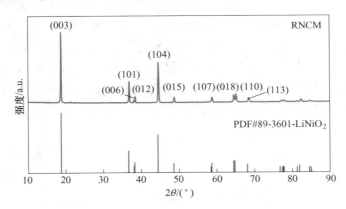

图 2-92　再合成正极材料 $LiNi_{0.5}Co_{0.2}Mn_{0.3}O_2$ 的 XRD 图谱

2.6.4.2 再生 $LiNi_{0.5}Co_{0.2}Mn_{0.3}O_2$ 的形貌

从图 2-93 中可以看出，采用共沉淀法再合成的三元正极材料 $LiNi_{0.5}Co_{0.2}Mn_{0.3}O_2$ 的颗粒形状近球形且体积较大，但颗粒表面不算很光滑。

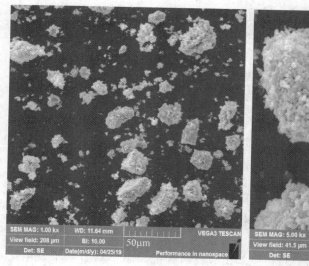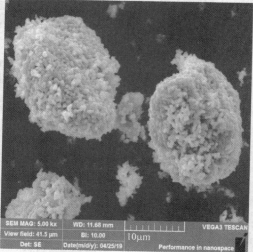

图 2-93　再合成三元正极材料 SEM 图

2.6.4.3　再生 $LiNi_{0.5}Co_{0.2}Mn_{0.3}O_2$ 材料的电化学性能

对再生 NCM523 正极材料进行循环测试，目的是考察这种再生材料的各项电化学性能是否达到标准。图 2-94 为对样品的充放电循环性能的研究数据，是该正极材料在倍率为 1C 时循环 200 次的图谱。由图 2-94 可以看出，样品的初始放电容量为 175.5mA·h/g，在经历了 200 次循环之后，样品的放电容量达到了 126mA·h/g。循环曲线虽然有所下降，但还是较为平稳，经历 200 次循环之后，样品的容量保持率在 71% 左右。这表明了采用共沉淀法再生的 $LiNi_{0.5}Co_{0.2}Mn_{0.3}O_2$ 正极材料循环性能良好，在 200 次循环后仍然保持不错的容量保持率。

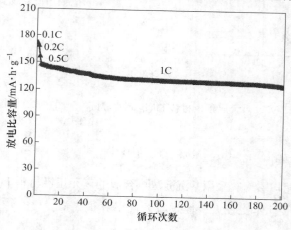

图 2-94　再合成正极材料的电化学性能

2.6.5 小结

本节研究表明最佳浸出条件为：搅拌速度为 400r/min，苹果酸浓度为 2.5mol/L，NaHSO$_3$ 添加量为 1.25mL，温度为 90℃，浸出时间为 120min。在浸出过程结束后，正极材料采用共沉淀法再合成 LiNi$_{0.5}$Co$_{0.2}$Mn$_{0.3}$O$_2$ 材料，共沉淀法使用的盐为碳酸盐。通过正极材料的循环测试表明，再合成的 LiNi$_{0.5}$Co$_{0.2}$Mn$_{0.3}$O$_2$ 在 200 次循环后仍然拥有良好的容量保持率，大约在 70% 左右。

对正极材料的循环测试表明，样品的初始放电容量为 175.5mA·h/g，在经历了 200 次循环之后，样品的放电容量达到了 126mA·h/g。循环曲线虽然有所下降，但还是较为平稳，经历 200 次循环之后，样品的容量保持率在 71% 左右。这表明：再生后的 LiNi$_{0.5}$Co$_{0.2}$Mn$_{0.3}$O$_2$ 材料拥有良好的循环性能，同时具有不错的容量保持率。废旧锂离子电池回收之后再合成的 LiNi$_{0.5}$Co$_{0.2}$Mn$_{0.3}$O$_2$ 的电化学性能在某些方面已经可以比肩正常过程生产的 LiNi$_{0.5}$Co$_{0.2}$Mn$_{0.3}$O$_2$ 正极材料。

虽然超声可以提高苹果酸对废旧 LiNi$_{0.6}$Co$_{0.2}$Mn$_{0.2}$O$_2$ 的浸出效率，但是共沉淀法存在实验流程长、控制因素复杂等不足。若可以找到一种既不用分离提取有价金属，也无需控制繁琐工艺条件的方法来制备前驱体，将极大简化再生 LiNi$_{0.6}$Co$_{0.2}$Mn$_{0.2}$O$_2$ 材料流程。

喷雾干燥法是一种较容易制备获得均匀前驱体的方法，该方法可以实现元素原子水平上的混合，且制备的前驱体为球形形态，其技术优势包括在反应器中的停留时间短、不需要进一步的纯化步骤，并且产物的组成是均匀的。若可以通过喷雾干燥从有机酸浸出液中快速高效地制备出均匀的前驱体，将有助于进一步缩短、简化实验流程。本实验可以直接从有机酸浸出液中快速制备三元材料的前驱体，并结合高温煅烧再生制备 LiNi$_{0.6}$Co$_{0.2}$Mn$_{0.2}$O$_2$。主要研究了苹果酸与金属摩尔比、二段煅烧温度对再生制备材料性能的影响规律；分析表征了导致材料性能差异的内部结构原因。

2.7 废旧 LiNi$_{0.5}$Co$_{0.2}$Mn$_{0.3}$O$_2$ 材料浸出及再生制备

2.7.1 有机酸浸出及再生回收利用方案

废旧 LiNi$_{0.5}$Co$_{0.2}$Mn$_{0.3}$O$_2$ 材料现有研究多采用硫酸还原剂浸出体系，而本节构建有机酸还原浸出体系，基于单因素设计考查有机酸用量、还原剂用量、浸出时间、温度、固液比等因素对各金属浸出率的影响规律，筛选出较优有机酸浸出因素参数，并分析物料、浸出液的元素组成及含量。选取上述浸出液为对象，通过元素比例调配-碳酸盐沉淀法制备前驱体，再经混锂高温烧结制备再生三元

$LiNi_{0.5}Co_{0.2}Mn_{0.3}O_2$ 材料，并结合物理性质和电化学性能分析再生正极材料的综合性能。

2.7.1.1　预处理过程

首先，通过破碎工序对已经得到充分放电的锂离子电池进行拆解，去除外壳之后，取出正极材料进行研磨，得到黑色粉末状固体，再经过分离，即为接下来实验的原料之一。对其进行 800℃，12h 的煅烧，并对其进行 XRD 测试。

2.7.1.2　浸出过程

A　制备浸出液

首先，打开油浴锅并设置好温度为 60℃，预热，洗干净一个烧杯。称取 5g 预处理过的粉末状固体，置入已洗干净的烧杯中，量取 100mL 去离子水，加入烧杯中，并量取 0.1mol 酒石酸及 0.05mol 葡萄糖（作为氧化剂）加入烧杯中，无需搅拌，用保鲜膜密封烧杯，放在油浴锅上，设定好搅拌速度为 200r/min，等待 10min，取下烧杯，用抽滤机过滤浸出液，过滤得到的固体封袋，记好实验条件及时间。过滤得到的滤液冷却后移入容量瓶中，定容，并在容量瓶上贴好标签，标明实验条件及实验时间。上述步骤中，凡是有液体转移的步骤，均需使用去离子水润洗原容器 3 次，以避免原容器上粘有残留液体，造成实验误差。

B　考察各因素对浸出率的影响

改变酒石酸用量分别为第一组实验的 1.5 倍，2 倍，2.5 倍，3 倍，依次进行验，所得实验产物均做好记录之后进行检测。选取上一步中浸出率最高的一组数据的酒石酸用量作为后续实验的基础条件之一，保持该酒石酸用量不变，在该组实验条件的基础上，依次改变葡萄糖用量为第一组实验的 1.5 倍，2 倍，2.5 倍，3 倍，同样进行稀释之后与对照组浸出液一同用原子吸收光谱仪测定各元素含量，计算得出浸出率并记录数据。再在上一组实验中浸出率最高的一组实验的基础上，依次改变搅拌速率、温度、时间 3 组条件，共计进行 15 组实验，均计算出浸出率，记录数据，选取浸出率最高的那组数据，重新进行实验，得到的浸出液即为所需浸出液。该组实验所用的各项参数即为本实验得出的最优工艺参数。

C　浸出液中元素测定方法

移取 0.2mL 定容好的浸出液至标准比色管中，稀释至 50mL，做好标签记录实验条件，依次将 5 组酒石酸用量不同的浸出液移入比色管中并稀释。之后，取出事先配置的 5g 锂离子电池正极材料被完全溶解获得的浸出液，同样定容之后移取溶液至比色管中稀释，该组比色管为对照组，用以计算浸出率。将全部 6 根比色管置入比色管架，前往原子吸收光谱仪，打开程序，预热仪器 15min 之后按操作说明打开仪器进入调试程序，以事先准备好的标准溶液作参考曲线之后，依次测定实验组及对照组的 Ni、Co、Mn、Li 各自的含量，并据此计算出各元素的浸出率。

2.7.1.3 正极材料的制备过程

测定浸出液中各金属元素含量后，先通过硫酸盐将浸出液中除了 Li 以外的各金属元素配比调整为 6∶2∶2（其中，Ni 含量最高），然后向浸出液中缓慢加入碳酸盐（选用 2mol/L 的 Na_2CO_3 作为沉淀剂），控制 pH = 8.5，搅拌速率为 400r/min，温度为 60℃，搅拌 12h，使之充分产生沉淀，洗涤过滤获得的沉淀物，在 100℃ 条件下真空干燥 12h，粉碎，使用 100 目的筛子筛选出需要的前驱体。控制前驱体中 Ni、Mn、Co 元素总摩尔量与 LiOH 摩尔量的比值约为 1∶1.1，在 450℃ 条件下预热 5h，再升温至 850℃ 烧结 12h，可制备出再生的 622 正极材料。

2.7.1.4 再生三元材料的电化学性能测试方法

A 纽扣电池的组装方法

称取 2.7.1.3 节实验得到的再生三元正极材料 0.4g，并与 PVDF 0.05g，乙炔黑 0.05g，混合在一起放入研钵中进行研磨，注意不要将研磨范围扩大，以避免给回收利用带来太大的麻烦。然后滴加适量（35~38 滴）NMP 进行混合，得到的产物的形态为一种浆状物。裁剪一块铝箔作为阳极的凭依物，使用酒精润湿，从而保证铝箔紧贴涂覆机工作台，将浆状研磨产物尽可能均匀地涂抹在铝箔上方，然后使用涂覆机使之均匀的附着在铝箔上。

将上述操作获得的铝箔移入烘箱中，烘干 24h。取出烘干的铝箔，使用压辊将其压平整，采用打孔仪器制取直径 13mm 铝箔圆片，然后准备进行电池的装配。

电池的装配全程在惰性气体的保护下进行，装配者以橡胶手套伸入手套箱中，打开灯光，先将之前做出的圆铝箔片放入正极壳，灌装 50mL 电解液，并将事先裁剪好的隔膜放入，再灌装一部分电解液，保证正负极均可与电解液均匀接触，再置入负极（锂片）。将负极盖取出，负极对齐正极壳，并用力按压，略微固定好负极。将手工组装好的纽扣电池取出，放入专用的机器中，进行二次加固。将外壳的电解液，漏出的隔膜等处理掉，即组装好了锂离子纽扣电池。

B 电池性能的测试方法

分清正负极后，在 CT2001A 蓝电电池测试系统上，用工作站上的电极夹夹好锂离子纽扣电池，开启程序，设置充放电电流/循环次数/时间等参数，等待实验结束。实验结束后，将工作站程序生成的文件打开，记录上述数据，分析电池性能。

此外，回收得到的三元正极材料通过电镜，XRD，电化学工作站等方法测定其物理化学性质，并将电镜图片等材料保存下来。

2.7.2   预处理后物料的基本性质

对预处理产物采用 XRD 和 SEM 及 ICP-AES 进行分析。

图 2-95 为放大了 5000 倍的煅烧后的正极材料的电镜照片，可以看出，经过煅烧处理后，颗粒表面较为光滑无杂物，PVDF，乙炔黑等掺杂物已经被灼烧完全。微粒无聚集现象，且颗粒直径处于 1.2~7μm 之间，平均大小约为 3μm 左右。

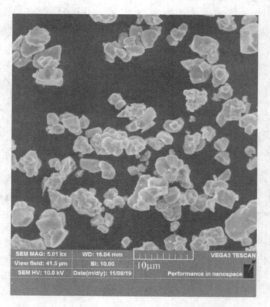

图 2-95   预处理产物的扫描电镜图片

图 2-96 为预处理产物的 XRD 图谱，该图谱表明，粉末中含有少量 Al，Fe，Cu，但相较于各种废旧锂离子电池正极材料的相，波峰低许多，证明了粉末中主要成分还是各种锂离子化合物。Al 的来源很大概率是来自于电池的封装壳，也就是电池外表的包装壳；Cu 的来源可能是来自于电池原电极；Fe 的可能来源是电子设备中的各种铁质。由于杂质的含量较低，可以忽略其对实验的影响。

ICP-AES 元素分析见表 2-44。

表 2-44   预处理后正极材料各元素含量

元　素	Li	Ni	Co	Mn	Fe	Cu	Al
预处理后质量含量/%	6.23	30.01	12.04	16.52	<0.01	<0.01	<0.01

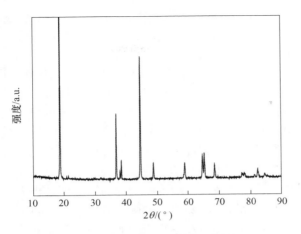

图 2-96 预处理产物的 XRD 图谱

由表 2-44 可以看出，经过预处理过程，Fe、Al、Cu 等杂质被去除掉一大部分，而 Li、Ni、Co、Mn 含量则变化较小。

2.7.3 浸出因素影响规律

2.7.3.1 酒石酸用量对金属浸出率的影响

在酒石酸浓度为 1mol/L，葡萄糖浓度为 1mol/L，搅拌速率为 300r/min，浸出时间为 40min，浸出温度为 70℃的条件下进行浸出实验，之后将酒石酸浓度分别改变为 1.5mol/L、2mol/L、2.5mol/L、3mol/L 进行实验，并通过与标准液中各元素浓度的比对，计算得出浸出率。记录数据，并绘制成图表，结果如图 2-97 所示。

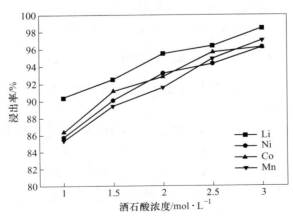

图 2-97 酒石酸浓度与金属浸出率的关系

　　由图 2-97 可以看出，随着酒石酸浓度的增加，浸出率也逐步增加，但是增长的幅度在 2.5mol/L 之后就开始逐渐变缓，酒石酸浓度为 3mol/L 的时候浸出率最高，但是由于消耗酒石酸量过多，而浸出率增长并不高。考虑到性价比问题，选取 2mol/L 的酒石酸浓度为最优条件，后续实验均在此条件下进行。

　　对酒石酸浓度达到一定程度之后浸出率增长速度放缓的原因的探讨发现：反应物的浓度是影响化学反应速率的重要因素之一，浸出过程发生的化学反应主要为液—固反应，一般此种反应固相反应物的浓度不随反应物的减少而降低，所以排除因待浸出物质量减少而导致浸出率增长率降低的可能性。因而提出假设：浸出过程中发生的化学反应为可逆反应，存在一动态的化学平衡，即充分反应后，浸出液中各金属盐浓度比剩余酒石酸浓度与葡萄糖浓度之积为一个定值，又因为在忽略蒸发的前提下，金属盐中阴离子浓度与剩余酒石酸的浓度之和为反应之初的酒石酸浓度，故在其他条件不发生改变的前提下，升高的酒石酸浓度对最终平衡状态下金属盐浓度的影响被"稀释"了，所以，当酒石酸浓度较低时，由于反应速率较慢，当实验结束时，仍然远远没有达到平衡状态，故此时提升酒石酸浓度对浸出率的影响比较大，而当酒石酸浓度较高时，实验结束时已经接近或者达到平衡状态，升高酒石酸浓度对浸出率的影响会由于勒夏特列原理而开始变小，所以会出现当浓度达到 2.5mol/L 之后，再继续升高酒石酸浓度，浸出率增长的速率会变慢的现象。

　　上述探讨是基于浸出过程是一个可逆反应，且平衡状态时已接近完全浸出的假设下进行的，要验证这一假设，需要再进行若干组保持酒石酸浓度、葡萄糖浓度、搅拌速率、时间、温度都相同，仅改变浸出液体积的实验，测试在酒石酸浓度较高且保持不变的前提下当浸出液体积增大时浸出率是否也会增加，如果会增加，则说明假设为真。由于在设计实验之初未考虑此种情况，且实验仪器体积较小，不适合再做多组增大浸出液体积的实验，故本书并不针对此因素做深入探讨，仅提出假设。

　　在本组实验选定的最优条件（酒石酸浓度为 2.5mol/L）下，Li、Ni、Co、Mn 各元素的浸出率分别为 95.47%、93.19%、92.84%、91.57%。

2.7.3.2　葡萄糖用量对金属浸出率的影响

　　由上组实验，可以确定酒石酸浓度的较优选择为 2mol/L，故本组实验均采用 2mol/L 的酒石酸浓度。

　　在酒石酸浓度为 2mol/L，葡萄糖浓度为 1mol/L，搅拌速率为 300r/min，浸出时间为 40min，浸出温度为 70℃ 的条件下进行浸出实验，之后将葡萄糖浓度分别改变为 0.5mol/L、0.75mol/L、1.25mol/L、1.5mol/L 进行实验，并通过与标准液中各金属元素浓度进行比对，从而计算得出浸出率。记录数据，并绘制成图表，结果如图 2-98 所示。

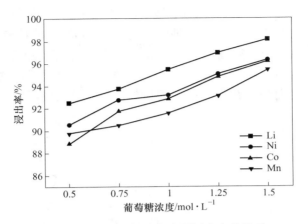

图 2-98 葡萄糖浓度与金属浸出率的关系

由图 2-98 可以看出，随着浸出体系中葡萄糖浓度的增加，浸出率也逐步增加，但是增长的幅度在葡萄糖浓度为 1.25mol/L 之后就开始逐渐变缓，当葡萄糖浓度为 1.5mol/L 的时候浸出率最高，且可以做出判断，继续提高葡萄糖浓度，浸出率还会继续升高，但是由于消耗葡萄糖量过多，而浸出率增长并不多，考虑到性价比问题，选取 1.25mol/L 的葡萄糖浓度为最优条件，后续实验均在此条件下进行。

在本组实验中，同样存在当葡萄糖浓度达到 1.25mol/L 之后，各种金属元素浸出率增长速率开始变缓的情况。同样地，当葡萄糖浓度较低的时候，实验结束时仍未反应达到平衡，此时继续增加葡萄糖浓度会大幅度增加反应速率，故在同样的时间内，浸出的金属元素也较多，而当葡萄糖浓度达到一定程度后，虽然前面反应速率会大幅度提升，体系迅速接近平衡状态，但是随后由于葡萄糖浓度升高对反应平衡的影响受到勒夏特列原理影响（接近反应平衡时，由于产物浓度提高，导致逆反应速率升高），表现出来的现象就是反应速率下降，故当葡萄糖浓度达到某一程度（本实验中为 1.25mol/L）后，继续升高葡萄糖浓度对浸出率的影响不大。

在本组实验选定的最优条件（葡萄糖浓度为 1.25mol/L）下，Li、Ni、Co、Mn 各元素的浸出率分别为 96.94%、95.06%、94.82%、95.11%。可以看出，各金属元素浸出率相较上一组数据均有了明显的提升，证明这种实验方法可以有效地寻找出比较优秀的浸出条件。

2.7.3.3 搅拌速率对金属浸出率的影响

根据上组实验得到的结论，本组实验将继续在前两组实验得出的条件下进行，即葡萄糖浓度保持为 1.25mol/L，酒石酸浓度保持为 2mol/L。

在酒石酸浓度为 2mol/L，葡萄糖浓度为 1.25mol/L，搅拌速率为 300r/min，浸出时间为 40min，浸出温度为 70℃ 的条件下进行浸出实验，之后将搅拌速率分别改变为 200r/min、400r/min、500r/min 进行实验，并通过各实验组数据和标准液数据的对比计算得出浸出率。记录数据，并绘制成图表，结果如图 2-99 所示。

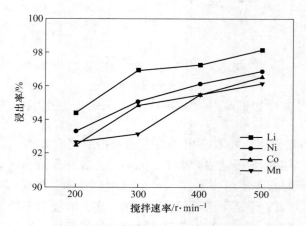

图 2-99　搅拌速率与金属浸出率的关系

可以看出，随着浸出过程中搅拌速率的增加，浸出率也逐步增加，但是增长的幅度在 400r/min 之后开始逐渐变缓，在本组实验中，当搅拌速率达到 500r/min 时浸出率最高，但是在工业生产中，提升搅拌速率需要消耗大量的能源，搅拌速率过高反而不符合节能减排的原则，再加上 400~500r/min 这一组浸出率增长并不高，考虑到性价比问题，选取 400r/min 的搅拌速率为最优条件，后续实验均在此条件下进行。

搅拌速率不会影响反应平衡常数，但是可以使反应更快地达到平衡状态，且由于接近平衡时，反应速率会降低一些，故当搅拌速度提升时，在实验结束时反应未平衡的前提下，浸出率会提高。可以预测的是，葡萄糖浓度和酒石酸浓度不断提高，浸出率都会一直缓慢增长，虽然增长速率越来越慢，但是不会停止增长，其浸出曲线为一条不断接近 100% 的曲线，而搅拌速率对浸出率的影响与前两个因素不同，当搅拌速率无限提升，浸出率不会无限提升，而是会先较快的增长，而后增长速度逐渐降低，直至完全不增长，此后，无论如何提升搅拌速率，都无法继续提高浸出率。

在本组实验选定的最优条件（搅拌速率为 400r/min）下，Li、Ni、Co、Mn 各元素的浸出率分别为 97.26%、96.12%、95.45%、95.47%。

2.7.3.4　时间对金属浸出率的影响

目前已经得到的较优条件有：酒石酸浓度为 2mol/L，葡萄糖浓度为 1.25mol/L，搅拌速率为 400r/min，本组实验仅改变时间变量，上述条件均选用最优条件。

在酒石酸浓度为 2mol/L，葡萄糖浓度为 1.25mol/L，搅拌速率为 400r/min，浸出时间为 40min，浸出温度为 70℃ 的条件下进行浸出实验，之后将浸出过程消耗的时间分别改变为 10min、20min、60min、80min 进行实验，分析各组溶液中 Ni、Co、Mn、Li 各元素的浓度后通过实验组和标准液的各元素浓度之比计算得出浸出率。记录数据，并绘制成图表，结果如图 2-100 所示。

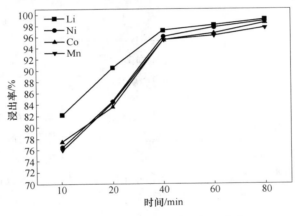

图 2-100　时间与金属浸出率的关系

可以看出，随着浸出时间的增加，浸出率也逐步增加，但是增长的幅度在 40min 后就开始逐渐变缓，当浸出时间达到 80min 时浸出率最高，但是由于消耗的时间过久，不符合用较短的时间追求较高的效益原则，而浸出率增长并不高，考虑到性价比问题，选取浸出时间为 60min 为最优条件，该条件消耗的时间并不长，浸出率也极其接近 80min 组条件的实验数据，后续实验均在此条件下进行。

类似于搅拌速率对浸出率的影响，当浸出时间无限拉长，浸出率并不会无限增加，而是会逐步降低增长速率，最后稳定在某一个值上。

在本组实验选定的最优条件下，Li、Ni、Co、Mn 各元素的浸出率分别为 98.11%、97.67%、96.62%、96.22%。

2.7.3.5　温度对金属浸出率的影响

在酒石酸浓度为 2mol/L，葡萄糖浓度为 1.25mol/L，搅拌速率为 400r/min，浸出时间为 60min，浸出温度为 70℃ 的条件下进行浸出实验，之后将浸出体系的温度分别改变为 60℃、80℃、90℃ 进行实验，分析各组溶液中 Ni、Co、Mn、Li 各元素的浓度，并与标准液中各元素浓度对比计算得出浸出率。记录数据，并绘制成图表，结果如图 2-101 所示。

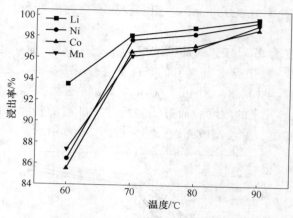

图 2-101　温度与金属浸出率的关系

可以看出，随着温度的升高，各金属元素的浸出率也在逐步增加，但是增长的幅度在 70℃ 之后就开始逐渐变缓，温度为 90℃ 时浸出率最高，但是将浸出体系温度长时间保持在 90℃ 下需要消耗大量的能源，且由于浸出体系为水溶液，90℃ 已经接近水的沸点，故该浸出温度会消耗大量的热能和水资源。而从 80℃ 条件提升到 90℃，浸出率增长并不高，考虑到性价比问题，选取 80℃ 的温度为最优条件。

随着温度的升高浸出率逐步提升，由之前的分析可以看出，假设该反应为可逆反应，体系为平衡体系，则在酒石酸浸出浓度为 2mol/L、葡萄糖浸出浓度为 1.25mol/L、浸出时间为 60min、搅拌速率为 400r/min、浸出温度为 70℃ 的条件下，实验结束时反应已接近平衡，而从本组实验看，当温度超过 70℃，继续提升温度，浸出率仍继续提升，且提升速率符合预测得越来约低的情况，可以推测，该浸出体系确实为平衡体系，且该可逆反应的正反应为吸热反应。当然，是否为可逆反应仍然需要更多探索，这里假定其为可逆反应是为了更好地解释各组数组均存在反应速率都随着各组实验参数的升高而增高，但却总是会在某组数据之后逐渐降低增长率。

在本组实验选定的最优条件下，Li、Ni、Co、Mn 各元素的浸出率分别为 98.88%、98.24%、97.11%、96.85%。

可以看出，在各条件均采用本实验探讨得出的最优条件时，Li、Ni、Co、Mn 的浸出率均已接近 100%，可以认为，在这些条件下的废旧锂离子电池回收利用工序，是足以应用于工业生产的工艺流程。当然，该工艺仍有许多不成熟之处。

2.7.4 再生正极材料性能

2.7.4.1 再生正极材料的结构分析

图 2-102 为 850℃煅烧下得到的再生三元正极材料的 XRD 图谱，可以获得的信息有，该再生正极材料具有 α-$NaFeO_2$ 层状岩盐结构，（006）、（018）波峰具有较明显的分裂现象，其他波峰无分裂或分裂不明显，说明该材料具备良好的层状结构，结构优异，则电化学性能优异，符合实验前的预期。

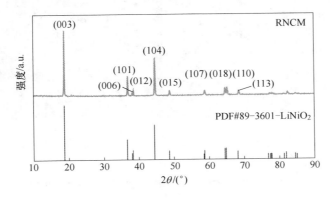

图 2-102 再生三元正极材料 XRD 图谱

2.7.4.2 再生正极材料的形态研究

经混锂烧结得到的再生三元正极材料的 5000 倍以及 10000 倍电镜照如图 2-103 所示。

可以看出，颗粒团聚现象较少，大多数颗粒呈球团状，整体明亮清晰，颗粒的直径大小从 1.2~8.3μm 不等。可以得到的结论是再生三元正极材料的形状外貌符合预期。

2.7.4.3 再生三元正极材料性能

对由本实验获得的再生三元材料进行循环放电比容量及库仑效率实验，得到的循环放电比容量及库仑效率图如图 2-104 所示。

由图 2-104 可以得知的信息有：在一开始的循环过程中，该电池放电比容量极不稳定，而在后续过程中稳步衰减，具体地说，在前面几组数据中，其放电比容量从 154.5mA·h/g 逐步上升至 161.8mA·h/g，随后则开始逐渐下降，中间偶有上升，但总体则是一直呈下降的趋势，在第 103 组也就是最后一组数据中，比容量降低到了 142.4mA·h/g，实际上，此时图像仍未稳定，有继续下降的趋

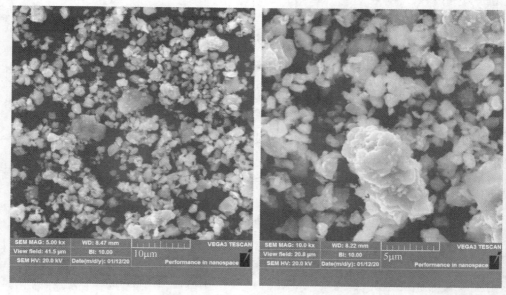

图 2-103　再生三元正极材料 SEM 图片

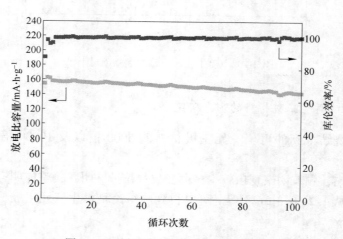

图 2-104　循环放电比容量及库仑效率图

势。而库仑效率则仅在刚开始的几次循环中较低,后续循环中库仑效率稳步上升,最终由一开始的 87.42% 上升至稳定在 99% 以上,实际上,从 87.42% 升至 99% 仅仅用了 5 次循环。由此可以得出的结论为:该电池仍有诸多不足之处,如充放电过程会降低比容量,表现在日常生活的使用中,就是随着时间的推移,能储存的最大电量逐渐变小,最终成为废品。为了解决这些问题,仍然需要继续进行大量的探索,以期寻找到更优秀的工艺参数和更合适的工艺流程,进一步提升得到的三元正极材料的性能。

2.7.5 小结

本节研究结果表明，酒石酸的用量，葡萄糖的用量，时间，搅拌速率，浸出温度均与浸出率成正相关，但是当条件达到某一个幅度之后，随着这些条件的继续增加/升高，浸出率增长的并不多，考虑到成本因素，建议采用酒石酸——葡萄糖浸出体系浸出三元正极材料，采取的各项条件为：酒石酸浸出浓度为2mol/L、葡萄糖浸出浓度为 1.25mol/L、浸出时间为 60min、搅拌速率为 400r/min、浸出温度为80℃。在此条件下，Li、Ni、Co、Mn 各元素的浸出率分别为 98.88%、98.24%、97.11%、96.85%，均已达到95%以上，可以认为回收效率较高。

对再生的三元正极材料进行结构上的分析并测试其电化学性能，表明结构符合预期，比容量较高，库仑效率在数次循环之后即可稳定在99%以上。该材料性能优异，符合预期，可以认为本研究是成功的。当然，此工艺距离实际应用于工业生产仍有一定的距离，需要更多的探索。

2.8 废旧正极材料混合物还原浸出及再生

锂离子电池在众多领域都有着大量的应用，尤其是近年来新能源汽车的兴起带动了动力电池快速增长。锂离子电池产量的增长也意味着有大量废旧锂离子电池的退役。废旧锂离子电池中含有很多稀缺的有价金属，不对其进行处理会导致严重的环境污染。机械拆解的废旧锂离子电池种类多，得到的正极材料为较复杂的混合物料。对混合正极材料进行研究，可以促进对废旧锂离子电池大规模回收处理。针对目前对较为复杂混合的废旧正极材料存在浸出率较低、成本较高以及传统酸浸-金属分离方法存在流程较长等问题，本节选取废旧锂电池正极混合物料作为研究对象，构建硫酸溶液与还原剂的协同浸出体系，基于单因素设计考察硫酸浓度、还原剂用量、浸出时间、温度和搅拌速率 5 个因素对各金属浸出率的影响规律。分析得出较优浸出条件，并在此条件下对废旧正极混合物料进行浸出。选取上述浸出液为对象，通过元素比例调配碳酸盐沉淀剂制备出前驱体，再经混锂高温烧结制备再生三元正极材料，并结合物理性质和电化学性能分析再生正极材料的综合性能。

2.8.1 废旧复杂混合正极材料酸浸-沉淀再生方案

有机酸可以从废锂离子电池中提取有价金属如酒石酸、草酸、抗坏血酸、琥珀酸等，具有环保的特点。但是存在浸出效率低的问题，尤其是对复杂混合物料难以浸取其中有价金属。与有机酸相比，无机酸如 H_2SO_4、HCl、H_3PO_4、HNO_3 等酸性更强，这些无机酸对锂离子电池正极材料具有很高的浸出效率。

对于无机酸浸出体系，浸出时间通常相对较短，回收成本较低。本实验用硫酸浸出加入过氧化氢还原强化，这能实现对复杂混合正极材料的浸出，提高浸出反应速率并减少浸出时间。本实验基于单因素设计考察硫酸浓度、还原剂用量、浸出时间、温度和搅拌速率 5 个因素对各金属浸出率的影响规律。并利用在最佳浸出条件下获得的浸出液成功再生了三元 $LiNi_{0.6}Co_{0.2}Mn_{0.2}O_2$ 正极材料。

2.8.1.1　废旧锂离子电池预处理

实验中使用的混合废旧锂离子电池是从深圳市中金岭南科技有限公司收集的，混合废正极废料是通过机械拆卸获得的。在 800℃ 温度下煅烧 10g 混合废正极废料，目的是为了除去电极表面的 PVDF 和导电炭，研磨过筛获得−0.075mm 的粉末，以获得废正极粉末，混合废正极废料是使用机械设备对废旧锂离子电池拆解，因此得到的正极材料成分较为复杂。

2.8.1.2　废旧复杂混合正极材料硫酸浸出

取废旧正极材料粉末 2g，误差控制在±0.0002g，然后添加 1.0~3.0mol/L 浸出剂硫酸 400mL，固液比为 5g/L。将溶液加热到预定温度 60~90℃，温度控制精度为±0.5℃。加入还原剂 H_2O_2 到烧瓶中进行浸出反应，控制还原剂浓度为 0.2~1.0mol/L。浸出时搅拌速率为 200~500r/min，浸出时长为 10~90min。

实验完成后将金属浸出液用 0.22μm 的滤膜过滤，得到浸出滤液，然后对滤液进行稀释。随后采用原子吸收光谱仪（AAS）测定滤液中 Li、Ni、Co、Mn 的含量，不同金属的浸出率可以根据式（2-17）计算。

$$L = \frac{CV}{mw} \times 100\% \tag{2-17}$$

式中，L 为金属元素的浸出率，%；C 为浸出液中金属离子的质量浓度，g/L；V 为浸出液的体积，L；m 为用于浸出的废正极混合料的质量，g；w 为不同金属的质量分数，%。

2.8.1.3　沉淀法再生三元正极材料 $LiNi_{0.6}Co_{0.2}Mn_{0.2}O_2$

称取 10g 预处理后的废旧正极粉末，在浸出实验取得的最优浸出体系下得到浸出液，酸浸液经过滤后采用 ICP 测试 Li、Ni、Co、Mn 金属含量。然后用硫酸盐调节酸浸液中 Ni、Co、Mn 元素的摩尔比为 6∶2∶2，选择 2mol/L Na_2CO_3 作为沉淀剂，2mol/L $NH_3 \cdot H_2O$ 作为螯合剂，控制 pH=8.5，在搅拌速度为 400r/min、温度为 60℃、时间为 12h 条件下进行沉淀，沉淀物经洗涤过滤后在 120℃下真空干燥 10h，粉碎过筛可得到前驱体。前驱体与 $LiOH \cdot H_2O$ 混合，锂与镍、钴、锰总和的摩尔比为 1.05∶1。然后进行二段煅烧，即在 450℃ 下预烧 5h，850℃ 下烧结 12h，最终再生出 $LiNi_{0.6}Co_{0.2}Mn_{0.2}O_2$ 正极材料（记为 NCM622）。

2.8.2 煅烧后废旧混合正极材料性质

为了完全除去非金属杂质，将煅烧温度设定为 800℃。图 2-105 显示了在 800℃煅烧的混合废正极粉末的 XRD 衍射图。Al、Fe 和 Cu 杂质被氧化形成相应的氧化物 Al_2O_3、Fe_3O_4 和 CuO。碳化物在 800℃ 的高温下的燃烧分解，因此没有碳的峰。表 2-45 为对废旧正极材料粉末用 ICP-OES 测其金属元素含量的结果表，检测结果显示粉末中包含少量 Al、Fe 和 Cu。Al 和 Cu 可能分别来自正极和负极集电体，铁可能来自电池盒。废料中 Al、Fe、Cu 杂质的含量相对较少，这意味着在拆解过程中杂质控制较好。此外，$LiNi_{0.5}Mn_{1.5}O_4$、$Li_2CoMn_3O_8$、$LiNiO_2$ 和 $Li_4Mn_5O_{12}$ 的相也出现在图 2-105 中。这证明废正极粉末由各种废锂离子电池的正极材料组成，称废正极粉末为废旧混合正极材料。

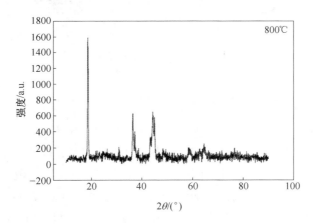

图 2-105　煅烧后的混合废正极粉末的 XRD 图谱

表 2-45　800℃煅烧后废正极材料粉末的化学组成

元　素	Li	Ni	Co	Mn	Al	Fe	Cu
质量分数/%	5.22	12.06	25.94	9.25	<0.01	<0.01	<0.01

图 2-106 为废旧混合正极材料粉末煅烧后在 5000 倍下的微观图，可以观察出，废正极粉末经过煅烧处理后，颗粒表面絮状物 PVDF 或导电炭几乎全部消失，导电性增强，整体明亮清晰，并且团聚现象较少。颗粒大小为 0.91～7.2μm，平均粒径为 2.4μm。

2.8.3 废旧混合正极材料浸出单因素实验

本实验基于单因素设计考察有机酸浓度、还原剂用量、搅拌速率、浸出时间、温度等因素对各金属浸出率的影响规律。

10μm

图 2-106 废正极粉末 SEM 图

2.8.3.1 硫酸浓度对金属浸出率的影响

为了研究硫酸浓度（1~3mol/L）对复杂正极材料中不同金属浸出的影响，在温度为 80℃，浸出时间为 30min，H_2O_2 浓度为 0.6mol/L，搅拌速率为 300r/min 条件下进行浸出实验，结果如图 2-107 所示。可以观察出，随着硫酸浓度从 1mol/L 增加到 3mol/L，浸出率也大幅增加。当酸浓度超过 2.5mol/L 时，浸出率增加变缓，表明硫酸的最佳浓度为 2.5mol/L。在最优条件下，Li、Ni、Co 和 Mn 的浸出率分别可以达到 98.23%、96.77%、95.31% 和 95.83%。

2.8.3.2 双氧水浓度对金属浸出率的影响

为了研究 H_2O_2 浓度（0.2~1.0mol/L）对复杂正极材料中不同金属浸出的影响，在温度为 80℃，浸出时间为 30min，硫酸浓度为 2.5mol/L，搅拌速率为 300r/min 条件下进行浸出实验，结果如图 2-108 所示。当 H_2O_2 浓度从 0.2mol/L 增加到 0.8mol/L 过程中，浸出率明显增加；随着 H_2O_2 浓度从 0.6mol/L 增加到 1mol/L，浸出率变化较小，因此，最佳的还原剂浓度为 0.6mol/L。有研究人员用 H_2O_2 作为还原剂可以显著降低正极材料中金属的价态，Ni、Co、Mn 的价态降至 +2 价，可以破坏氧与过渡金属形成的 MO_6 化合键，降低氧对过渡金属的吸附，更有利于金属元素的浸出。在最优条件下，Li、Ni、Co 和 Mn 的浸出率分别可以达到 98.23%、96.77%、95.31% 和 95.83%。

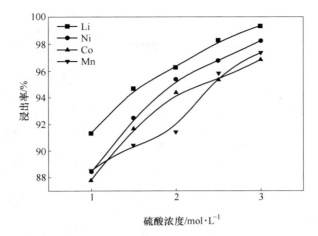

图 2-107 硫酸浓度对金属浸出率的影响

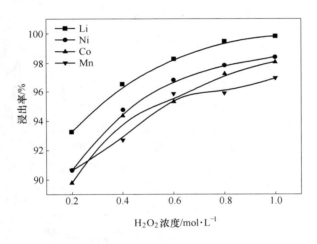

图 2-108 H_2O_2 浓度对金属浸出率的影响

2.8.3.3 搅拌速率对金属浸出率的影响

为研究浸出过程中搅拌速率（200~500r/min）对正极材料中不同金属浸出的影响，在温度为80℃，浸出时间为30min，硫酸浓度为2.5mol/L，H_2O_2 浓度为 0.6mol/L条件下进行浸出实验，结果如图2-109所示。搅拌速率从200r/min增加到400r/min时，浸出率增加速率较快，400r/min 到 500r/min 增加变缓。因此最佳搅拌速率为400r/min，此时在最优条件下，Li、Ni、Co 和 Mn 的浸出率分别可以达到98.79%、97.05%、96.45%和96.31%。

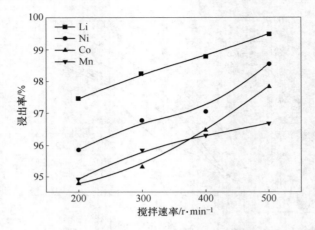

图 2-109　搅拌速率对金属浸出率的影响

2.8.3.4　浸出时间对金属浸出率的影响

为了进一步提高金属的浸出率，研究了浸出时间（10~90min）对正极材料中不同金属浸出的影响，结果如图 2-110 所示。可以观察出，在 80℃ 的温度下，H_2O_2 浓度为 0.6mol/L，硫酸浓度为 2.5mol/L，搅拌速率在 400r/min 条件下进行浸出实验，浸出反应在前 30min 之内进行迅速。浸出时间超过 30min 后，金属浸出率缓慢增加。浸出率随时间变化很小的原因主要是动力学限制了金属的浸出，一定温度下，必须延长浸出时间来增强反应物从表面到内核的扩散。综上所述，最佳反应时间为 30min。此时在最优条件下，Li、Ni、Co 和 Mn 的浸出率分别可以达到 98.79%、97.05%、96.45% 和 96.31%。

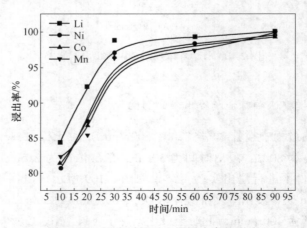

图 2-110　浸出时间对金属浸出率的影响

2.8.3.5　浸出温度对金属浸出率的影响

温度对金属浸出率影响最大，从动力学角度分析来看，温度的提高可以极大地降低反应的活化能，从而加快反应的速率。为了探究温度（60~90℃）对金属浸出率的影响，在浸出时间为 30min，H_2O_2 浓度为 0.6mol/L，硫酸浓度为 2.5mol/L，搅拌速率为 400r/min 条件下进行浸出实验，结果如图 2-111 所示。可以发现，随着温度从 60℃ 增加到 80℃，浸出率发生显著增加，当温度从 80℃ 增加到 90℃ 过程中，浸出率增长较少，因此最佳反应温度为 80℃。此时在最优条件下，Li、Ni、Co 和 Mn 的浸出率分别可以达到 98.79%、97.05%、96.45% 和 96.31%。

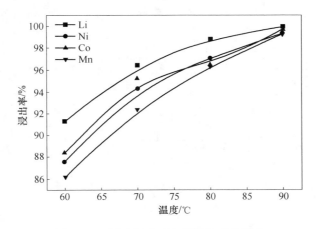

图 2-111　浸出温度对金属浸出率的影响

总体而言，对于废正极混合物料的浸出，最佳的浸出条件为：硫酸浓度为 2.5mol/L、H_2O_2 浓度为 0.6mol/L、搅拌速率为 400r/min、浸出时间为 30min 和浸出温度为 80℃。在最佳浸出条件下，Li、Ni、Co 和 Mn 的浸出率分别可以达到 98.79%、97.05%、96.45% 和 96.31%。

2.8.4　碳酸盐共沉淀制备再生 NCM622 正极材料

通过用硫酸盐调节酸浸液中 Ni、Co、Mn 元素的摩尔比为 6∶2∶2，然后选择 Na_2CO_3 作为沉淀剂，$NH_3 \cdot H_2O$ 作螯合剂，控制 pH = 8.5，在搅拌速度为 400r/min、温度为 60℃、时间为 12h 条件下进行沉淀，沉淀物经洗涤过滤后经真空干燥、粉碎过筛得到前驱体。前驱体与 $LiOH \cdot H_2O$ 混合研磨，元素锂与镍、钴、锰总和的摩尔比为 1.05∶1。然后进行二段煅烧，即在 450℃ 下预烧 5h，850℃ 下烧结 12h，最终再生出 $LiNi_{0.6}Co_{0.2}Mn_{0.2}O_2$ 正极材料（记为 NCM622）。

然后按照正极材料、PVDF 和乙炔黑质量比为 8∶1∶1 进行极片制备，最后进行纽扣电池装配。接下来将对再生 NCM622 材料性能进行一些研究。

2.8.4.1　再生 NCM622 材料的结构分析

图 2-112 为在 850℃ 下二段煅烧再生 NCM622 的 XRD 图谱，可以看出 NCM622 正极材料具有 α-NaFeO$_2$ 型层状岩盐结构，同时图中无杂峰且（006）/（012）和（018）/（110）峰分裂较为明显，证明再生正极材料形成了较好的层状结构。因此实验制备再生的 NCM622 正极材料有较好的电化学性能，锂离子的扩散也较好。

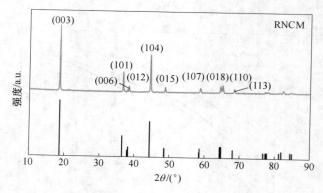

图 2-112　再生 NCM622 材料的 XRD 图谱

2.8.4.2　再生 NCM622 材料的形貌分析

图 2-113 为经混锂、850℃ 二段煅烧后得到的再生 NCM622 材料在不同倍率下的 SEM 图。通过扫描电镜检测在 1000 倍下的再生 NCM622 材料颗粒没有太多的团聚现象；在 5000 倍和 10000 倍时，可观察出再生材料的颗粒为类球形，存在着较为明显的裂缝，同时可以看出扩散性能较好，整体明亮清晰。颗粒大小为 1.14~10.04μm，平均粒径为 4.97μm。

2.8.4.3　再生 NCM622 正极材料的电化学性能

再生 NCM622 正极材料前 103 次循环放电比容量及库仑效率图如图 2-114 所示。在 1C 倍率下，通过对再生 NCM622 正极材料的首次充放电测试，可以明显地看出，NCM622 在前 4 圈激活过程中，放电比容量明显衰退，从 152.87mA·h/g 衰退到 146.59mA·h/g，随着循环次数的有限次增加，最终稳定在 139.65mA·h/g 左右。而库仑效率第一次循环只有 88.12%，在循环 4~5 次之后，稳定在 99% 以上。由此可见，本次实验再生的 NCM622 正极材料具有较好的循环性能和库仑效率。

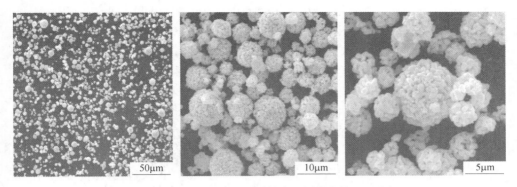

图 2-113 再生 NCM622 材料在不同倍率的 SEM 图

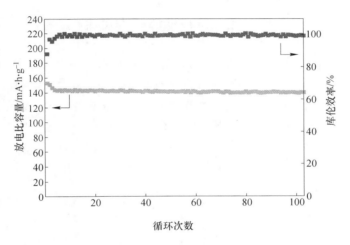

图 2-114 再生 NCM622 正极材料循环放电比容量及库仑效率图

2.8.5 小结

本节以机械拆解的混合正极材料为研究对象，结合现有的废旧锂离子电池回收工艺，研究了废旧混合正极材料的回收工艺。主要包括预处理、浸出、再生等过程，针对目前对较为复杂混合的废旧正极材料处理存在浸出率较低、成本较高以及传统酸浸-金属分离方法存在流程较长等问题，提出了构建硫酸和 H_2O_2 浸出体系、碳酸盐沉淀法再生三元正极材料的方法。主要得出以下结论：

（1）采用以硫酸作为酸浸剂和 H_2O_2 作为还原剂的浸出体系，研究了针对机械拆解废旧锂离子电池得到的混合正极材料的酸浸过程，基于单因素设计考察硫酸浓度、还原剂用量、浸出时间、温度和搅拌速率 5 个因素对各金属浸出率的影响规律。最终分析得出浸出过程的最优体系为：硫酸浓度为 2.5mol/L、H_2O_2 浓度为 0.6mol/L、搅拌速率为 400r/min、时间为 30min、温度为 80℃。在此条件下，Li、Ni、Co、Mn 的浸出率分别为 98.79%、97.05%、96.45% 和 96.31%。

（2）采用碳酸盐共沉淀得到前驱体，然后经混锂、煅烧后实现三元 NCM622 正极材料的合成。通过对合成的再生 NCM622 正极材料 XRD 分析以及 SEM 测试，结果显示再生材料无杂峰、层状结构良好且正极材料的颗粒大小均匀、团聚较少。同时也对再生 NCM622 正极材料进行了电化学性能测试，1C 倍率下首圈放电比容量为 152.87mA·h/g，循 100 圈后，放电比容量为 139.65mA·h/g，容量保持率为 91.35%。库仑效率第一次循环只有 88.12%，在循环 4~5 次之后，稳定在 99% 以上。电化学测试结果说明再生的 NCM622 正极材料具有较好的循环性能和库仑效率。

2.9　废旧三元材料低温补锂短流程再生

废旧三元材料回收利用现有的研究存在间接回收流程复杂、成本高等问题，短程直接再生则具有流程短、效率高的优势。现有研究多为单一锂源补加，混合锂盐作补偿源研究甚少。基于此，本节拟研究混合锂盐补锂再生制备三元正极材料，主要基于相图分析和热重测试，以混合锂盐作补偿源，分析废旧三元材料低温补锂直接再生过程。选取废旧三元材料 $LiNi_{0.5}Co_{0.2}Mn_{0.3}O_2$ 作研究对象，分析混合锂盐低温补锂再生正极材料的物相与晶体结构，结合电化学测试，分析再生正极材料的电化学性能。

2.9.1　低温补锂短流程再生回收利用方案

2.9.1.1　$LiNi_{0.5}Co_{0.2}Mn_{0.3}O_2$ 三元材料的再生过程

首先，通过手工拆解方式从废旧三元锂离子电池中获得废旧 $LiNi_{0.5}Co_{0.2}Mn_{0.3}O_2$ 三元正极材料，混匀后，称取 5g 废旧 NCM523 材料，再按照废旧材料：Li_2CO_3：LiOH（摩尔比）为 1：0.84：0.21 的比例，在研钵中混合均匀。将混合物置于坩埚中放于马弗炉，控制升温速度为 3℃/min，第一段温度为 430℃，加热 4h，而后继续升温至 850℃，保温 12h，自热冷却至室温可制备出再生的 $LiNi_{0.5}Co_{0.2}Mn_{0.3}O_2$ 三元正极材料。

2.9.1.2　电化学性能测试

A　极片制备与扣式电池的组装

首先按照正极材料（$LiNi_{0.5}Co_{0.2}Mn_{0.3}O_2$）、聚偏氟乙烯（PVDF）、导电炭黑（SP）质量比为 8：1：1 称取对应质量的物料混合，放入研钵中研磨 20min，加入一定量的 NMP，将混合以后的浆料放入匀浆机中充分混匀。将充分混匀之后的浆料均匀地涂抹在铝箔上，启动涂布机进行厚度为 0.25mm 的涂布，然后放入干燥箱中烘干 10 小时以上。烘干之后的级片，用压片机裁成 14mm 的圆片，用压辊仪制得质量一致的圆片待用。

在充满氩气的手套箱中组装电池，把 CR2025 放置中间，负极为金属锂片，装配顺序为将电极片放入正极壳中心，然后加入隔膜，并滴 1 滴电解液，再依次放入锂片、镍网和负极壳，最后使用扣式电池封口机封装。

B　充放电测试

本书中采用的仪器为武汉蓝电电子有限公司生产的 CT2001A 充放电系统，并采用充放电法测试循环性能。待纽扣电池静止 12h 之后开始实验，首先设置恒流电压范围为 2.8~4.3V，在 1C 下，三元材料标称比容量为 200mA·h/g，分别在 0.1C、0.2C、0.5C、1.0C、2.0C 进行材料的倍率充放电性能测试。

C　循环伏安法（CV）

循环伏安法是一种常用的电化学研究方法。该法以不同的速率控制电极电势，随时间以三角波形一次或多次反复扫描，电势范围使电极上能交替发生不同的还原和氧化反应，并记录电流-电势曲线。本实验测试 CV 电压范围为 2.8~4.3V。

2.9.2　低温补锂短流程再生过程

2.9.2.1　相图分析

本实验是通过混合 Li 盐再生恢复 NCM523 正极材料，主要是利用 Li_2CO_3 和 LiOH 的 Li 盐混合物可以形成广泛的混合融盐物。当 LiOH 和 Li_2CO_3 以 4：1 的摩尔比组成时，熔点为 432℃，相图如图 2-115a 所示。假设高 Li^+ 浓度的混合融盐物可以在不使用任何额外压力的情况下有效地对缺 Li 的废旧三元正极材料进行再生制备。如图 2-115b 所示，具有 Li 空位的废旧 NMC523 正极颗粒与 Li_2CO_3 和 LiOH 混合盐混合反应。然后将混合物控温加热至 430℃，并保持 2~4h，以留出足够的时间使锂离子通过颗粒扩散，从而实现缺锂正极材料颗粒的补锂再生。

2.9.2.2　热重分析

首先，对废旧 NCM523 正极材料与混合锂盐的混合物进行热重分析，以确定合适的反应温度，分析结果如图 2-116 所示。从图 2-116 可知，100℃时的吸热峰对应于 LiOH 中结晶水的丢失，同时，LiOH 极易吸收空气中的水，这与图 2-116 中第一段重量的降低相对应。250℃时的第二个吸热峰对应于共晶熔盐的熔化，且混合物质量并未发生明显变化。432℃的放热峰和 400~550℃温度范围内相应

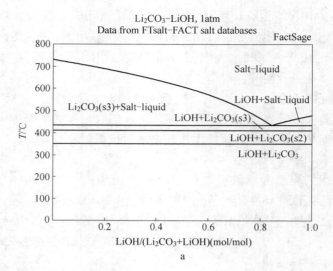

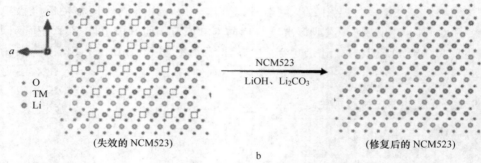

图 2-115 Li_2CO_3 和 LiOH 的相图(a)和通过共晶熔盐法回收锂成分的再生过程图解(b)

的重量损失可归因于气体损失。在该温度范围内可能发生的反应为:

$$Li_{1-x}Ni_{0.5}Co_{0.2}Mn_{0.3}O_2 + xLiOH \longrightarrow LiNi_{0.5}Co_{0.2}Mn_{0.3}O_2 + H_2O$$

$$Li_{1-x}Ni_{0.5}Co_{0.2}Mn_{0.3}O_2 + xLi_2CO_3 \longrightarrow LiNi_{0.5}Co_{0.2}Mn_{0.3}O_2 + CO_2$$

在仅加热废旧 NCM523 正极材料时,不会发生明显吸热或放热峰以及重量变化,同时,重量变化曲线在 100~400℃时呈现微微上升趋势,可能原因在于废旧三元材料中存在某种微量杂质发生氧化反应。因此,基于上述混合锂盐热重分析,可以推测废旧 NCM523 正极材料与混合锂盐的反应主要发生在 400~550℃,因此,选择 430℃的温度进行补锂再生研究。

2.9.2.3 物相分析

图 2-117 为废旧 NCM523 和补锂后 NCM523 样品的 XRD 图谱,所有样品均表

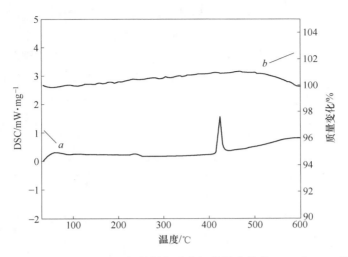

图 2-116 废旧 NCM523 正极材料与混合锂盐混合物的 TGA 和 DSC 曲线

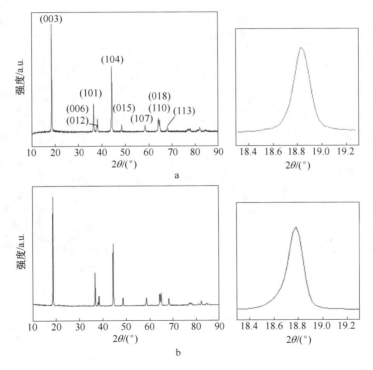

图 2-117 废旧 NCM523(a)和补锂后 NCM523 样品(b)的 XRD 图谱

现出典型的 α-NaFeO$_2$ 结构，具有 $R3m$ 空间群。随着 c 晶格的增加，（003）峰在缺锂状态下移向较低的角度。循环后，（006）/（102）双峰和（108）/（110）双峰之间的间距增大，这是对 Ni^{3+} 的有效离子半径小于 Ni^{2+} 的有效离子半径而导致晶格参数减小的补偿，表明材料具有良好的层状结构。

在正极大范围循环和严重降解后，尖晶石相从表面向体相扩散，在 XRD 图谱中可以检测到。再生后，（003）峰向更高的角度移动，（108）/（110）双峰间距减小，以及分离的（006）/（102）双峰同时出现，表明层状晶体结构的恢复。

2.9.2.4　形貌分析

对 NCM523 废料和补锂后 NCM523 煅烧样品进行 SEM 测试，测试结果如图 2-118 所示。废旧 NCM 样品和补锂后 NCM523 煅烧样品均保持良好的球形颗粒。从图 2-118a 可以看出，NCM523 废料样品表面粗糙且不存在空隙，较为灰暗，一次颗粒大小均匀，大部分都成类球形，并有散落的一次颗粒。而图 2-118b 补锂后 NCM523 煅烧样品的表面更加光滑。

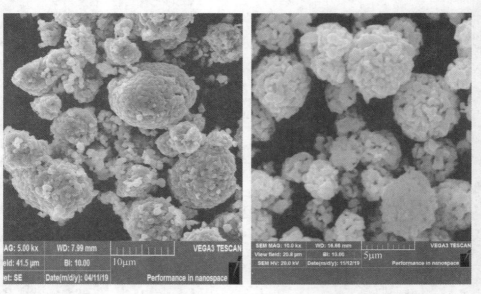

图 2-118　NCM523 废料样品(a)和 NCM523 补锂煅烧后样品(b)的 SEM 图

2.9.3　低温补锂短程再生电化学性能

2.9.3.1　首次充放电测试

首次充放电曲线如图 2-119 所示，充放电的电压范围为 2.8～4.3V，在电流密度为 0.1C，环境温度为 25℃ 的条件下进行充放电测试，煅烧后样品的首次充放电容量为 165.9mA·h/g，库仑效率为 88.33%，废旧 NCM523 样品的首次充放电容量为 136.8mA·h/g，库仑效率为 79.67%。结果表明，直接法补锂之后的三元材料比废旧的三元材料充放电和库仑效率都有所提升，锂离子脱嵌的可逆性更高。

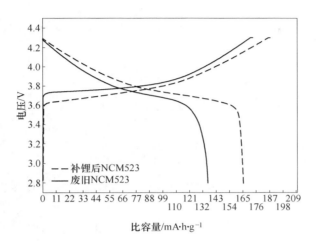

图 2-119 补锂后 NCM523 和废旧 NCM523 样品的首次充放电曲线

2.9.3.2 循环性能测试

补锂后 NCM523 和废旧 NCM523 在 1C、2.8~4.3V 电压范围内的充放电循环性能曲线如图 2-120 所示。补锂后 NCM523 样品在第 1 次循环后的电池容量为 169.1mA·h/g，200 次循环之后电池容量为 151.1mA·h/g，电池容量保持率为 89.36%。废旧 NCM523 样品在第 1 次循环后的电池容量为 136.3mA·h/g，在 200 次循环之后电池容量为 7.2mA·h/g，电池容量保持率为 5.28%。由此可知，补锂后有效地改良了正极材料的性能。

2.9.3.3 倍率性能测试

废旧 NCM523 和补锂后 NCM523 样品的倍率性能测试图如图 2-121 所示，废旧 NCM523 和补锂后 NCM523 样品分别在 0.1C、0.2C、0.5C、1C、2C、4C、5C 电流密度下测试 5 次，最后回到 0.1C 电流密度下测试 5 次。从图 2-121 中可知，废旧的 NCM523 样品随着电流密度的增加，电池容量下降严重，从 0.1C 时的 136.9mA·h/g 到 5C 时的 16.1mA·h/g。而补锂后的 NCM523 样品几乎没有下降，从 0.1C 时的 165.9mA·h/g 到 5C 时的 137.35mA·h/g。回到 0.1C 电流密度下测量的电池容量几乎和原始容量一样，可见补锂后的 NCM523 正极材料具有更好的倍率性能。

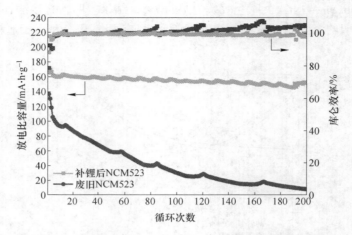

图 2-120　补锂后 NCM523 和废旧 NCM523 样本的循环性能

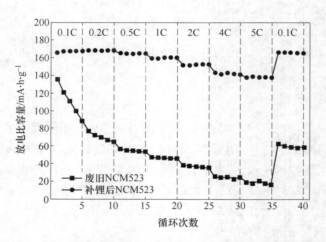

图 2-121　废旧 NCM523 和补锂后 NCM523 样品的倍率性能测试

2.9.4　小结

　　本节以废旧三元材料 $LiNi_{0.5}Co_{0.2}Mn_{0.3}O_2$ 材料作为研究对象，以混合锂盐为锂源，低温补锂直接再生了 $LiNi_{0.5}Co_{0.2}Mn_{0.3}O_2$ 材料。废旧 NCM523 和补锂后 NCM523 样品的 XRD 图谱表明所有样品均表现出典型的 α-$NaFeO_2$ 结构，具有 $R3m$ 空间群。循环后，（006）/（102）双峰和（108）/（110）双峰之间的间距增大，说明补锂后的 NCM523 材料具有更好的层状结构。经过 SEM 测试之后，从测试结果中可发现 NCM523 材料的表面变得更光滑。

　　在电压范围为 2.8~4.3V，电流密度为 0.1C，环境温度为 25℃ 的条件下进行首次充放电测试，煅烧后样品的首次充放电容量为 165.9mA·h/g，废旧 NCM523 样品的则为 136.8mA·h/g。结果表明，直接法补锂之后的三元材料比废旧的三元材料充放电和库仑效率都有所提升，锂离子脱嵌的可逆性更高。

在电流密度为 1C，电压范围为 2.8～4.3V 的条件下，进行充放电循环性能测试。补锂后 NCM523 样品电池容量保持率为 89.36%，废旧 NCM523 样品电池容量保持率为 5.28%，说明补锂再生法有效地改良了正极材料的性能。

废旧 NCM523 和补锂后 NCM523 样品在不同电流密度下进行倍率性能测试后，废旧的 NCM523 样品从 0.1C 时的 136.9mA·h/g 变为 5C 时的 16.1mA·h/g。而补锂后的 NCM523 样品从 0.1C 时的 165.9mA·h/g 变为 5C 时的 137.35mA·h/g，重回 0.1C 电流密度下测量，电池容量几乎与原始容量相同。结果表明，补锂后的 NCM523 正极材料具有更好的倍率性能。综上所述，直接补锂法修复再生废旧三元正极材料，更好地改良了废旧三元正极材料的性能。

参 考 文 献

[1] Ning P, Meng Q, Dong P, et al. Recycling of cathode material from spent lithium ion batteries using an ultrasound-assisted DL-malic acid leaching system, Waste Manag., 2020, 103：52～60.

[2] Natarajan S, Aravindan V. Burgeoning Prospects of Spent Lithium-Ion Batteries in Multifarious Applications, Adv. Energy Mater., 2018, 8：1～16.

[3] Wang T, Luo H, Bai Y, et al. Direct Recycling of Spent NCM Cathodes through Ionothermal Lithiation, Adv. Energy Mater., 2020, 10.

[4] Fan E, Yang J, Huang Y, et al. Leaching Mechanisms of Recycling Valuable Metals from Spent Lithium-Ion Batteries by a Malonic Acid-Based Leaching System, ACS Appl. Energy Mater., 2020, 3：8532～8542.

[5] Refly S, Floweri O, Mayangsari T R. et al. Regeneration of lini1/3co1/3mn1/3o2cathode active materials from end-of-life lithium-ion batteries through ascorbic acid leaching and oxalic acid coprecipitation processes, ACS Sustain. Chem. Eng., 2020.

[6] Zhang M J, Duan Y, Yin C, et al. Ultrafast solid-liquid intercalation enabled by targeted microwave energy delivery, Sci. Adv., 2020, 6.

[7] Xu P, Dai Q, Gao H, et al. Spangenberger, L. Gaines, J. Lu, Z. Chen, Efficient Direct Recycling of Lithium-Ion Battery Cathodes by Targeted Healing, Joule., 2020：1～18.

3 废旧锂离子电池中磷酸
铁锂材料回收利用

针对磷酸铁锂材料回收利用存在的问题，本章主要对废旧磷酸铁锂材料湿法浸出-喷雾再生、短程直接固相再生及掺杂改性等进行研究。

3.1 废旧磷酸铁锂的湿法浸出-喷雾再生

浸出-沉淀法（湿法回收）是废旧磷酸铁锂正极材料（S-LFP）回收中常用的方法，为后续再生 LiFePO$_4$/C 提供了理论保障。目前，S-LFP 的浸出分为无机酸体系（盐酸、硝酸、硫酸、磷酸等）和有机酸体系（CH$_3$COOH、H$_2$C$_2$O$_4$等）。其中无机酸浸出体系中 Li、Fe 元素浸出率高；有机酸浸出体系浸出效率和元素浸出率较低。因此，为快速高效地得到 LiFePO$_4$ 浸出液，本实验将选取 HCl 作为 LiFePO$_4$ 的浸出剂。

以往的回收过程通常需要分步沉淀、逐步分离制备 FePO$_4$、Li$_2$CO$_3$ 等，而且沉淀过程需要控制较为复杂的实验条件，整体操作难度大，对设备要求高。为进一步再生电化学性能优良的 LiFePO$_4$/C，需要将回收产物按一定化学计量数之比混合，再采用高温固相法进行煅烧。总体来说，此种方案回收流程长，再生过程复杂。为了简化回收再生流程，本章提出了利用喷雾干燥替换沉淀步骤，一步回收得到再生 LiFePO$_4$ 前驱体，再通过高温固相法再生 LiFePO$_4$/C 的思路，为废旧磷酸铁锂、锰酸锂、镍钴锰酸锂等正极材料的回收提供新的工艺参考。

3.1.1 湿法浸出-喷雾再生回收利用方案

本节主要围绕废旧磷酸铁锂材料湿法浸出喷雾再生制备关键技术进行介绍，以实现废旧磷酸铁锂材料的高效再生，主要包括预处理过程、浸出、喷雾干燥、固相法再生等过程。

3.1.1.1 废旧磷酸铁锂材料的预处理

回收废旧磷酸铁锂电池前为防止拆解过程中可能出现的爆炸、起火等安全问题，需要将其浸泡在质量分数为 5% 的 Na$_2$SO$_4$ 溶液（替代传统的 NaCl 溶液，防止产生氯气，污染空气）中进行放电，直到不再产生气泡为止。将处理过的电池进行手工拆解，分离电池壳和电芯，再进一步将正极片、负极片、隔膜分离。将正极片放入马弗炉中，在空气气氛中600℃下煅烧4h，使正极材料与铝箔分开，得到被氧化的废旧正极材料和铝箔。此时，正极材料中的PVDF、导电炭黑、包覆碳等也经过分解或氧化反应而被除去，再将氧化后的废旧正极材料进行球磨得到粉料。

3.1.1.2　废旧磷酸铁锂的浸出-喷雾干燥-固相法再生

用1mol/L的HCl浸出经过氧化除碳后的废旧磷酸铁锂正极材料2h，水浴温度为80℃，固液比为1∶5，搅拌速度为800r/min，得到S-LFP浸出液（已有大量的研究确定了废旧磷酸铁锂浸出的最佳实验条件，故在本书中不再探究最佳的浸出条件）。使用ICP检测上述浸出液中Li、Fe、P的元素含量（见表3-1），按$LiFePO_4$组成元素的化学计量比添加Li_2CO_3、$NH_4H_2PO_4$，再添加质量分数为10%的蔗糖（以生成的$LiFePO_4$质量计），配制成前驱体溶液。用氨水调节前驱体液的pH值为1.5（防止对喷雾干燥器造成腐蚀；同时也要防止Fe^{3+}水解成$Fe(OH)_3$），然后进行喷雾干燥，控制进口温度为190℃，进料速度为650mL/h。将得到的前驱体粉料在管式炉中（氩气气氛）400℃下预烧4h，600~750℃下煅烧9h，得到再生$LiFePO_4/C$（简化为600-LFP/C、650-LFP/C、700-LFP/C、750-LFP/C），主要实验流程如图3-1所示。

表3-1　浸出液元素含量表

元　素	Li	Fe	P
含量/g·L^{-1}	0.26545	3.07	1.63

3.1.2　预处理反应过程

为了研究预处理过程中发生的反应，在35~1000℃下（空气气氛）对废旧磷酸铁锂正极片进行TG/DSC分析，如图3-2所示。从图3-2中可以看到，在80~120℃左右有一个较小的吸热峰，这段范围内的失重可以归结到吸附水和结晶水的失去。在502℃有一个明显的吸热峰，这部分失重对应黏结剂PVDF的分解和导电炭、包覆碳等的氧化。500~550℃范围内的增重，可以归结为活性物质从铝箔上脱落后，铝箔暴露在空气气氛下表面被氧化；以及$LiFePO_4$的氧化分解增重。550~638℃的失重归结到导电炭、包覆碳的继续氧化。而655℃出现一个尖锐的吸热峰，对应铝箔的物理熔化过程，该过程会使铝箔继续和磷酸铁锂混合在一起。因此，为了使S-LFP从铝箔集流体上较好地分离下来，预处理温度确定为600℃，与以往的研究相同。

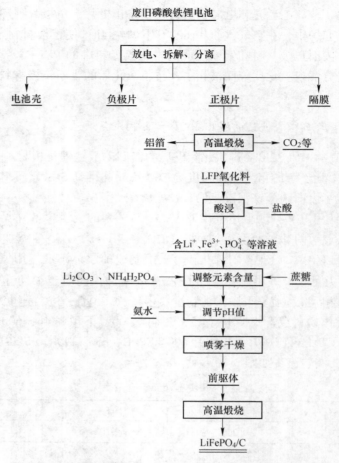

图 3-1 浸出-喷雾干燥-固相法再生 LiFePO₄/C 实验流程

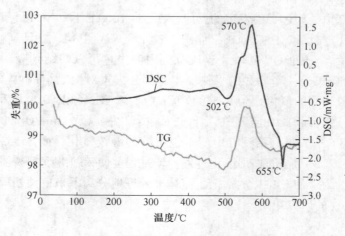

图 3-2 预处理过程 TG/DSC 曲线

　　经过高温预处理后，实现了 S-LFP 与铝箔的分离，同时 S-LFP 变成红色物质，为进一步研究其物相组成，特对 S-LFP 预处理前后的 XRD 图谱进行分析。图 3-3 为 S-LFP（通过 NaOH 溶液浸出去除铝箔，分离得到）与预处理后氧化磷酸铁锂的 XRD 图谱。从图 3-3 中可以观察到 S-LFP 可以较好地与 PDF#83-2092 相对应，这说明 $LiFePO_4$ 经过多次循环后还能较好的保持原有的橄榄石结构。此外，在 S-LFP 的 XRD 图谱中没有碳的衍射峰，说明在 S-LFP 中的包覆碳、导电炭等都是非晶型的。从氧化 S-LFP 中可以得到，S-LFP 经过氧化后的主要物相是单斜结构的 $Li_3Fe_2（PO_4）_3$（PDF#83-47-0107）和 Fe_2O_3（PDF#33-0664 和 PDF#47-1409），其他的杂峰与 Fe_3PO_7 的衍射特征峰相对应。同时在 XRD 图谱中没有发现碳的衍射峰，根据其氧化后的颜色为红色，推断绝大多数的碳已经被氧化。因此，在空气气氛下预处理废旧磷酸铁锂，既可以去除黏结剂、导电炭和包覆碳等，也破坏了磷酸铁锂的橄榄石结构，这将提高废旧磷酸铁锂的浸出率和浸出效率。

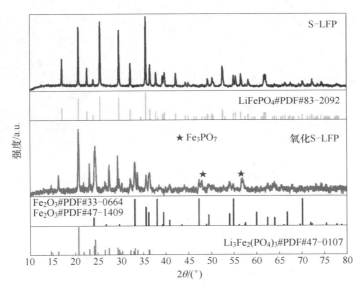

图 3-3　S-LFP 和 S-LFP 氧化料样品的 XRD 图谱

　　S-LFP 和 S-LFP 氧化料的形貌如图 3-4 所示。从图 3-4a 和 b 中可以看出，S-LFP 颗粒表面较为光滑，是类球形且大小分布不均，颗粒直径分布在 0.16~1.4μm 之间，由于黏结剂和导电炭的存在，颗粒与颗粒之间存在严重的团聚现象。此外，颗粒之间的絮状物质为导电炭或黏结剂等。从图 3-4c 和 d 中可以看出，S-LFP 氧化料颗粒间絮状物质几乎全部消失，这说明大多数的导电炭、黏结剂被氧化除掉。部分颗粒间仍然存在严重的团聚现象，颗粒表面较为粗糙。

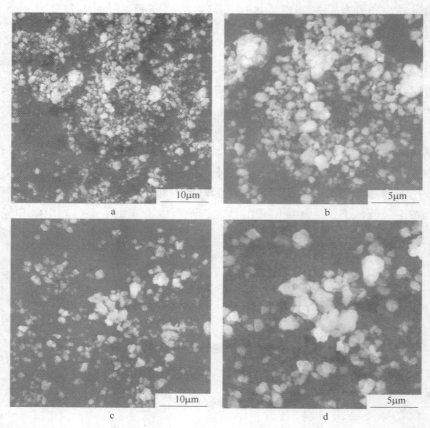

图 3-4　S-LFP 样品(a, b)和 S-LFP 氧化料样品(c, d)的 SEM 图

3.1.3　前驱体结构与形貌变化

进一步使用 XRD 和 SEM 分别对喷雾干燥制备的前驱体物相和形貌进行分析。图 3-5 为前驱体的 XRD 图谱,从图中可以得到前驱体是 NH_4Cl (空间群是 Pm-3m),没有任何的杂峰存在。XRD 图中并没有出现其他与 Li、Fe、P 等有关的物质,这说明再生 $LiFePO_4$/C 前驱体中的其他物质是非晶态的。图 3-6 为前驱体的 SEM 图。从图中可以清楚地观察到,前驱体颗粒绝大多数都是完整的球形,但颗粒大小不均一,经过测量和统计,球形颗粒直径分布在 1.2~12.8μm 之间。从图 3-6a 和 d 中可以看出大多数颗粒之间界限明显,只有少数颗粒之间存在轻微的团聚现象,可能会对再生 $LiFePO_4$/C 的性能造成一定的影响。从图 3-6b 和 e 中可以看到部分前驱体颗粒是空心球壳和表面略有凹陷的不规则球形。这可能是在喷雾干燥时前驱体溶液浓度较低引起的。从倍数较大的图 3-6c 中可以发现空

心球壳的外表面较为光滑，在球壳内部也存在不规则的大小不一的颗粒。从图 3-6f 中可以观察到球形颗粒表面较为光滑，部分颗粒表面附着有其他不规则形状的颗粒；同时部分颗粒略微凹陷，且内部有孔，这可能会使再生 LiFePO$_4$ 颗粒也存在孔洞、凹陷等，进一步增大颗粒的比表面积和提高样品吸收、储存电解液的能力。

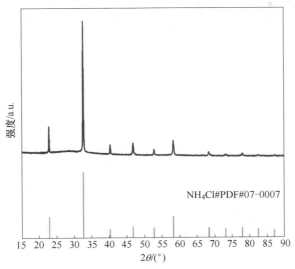

图 3-5　前驱体 XRD 图谱

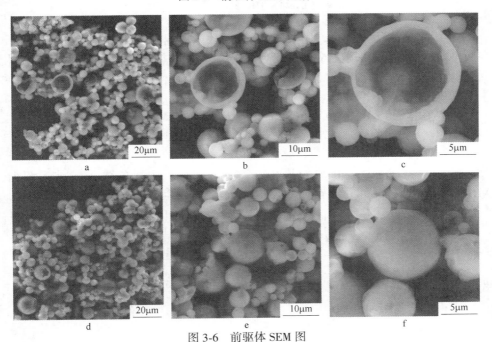

图 3-6　前驱体 SEM 图

3.1.4　煅烧温度对再生材料结构及性能的影响

3.1.4.1　再生 LiFePO₄/C 过程的 TG/DSC

为了考察再生 $LiFePO_4/C$ 过程中所发生的物理和化学变化，确定再生 $LiFePO_4/C$ 的最适煅烧温度，在氩气气氛中对前驱体进行 TG/DSC 检测，测试结果如图 3-7 所示。

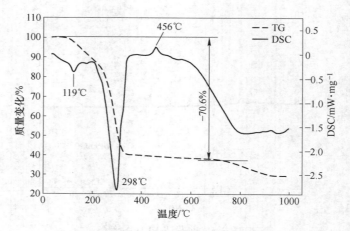

图 3-7　前驱体再生过程的 TG/DSC 曲线

从图 3-7 结果可知，从室温到 1000℃ 的处理过程中，在 119℃ 和 298℃ 处出现两个明显的吸热峰；在 456℃ 处出现一个明显的放热峰；当温度超过 800℃ 时，反应仍处于吸热状态，但峰位不明显。基于上述结果，可以将前驱体高温煅烧再生 $LiFePO_4/C$ 过程分为以下几个阶段：

（1）在室温到 180℃ 范围内，主要的失重可以归结到样品残留水分的蒸发（物理变化）和前驱体结晶水的失去（化学变化）。在 160℃ 有一个微弱的吸热峰可以归结到蔗糖的熔化。

（2）在温度 180~400℃ 范围内，失重速率大，主要的失重归结为蔗糖、$NH_4H_2PO_4$、NH_4Cl 等的分解、气体逸出，该过程发生如下反应

$$C_{12}H_{22}O_{11} \longrightarrow 12C + 11H_2O \tag{3-1}$$

$$NH_4H_2PO_4 \longrightarrow H_3PO_4 + NH_3 \uparrow \tag{3-2}$$

$$NH_4Cl \longrightarrow HCl \uparrow + NH_3 \uparrow \tag{3-3}$$

（3）在温度 400~550℃ 范围内，失重很小，主要是 $LiFePO_4$ 的形成过程（见式 (3-4)：

$$2FeCl_3 + 2H_3PO_4 + Li_2CO_3 + 4C \longrightarrow 2LiFePO_4/C + 6HCl \uparrow + 3CO \uparrow$$

$$\tag{3-4}$$

（4）在温度 550~750℃范围内，几乎没有失重，该范围主要对应 LiFePO₄/C 晶体生长过程，样品结晶度进一步提高。

（5）在温度 750~1000℃范围内，失重速率较大，对应 LiFePO₄/C 分解过程。

综上所述，本实验为保证再生过程中维持最佳的惰性环境和控制 LiFePO₄ 相的形成，选择 400℃作为前驱体的一段煅烧温度；为了使生成的 LiFePO₄/C 具有良好的结晶度和优秀的电化学性能，将二段煅烧温度控制在 600~750℃范围内。

3.1.4.2　煅烧温度对再生 LiFePO₄/C 结构的影响

为了分析二段煅烧温度对再生 LiFePO₄/C 晶体结构的影响，分别对 600-LFP/C、650-LFP/C、700-LFP/C、750-LFP/C 样品进行了 XRD 检测。图 3-8 为 600-LFP/C、650-LFP/C、700-LFP/C、750-LFP/C 样品的 XRD 衍射峰图。从图中可以清楚地看出，不同二段煅烧温度制备的样品的 XRD 衍射峰全都与 LiFePO₄ PDF#83-2092 对应，这说明在上述不同条件下制备的 LiFePO₄/C 样品为纯相，橄榄石型结构，空间群为 Pmnb。上述所有样品都具有十分尖锐的衍射峰，这表明所有再生 LiFePO₄/C 具有良好的结晶性。而且随着二段煅烧温度的升高，样品的衍射峰的强度也有所增高，这说明随着二段煅烧温度的提高，再生 LiFePO₄/C 的结晶度提高，这种现象可以解释为温度升高促进了 LiFePO₄ 晶体的生长。

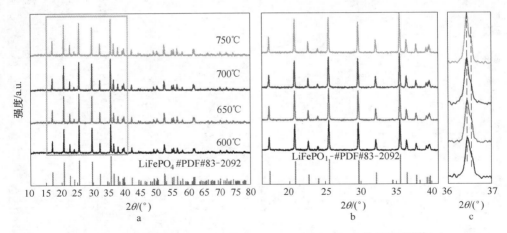

图 3-8　600-LFP/C、650-LFP/C、700-LFP/C、750-LFP/C 的 XRD 图谱（a）、16°~41°（b）及 36°~37°（c）的局部 XRD 放大图

从图 3-8 中 16°~41° XRD 局部放大图可以明显地看出，在该范围内没有碳等其他杂峰，这说明所有样品中的碳是无晶态的，与以往的研究相符合。从 36°~37° XRD 局部放大可以看到样品的（311）特征峰随温度的升高，轻微地向小角度偏移。这表明随温度升高，再生 LiFePO₄/C 的（311）晶面间距略微增大，进

一步晶胞体积也随之增大。此外，随温度的升高，（311）晶面有分裂的趋向，这说明随温度的升高，$LiFePO_4$ 有分解的趋向。

3.1.4.3 煅烧温度对再生 $LiFePO_4$ 形貌的影响

通过喷雾干燥与固相法结合的方法，成功制备了具有球形结构的再生 $LiFePO_4/C$。600-LFP/C 和 650-LFP/C 样品的形貌及元素分布，如图 3-9 所示。图 3-9d 的 EDS 图表明样品中的 C、Fe、O、P 分布均匀。从图 3-9a 中可以明显地看到，600-LFP/C 样品的二次颗粒是较为规则的球形颗粒且大多数球形保持完整，球形颗粒的直径为 $1.1\sim6.3\mu m$。个别颗粒是空壳半球形或者类球形的。进一步从图 3-9b 中可以清楚看到二次球形颗粒是由椭球形、葫芦形等 $LiFePO_4$ 一次颗粒组成的，且一次颗粒表面光滑，部分颗粒之间存在空隙和团聚现象。从图 3-9c 中可观察到，在球形颗粒的表面及内部存在着大量的网状及絮状的物质，这

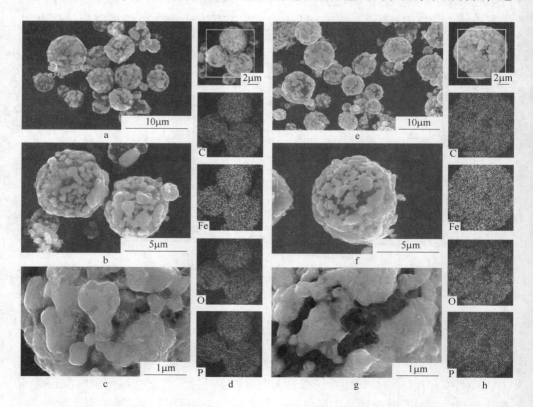

图 3-9   600-LFP/C 样品不同放大倍数 SEM 图(a~c)、EDS 图(d)和
650-LFP/C 样品不同放大倍数 SEM 图（e~g）、EDS 图(h)

是蔗糖热分解后生成的碳。这些分布在球形颗粒表面和内部的碳，构成了导电网络，可以提高再生 $LiFePO_4/C$ 的电化学性能。同样，图 3-9h 的 EDS 图表明样品中的 C、Fe、O、P 分布均匀。从图 3-9e 中同样可以观察到，650-LFP/C 样品的形貌多数为球形，粒径分布在 0.9~7.8μm 之间。同时，也可以清楚地看到球形表面的一次颗粒分布较为均匀，部分球形表面一次颗粒团聚严重，形成较为光滑的表面。从图 3-9f 中可以清楚地看到球形表面的一次颗粒团聚严重，从图 3-9g 中可以进一步观察到一次颗粒团聚严重，颗粒间存在着间隙，并且球形内部存在孔洞。这有利于提高材料的比表面积，也可以储存电解液，使电解液充分浸润在磷酸铁锂一次颗粒之间，有利于提高磷酸铁锂在充放电过程中 Li^+ 的扩散系数，进一步提高再生 $LiFePO_4/C$ 的电化学性能，但是这会使样品的振实密度有所降低。

图 3-10 为 700-LFP/C 的 SEM 和 EDS 图，从图 3-10a 中可以明显地观察到样品的形貌主要是球形、半球形（破碎）等，部分球形颗粒已经破碎且内部中空。同时，不规则的颗粒团聚严重，颗粒形状分布不均。从图 3-10b 中可以看到，球形二次颗粒主要是由椭球形的一次颗粒组成，一次颗粒团聚严重，彼此的界限不明显。同样，球形二次颗粒存在孔洞。从 EDS 图也可以明显地看出再生 $LiFePO_4/C$ 中的元素分布均匀。图 3-11 为 750-LFP/C 的 SEM 和 EDS 图，从图 3-11a 中可以看到二次颗粒主要是球形的（部分已经破碎）。从破碎的颗粒可以观察到，颗粒内部类球形（或椭球形）一次颗粒比较致密且分布比较均匀，颗粒与颗粒之间存在网状的碳，与前边的结果相一致。从图 3-11b 中可以看出球形二次颗粒表面较为粗糙，由团聚较为严重的一次颗粒构成。EDS 面扫元素分布

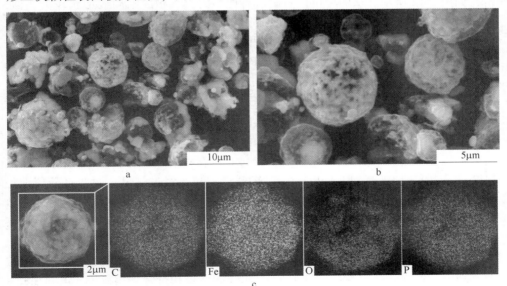

图 3-10　700-LFP/C 不同放大倍数 SEM 图(a，b)和 EDS 图(c)

图则说明二次颗粒表面元素分布均匀。

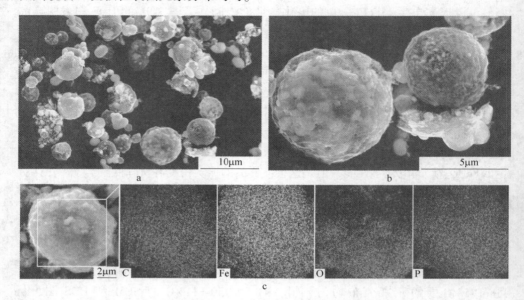

图 3-11　750-LFP/C 不同放大倍数 SEM 图(a，b)和 EDS 图(c)

　　为了更加详细地表征再生 LiFePO₄/C 的内部孔结构，使用氮气吸附脱附等温测试法对不同二段煅烧温度再生的 LiFePO₄/C 的 BET 比表面积和孔结构进行分析，如图 3-12 所示。从图中可以看出所有样品的氮气吸脱附曲线形状较为相似，可归结于Ⅳ型吸附等温线。在氮气吸脱附等温线中，可以看到当 $p/p_0 > 0.6$ 时，开始出现一个迟滞回线，这说明了这 4 种材料中都存在介孔。几种材料的孔径分布曲线也非常相似，说明 4 种再生 LiFePO₄/C 材料的孔径大致相同，大概分布在3.1~4.4nm 之间（属于介孔材料）；其中，这些孔主要分布在包覆碳和外层的导电网络上。不同二段煅烧温度再生的 LiFePO₄/C 的比表面积、孔容、平均孔径见表 3-2。从表 3-2 中可以得到 4 种样品的比表面积大致相同，在 29~35m²/g 之间，较大的比表面积将提高再生 LiFePO₄/C 的电化学性能。

　　采用 TEM 进一步详细研究了 650-LFP/C 的微观形貌，如图 3-13 所示。从图3-13a 中可明显地观察到 LiFePO₄/C 二次球形颗粒，经过测量，两球直径分别是5.7μm、4.1μm。图中黑色的 LiFePO₄/C 一次颗粒，多数呈椭球形，均匀地分散在球形二次颗粒内部，一次颗粒之间存在着间隙；从图 3-13b 中可以直接观察到，在 LiFePO₄ 一次颗粒之间充满了碳，这些碳可以为 LiFePO₄ 提供导电网络，提高电子的传输速率；图 3-13c 为经过超声分散后的一次颗粒 TEM 图，可以清楚地看到磷酸铁锂一次颗粒呈椭球形，与 SEM 的结果相符合，颗粒尺寸大约在88~330nm 之间。同样在 LiFePO₄ 一次颗粒周围之间分布着大量的网状或絮状的碳。

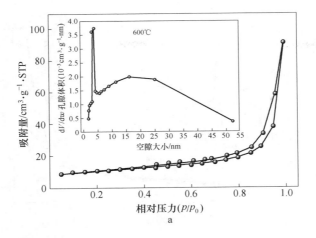

a

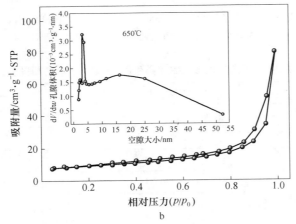

b

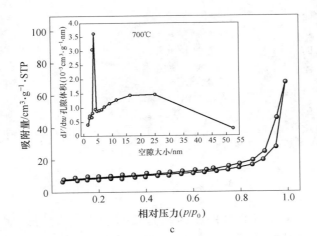

c

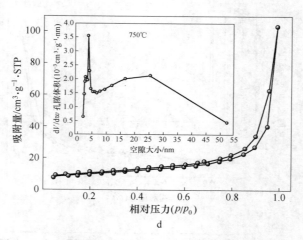

图 3-12　600-LFP/C(a)、650-LFP/C(b)、700-LFP/C(c)、
750-LFP/C(d)的氮气吸附脱附等温线和孔径

表 3-2　不同二段煅烧温度再生的 LiFePO$_4$/C 的相关参数

样　品	比表面积/m^2·g^{-1}	孔容/cm^3·g^{-1}
600-LFP/C	35.2	0.14
650-LFP/C	30.2	0.12
700-LFP/C	29.1	0.10
750-LFP/C	34.4	0.16

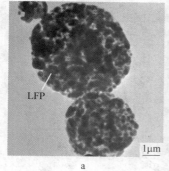
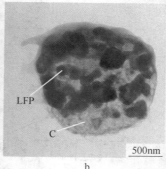
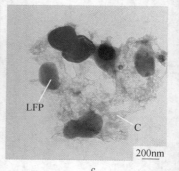

图 3-13　650-LFP/C 的 TEM 图

　　为了进一步研究 650-LFP/C 的碳包覆层及晶体结构，特对样品进行了
HRTEM 表征，如图 3-14 所示。图 3-14a 和 b 为 LiFePO$_4$/C 一次颗粒边缘的 HR-

TEM 图，从图 3-14a 中可以清楚地看到碳包覆层厚度为 19nm，由于颗粒较大、碳层较厚等原因，颗粒内部的晶格条纹没有显现出来。同时，在颗粒的表面存在网状的碳。从图 3-14b 中可以看到，碳层和晶格条纹同时存在。包覆碳的厚度大约为 10nm，而且碳层没有晶格条纹且傅里叶变换也没有出现空间点阵，这说明包覆碳是非晶态的（图 3-14d 同样可以证明这种情况），这与 XRD 的结果相符合。图中的晶格条纹较为模糊，可能是颗粒直径太大，电子束透过量较少，放大后标定晶格条纹的间距为 0.427nm，对应磷酸铁锂的（101）晶面，同样傅里叶变换空间点阵也可以证明。从图 3-14c 可以看出，再生 LiFePO$_4$/C 内部的晶格完整，图中的晶格条纹间距为 0.37nm，对应磷酸铁锂的（011）晶面。同样，从傅里叶变换空间点阵同样可以确定出 LiFePO$_4$ 的（011）晶面。

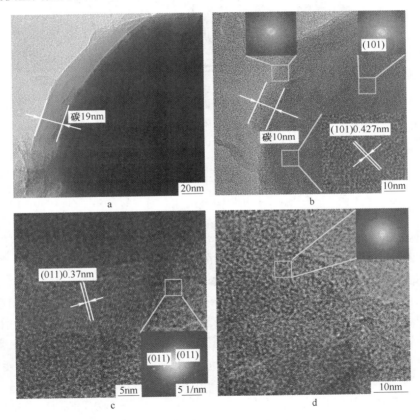

图 3-14 650-LFP/C 的 HRTEM 图

3.1.4.4 煅烧温度对再生 LiFePO$_4$ 电化学性能的影响

不同二段煅烧温度下再生 LiFePO$_4$/C 的首次的充放电（0.1C）曲线如

图 3-15 所示，从图中可以直观地观察到，650-LFP/C 在 0.1C 的电流密度下首次充放电比容量最高，首次充电比容量为 163.5mA·h/g，首次放电比容量为 149.4mA·h/g，库仑效率为 91.4%。此外，600-LFP/C 的首次放电比容量为 139.4mA·h/g，库仑效率为 88.6%；700-LFP/C 的首次放电比容量为130.5mA·h/g，库仑效率为 99.7%；750-LFP/C 的首次放电比容量为137.7mA·h/g，库仑效率为 91.1%。这些与已报道的再生 LiFePO$_4$/C 的电化学性能相近。从图中还可以看出，不同温度下再生的 LiFePO$_4$/C 都有平整的充放电电压平台，且两平台之间的间距较小，这说明再生 LiFePO$_4$/C 的极化电压小，材料的循环可逆性良好。

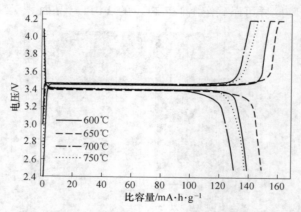

图 3-15　不同二段煅烧温度下再生 LiFePO$_4$/C 的首次的充放电（0.1C）曲线

　　再生 LiFePO$_4$/C 循环性能和库仑效率如图 3-16 所示，图中清楚地显示出，650-LFP/C 具有最高的放电比容量，在 1C 倍率下首次循环放电比容量为 125.9mA·h/g，经过 100 次循环后，放电比容量还可以保持在 132.6mA·h/g，反而比首次放电比容量高。这可以归功于充放电过程中，电解液充分浸润在正极材料中，使 LiFePO$_4$ 得到充分地激活，提高了 Li$^+$ 的传输能力。此外，600-LFP/C 和 700-LFP/C 都具有较好的循环性能，在 1C 倍率下循环 100 次，放电比容量还可以分别保持在 124.5mA·h/g 和 94.5mA·h/g。而 750-LFP/C 循环性能较差，1C 倍率下循环 100 次后比容量只有 83.1mA·h/g，容量保持率只有 76.9%。700-LFP/C 和 750-LFP/C 的放电比容量较低，可能与高温下部分 LiFePO$_4$ 分解以及再生 LiFePO$_4$/C 二次球形颗粒破碎有关，这同 XRD 和 SEM 结果相一致。从库仑效率图中可以看到，1C 倍率下前 100 次循环过程中，不同二段温度下煅烧再生的 LiFePO$_4$/C 的库仑效率几乎接近 100%，材料不可逆损失小，再次验证了材料脱嵌锂过程可逆性良好。为了进一步突出再生的 LiFePO$_4$/C 的循环性能，我们在 1C 倍率下（除第一个数据点）测试了循环 600 次的放电比容量，如图 3-17 所示。650-LFP/C 性能最佳，在 1C 倍率下经过 600 次充放电循环后，放电比容量为 113.8mA·h/g，容量保持率高达 90.3%。

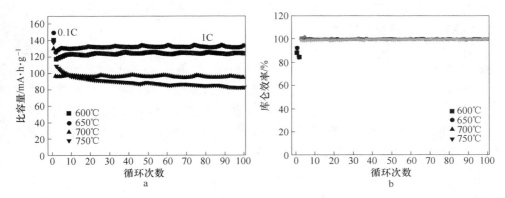

图 3-16 不同二段煅烧温度下再生 LiFePO$_4$/C 循环性能图及库仑效率图

a—循环性能图；b—库仑效率图

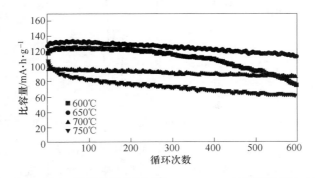

图 3-17 不同二段煅烧温度下再生 LiFePO$_4$/C 长循环性能(1C)图

650-LFP/C 的倍率性能曲线和不同倍率下充放电曲线，如图 3-18 所示。从图 3-18a 中直观地看出，650-LFP/C 在不同倍率下都具有较高的放电比容量（20C 倍率除外），且在 0.5C 电流密度下的放电比容量最高，高达 152.9mA·h/g。从 0.1C 倍率到 0.5C 倍率充放电过程中，放电比容量略微提升，这可能是由于在充放电过程中电解液实现了充分浸润、LiFePO$_4$/C 电化学性能得到了充分激活，进而材料的电化学性能得到了提升。650-LFP/C 在 5C 倍率下的放电比容量仍然可以保持在 129.7mA·h/g；在 10C 倍率下的放电比容量为 107.7mA·h/g；在 20C 倍率下的放电比容量为 60.4mA·h/g；当再次以 0.1C 的电流密度充放电时，放电比容量高达 138.6mA·h/g，容量保持率为 99.8%，几乎同初始的放电比容量相同。这说明该材料具有良好的倍率性能和电化学可逆性，可以在大电流下充放电，为电池快速充电和快速放电提供支持。其他条件下再生的 LiFePO$_4$/C 具有相似的规律和特点。其中，600-LFP/C 倍率性能同样很好，最后在 0.1C 倍率下，放电比能量为 125.3mA·h/g，容量保持率为 98.2%。700-LFP/C 和 750-LFP/C 倍率性能较差，最后在 0.1C 倍率下，放电比能量分别为 100.6mA·h/g 和 109.1mA·h/g，容量保持率分别为 95.9%和 87.1%。

图 3-18b 是 650-LFP/C 在不同倍率下的充放电曲线。从图中可以发现在 0.1~0.5C 倍率下的充放电平台间距较小，极化电压小。随着充放电倍率的提高，两平台之间的间距逐渐增大，极化电压增大。在 5C、10C 高倍率下，充放电曲线仍然具有良好的平台，放电比容量衰减少。这些主要归功于结晶度良好的 $LiFePO_4$ 橄榄石相、颗粒和颗粒之间的网状导电炭，提高了电子传输速率和锂离子的扩散速率，提高了材料的电化学性能。

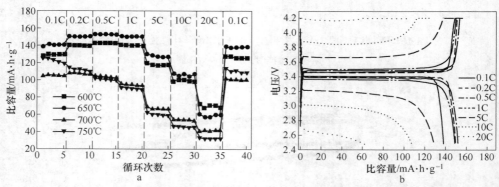

图 3-18   650-LFP/C 的倍率性能曲线（a）和不同倍率下的充放电曲线（b）

为了进一步分析 $LiFePO_4$/C 在充放电过程中的电化学行为，在 2.5~4.2V 的电压范围内以 0.1mV/s 的扫描速率测定了 4 种样品的循环伏安曲线（CV），如图 3-19 所示。从图 3-19a 可以看到，所有样品的 CV 曲线都具有相似的氧化还原峰，分别对应 Li^+ 从 $LiFePO_4$/C 的脱出和嵌入的过程（或 Fe^{2+} 与 Fe^{3+} 之间的相互转化过程）。相互对称的氧化还原峰还可以说明，在充放电过程中样品具有良好的可逆性。650-LFP/C 的 CV 曲线氧化峰和还原峰峰电流最高，对应的峰面积也是最大，这正好与该材料的充放电比容量最高相对应。从图中还可以得到 4 种样品中氧化还原峰之间的极化电压，650-LFP/C 的最小（约 0.19V），750-LFP/C 的极化电压最大（约 0.30V）。极化电压越小，说明 Li^+ 在材料中脱出、嵌入可逆性越优良，对应材料的电化学循环可逆性越佳。图 3-19b 是 650-LFP/C 在 0.1mV/s 扫描速率下的 4 次循环伏安曲线。从图中可以直接看出经过 4 次扫描后，CV 曲线几乎保持不变，再次说明该材料具有良好的电化学可逆性。

不同样品在 10^{-2}~10^5Hz 范围下的交流阻抗（EIS）以及 Z' 与 $\omega^{-1/2}$ 线性拟合图如图 3-20 所示。从图 3-20a 中可以看到样品的 EIS 曲线全部由一个半圆（高频

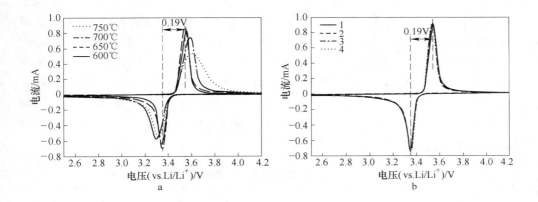

图 3-19　不同二段煅烧温度下再生 LiFePO₄/C 的循环伏安曲线(a)和
650-LFP/C 的循环伏安曲线(b)

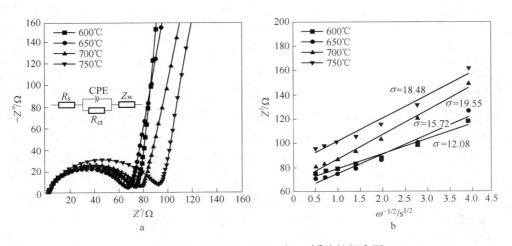

图 3-20　不同样品的 EIS(a)和 Z' 与 $\omega^{-1/2}$ 线性拟合图(b)

区)和一条斜线(低频区)构成。其中,半圆与 Z' 的交点表示电池的欧姆接触
阻抗(R_s);半圆是由电解液与电极之间的电荷转移引起的,可以由电荷转移阻
抗(R_{ct})和双电层电容(CPE)并联电路表示;低频区的斜线代表 Li⁺扩散过程
中引起的 Warburg 阻抗(Z_w)。为了进一步计算 Li⁺的扩散系数,特对 EIS 进行拟
合,根据以下公式计算:

$$Z' = R_s + R_{ct} + \sigma\omega^{-1/2} \tag{3-5}$$

$$D_{Li^+} = (R^2 T^2)/(2A^2 n^4 F^4 \sigma^2 C^2) \tag{3-6}$$

式中，R 为气体常数，8.314J/（K·moL）；T 为热力学温度，298K；A 为电池正极片面积，1.33cm²；n 为磷酸铁锂氧化还原过程中电子转移数，$n=1$；F 为法拉第常数，$F=96485$C/mol；C 为磷酸铁锂中锂离子的体积浓度，取 0.0288mol/cm³；σ 为 Warburg 系数，对应图 3-20b 中拟合线的斜率。将数据代入式（3-6）中得到 4 种样品的 Li⁺ 扩散系数，计算结果见表 3-3。从中可以得到 4 种材料具有相近的 Li⁺ 扩散系数，这说明良好的纳米颗粒以及球形多孔结构的存在，可以缩短 Li⁺ 的扩散距离。其中，650-LFP 的电荷转移阻抗 R_{ct} 最低，Li⁺ 扩散系数为 $9.768×10^{-14}$cm²/s，与以往的研究相近。

表 3-3　不同样品的 EIS 拟合结果与锂离子扩散系数计算结果

样　品	R_s/Ω	R_{ct}/Ω	σ	$D_{Li^+}/cm^2 \cdot s^{-1}$
600-LFP	1.57	67.3	12.08	$1.654×10^{-13}$
650-LFP	1.70	60.5	15.72	$9.768×10^{-14}$
700-LFP	2.96	69.2	19.55	$6.315×10^{-14}$
750-LFP	3.36	81.1	18.48	$7.067×10^{-14}$

3.1.5　小结

本节采用喷雾干燥法与固相法成功再生了 LiFePO₄/C，为废旧磷酸铁锂电池的回收提供了新思路。通过 TG/DSC、XRD、SEM 等分析，证实了预处理及喷雾干燥过程中材料结构与形貌的变化。经过 XRD 及 SEM 等证明了所有再生 LiFePO₄/C 都具有良好的橄榄石结构，二次颗粒的形貌多数为球形，且球形颗粒内部存在大量的网状导电炭和孔隙。二次颗粒内部的孔隙可以储存电解液，有利于再生 LiFePO₄/C 在电解液中得到充分浸润提高材料的 Li⁺ 的传输速率。HRTEM 结果证实了再生 LiFePO₄/C 一次颗粒的表面存在碳包覆。二次颗粒内的导电网络及一次颗粒表面包覆碳有利于提高再生 LiFePO₄/C 的电导率。650-LFP/C 在 0.1C 倍率下首次放电比容量高达 149.4mA·h/g，库仑效率为 91.4%。在 1C 倍率下经过 100 次充放电循环后，放电比容量仍为 132.6mA·h/g；经过 600 次充放电循环后，放电比容量为 113.8mA·h/g，容量保持率高达 90.3%。同时，650-LFP/C 具有优良的倍率性能，在 5C、10C 倍率下，放电比容量分别为 129.7mA·h/g、107.7mA·h/g。

3.2　废旧磷酸铁锂材料短程直接固相再生及掺杂改性

虽然喷雾干燥法简化了浸出液沉淀过程的实验条件与操作，但是再生的

$LiFePO_4/C$ 比容量略低且回收再生过程仍比较复杂。因此，为了进一步缩短回收再生流程，提高再生 $LiFePO_4/C$ 电化学性能，本实验将结合机械液相活化辅助高温固相法简单、高效、环保等优点，以及高价金属离子掺杂可提高材料电化学性能等优势，以 S-LFP、$NH_4H_2PO_4$、Li_2CO_3 和 V_2O_5 为原料，采用机械液相活化辅助固相法掺钒再生磷酸铁锂。

3.2.1 短程直接固相再生及掺杂改性回收利用方案

3.2.1.1 废旧磷酸铁锂正极材料的预处理

本实验通过碱浸处理使正极活性物质从铝箔集流体上分离，具体操作如下：将正极片浸泡在 3mol/L 的 NaOH 溶液中（可以防止 $LiPF_6$ 水解产生有毒气体），铝箔可以与 NaOH 反应生成 H_2 和 $NaAlO_2$，最后溶解完全，进行抽滤，并用去离子水洗涤 3 次，去除残铝等杂质。在 80℃ 鼓风干燥箱中干燥 12h 得到片状的废旧磷酸铁锂正极材料（混有导电炭和黏结剂）。最后将干燥后的物料在行星式球磨机中以 100r/min 速度球磨 30min，得到废旧磷酸铁锂粉末（S-LFP）。经过 ICP 检测后，废旧磷酸铁锂粉末的元素组成见表 3-4。

表 3-4 废旧磷酸铁锂粉末的元素组成

样 品	S-LFP									
元 素	Li	Fe	P	Al	Cu	V	Si	S	Mg	Na
质量分数/%	3.79	31.6	16.9	0.010	0.0028	0.0012	0.083	0.020	0.013	0.0023

3.2.1.2 短程直接固相再生及掺杂改性过程

通过机械液相活化辅助固相法掺钒再生 $(1-x)LiFePO_4 \cdot xLi_3V_2(PO_4)_3/C$（简化为 $(1-x)LFP \cdot xLVP/C$，$x=0$、0.005、0.01、0.03、0.1，其中纯 $Li_3V_2(PO_4)_3$ 简称为 ALVP）样品的实验流程如下：（1）根据 ICP-OES 元素分析结果，按照 $LiFePO_4$ 化学计量比（锂、铁、磷摩尔为 1:1:1）在 S-LFP 粉料中补加 Li_2CO_3、$NH_4H_2PO_4$ 等，分别添加摩尔分数为 0、0.5%、1%、3%、10% 的 V_2O_5；（2）将上述原料分别在行星式球磨机中通过乙醇介质湿磨 4h，以 450r/min 的速度，球料比按质量 20:1 配制，得到经机械液相活化的混合浆料；（3）将浆料在鼓风炉中 80℃ 下干燥 12h，轻微研磨成细粉；（4）将上述粉料在 450℃ 下煅烧 4h，在 650℃ 下煅烧 6h（煅烧过程在氩气气氛中进行）制备 $(1-x)LFP \cdot xLVP/C$（$x=0$、0.005、0.01、0.03、0.1），简称为 RS0、RS05、RS1、RS3、RS10。该方法再生 $(1-x)LFP \cdot xLVP/C$ 的流程图如图 3-21 所示。

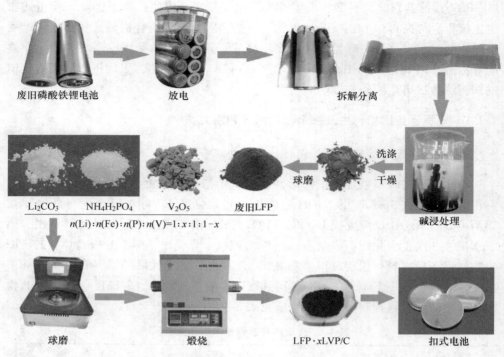

废旧磷酸铁锂电池　　　放电　　　　　　　拆解分离

Li$_2$CO$_3$　　NH$_4$H$_2$PO$_4$　　V$_2$O$_5$　　废旧LFP

洗涤　干燥　　碱浸处理

$n(\text{Li}):n(\text{Fe}):n(\text{P}):n(\text{V})=1:x:1:1-x$

球磨　　　　　　　　煅烧　　　　　　　LFP·xLVP/C　　　　扣式电池

图 3-21　机械液相活化辅助固相法再生（1-x）LFP·xLVP/C 流程

3.2.2　短程直接固相再生过程

　　为了研究经过高能球磨、机械液相活化后前驱体混合物（S-LFP，NH$_4$H$_2$PO$_4$ 和 Li$_2$CO$_3$ 按照 LiFePO$_4$ 化学计量比混合）在再生过程中发生的反应，特对再生过程进行 TG/DSC 分析，如图 3-22a 所示。从图 3-22a 中可以发现，位于 60~150℃ 之间存在一个吸热峰，对应的 TG 曲线也有所损失，是由于样品表面有吸附的水分，大约 75℃ 时吸热挥发失重。在 DSC 曲线中没有发现与 V$_2$O$_5$、NH$_4$H$_2$PO$_4$、Li$_2$CO$_3$ 等分解相关的特征峰，这是因为上述物质的添加量很小。然而，从 TG 曲线中可以得到从 35~800℃ 的质量损失约为 5.9%，这是由混合粉料中物质分解后释放 H$_2$O、NH$_3$、CO$_2$ 等所致。LiFePO$_4$/C 复合材料的生成温度约为 432℃，正好对应于 DSC 曲线中 432℃ 处的放热峰。在 430℃ 之后可以检测到长时间的吸热过程和质量的轻微减少，这可能是由 PVDF 有机组分的连续热解和碳热还原反应造成的；这也可归结到在加热处理过程中 LiFePO$_4$ 晶体的再生和 LFP 颗粒上的导电炭膜涂层的生成。

　　为了进一步证明上述反应，图 3-22b 显示了合成过程中 S-LFP、中间前驱体混合物和最终再生材料的 XRD 图谱。所有样品的衍射峰与 LeFePO$_4$ PDF#83-2092

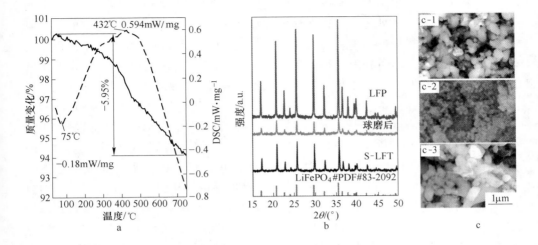

图 3-22　合成过程中前驱体混合物的 TG/DSC 曲线(a)；S-LFP、中间前驱体
混合物和最终再生材料的 XRD 图谱(b)和再生过程中样品的形貌变化(c)

橄榄石结构 LFP 匹配的很好，属于 *Pmnb* 空间群。中间前驱体的橄榄石结构的衍射峰变得低而宽，这说明机械液相活化过程在很大程度上破坏了 S-LFP 的原始橄榄石结构。在 650℃下煅烧再生的最终样品的 XRD 图谱与橄榄石结构的 $LiFePO_4$标准 XRD 图谱非常吻合，标准卡片为 PDF#83-2092，空间群为 *Pmnb*。这进一步证明通过机械液相活化辅助固相法的技术，可以使 S-LFP 材料转化为高度结晶的$LiFePO_4$/C 复合材料。

　　图 3-22 中 c-1 是 S-LFP、中间前驱体和再生 LFP 样品的 SEM 图像。S-LFP 样品呈现出粒径为 100nm~3μm 的不规则形态，并且在 S-LFP 颗粒中可以观察到絮状的导电炭或 PVDF。图 3-22 中 c-2 是中间前驱体混合物的 SEM 图像。中间前驱体混合物表现出良好分散和纳米尺寸的形态，并且在高能机械液相活化后絮状形貌消失，这说明废旧 LFP 颗粒在研磨过程中遭受严重的结构破坏。图 3-22 中 c-3是再生 LFP 粉末的 SEM 图像。样品表现出良好分散的粒度分布，具有粒径为50~500nm 的近球形形态。综上所述，TG/DSC、XRD 和 SEM 分析共同表明了本实验所使用的再循环策略可以用于生产具有超细粒度分布和高结晶度的$LiFePO_4$/C 复合材料。

3.2.3　掺钒量对再生 LFVP/C 材料结构及性能的影响

3.2.3.1　掺钒量对再生 $(1-x)$LFP·xLVP/C 结构及化合价的影响

　　图 3-23a 是 $(1-x)LiFePO_4$·$xLi_3V_2(PO_4)_3$ 样品的 XRD 图谱，S-LFP、RS0、

RS05、RS1 样品的衍射峰都与橄榄石结构的 LiFePO$_4$（PDF#83-2092，*Pnma* 空间群）的衍射特征峰相匹配。可以明显地观察到 S-LFP 样品具有相对较弱的衍射峰强度和较大的背景噪声，这表明长期充放电循环在一定程度上破坏了 LiFePO$_4$ 的原始橄榄石结构。经过补锂、补磷和简单的热处理后，再生的 RS0 显示出突出的峰强度，并且没有发现其他的杂质峰。再生 LFP 的（311）峰向着较低的 2θ 区域偏移，这表明在再生过程中 LFP 的晶格发生了一些变化。RS05 和 RS1 的 XRD 衍射峰的强度没有明显变化，也没有其他杂相的存在，但 RS1 的衍射峰比 RS0 的窄，并且（311）峰向小角度迁移。这些结果表明：添加摩尔分数为 1% 的 ALVP 有助于提高 LFP 橄榄石结构的结晶度，并且引入钒元素可能成功地占据 LiFePO$_4$ 相中的 Fe^{2+} 位点，这有助于形成致密的晶格。从图 3-23 中 20°~37° 的放大图观察到，随着 ALVP 引入比率增加到 97:3 和 90:10，开始出现除 LFP 以外的衍射峰，这是由单斜晶系 Li$_3$V$_2$(PO$_4$)$_3$（ICSD#96962，PDF#01-072-7074，*P2$_1$/n* 空间群）产生的。在扩大的（311）晶面对应的峰区域中，可以观察到峰形出现明显的变形，进一步说明摩尔分数为 3% 和 10% 的 ALVP 使 LFP 橄榄石结构发生变化。

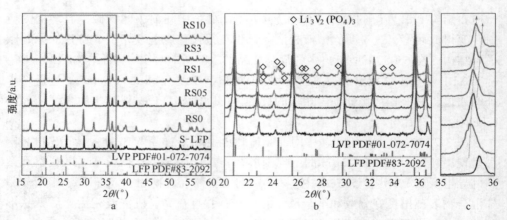

图 3-23　再生复合材料的 XRD 图（a）、20°~37°（b）及 35°~36°（c）局部 XRD 放大图

为了进一步分析 RS1 和 RS3 的 XRD 图谱，特使用 GSAS 软件进行 Rietveld 精修。经过充分的优化拟合后，获得了所有的精修数据。图 3-24a 和 b 是 RS1 和 RS3 精修后的 XRD 图，其他相关的精修结果见表 3-5。从中可以得到 RS1 复合材料是由单一的橄榄石结构 LiFePO$_4$ 相组成，没有 Li$_3$V$_2$(PO$_4$)$_3$ 相存在的证据，同时也没有发现其他杂质相（例如 Li$_3$PO$_4$、FeP、V$_2$O$_5$），并且 V^{5+} 离子占据 LiFePO$_4$ 相中的 Fe^{2+} 位点。RS3 复合材料由正交晶型的磷酸铁锂（空间群 *Pnma*）和单斜晶型的磷酸钒锂（空间群为 *P2$_1$/n*）组成。与 LiFePO$_4$ 标准数据（PDF#83-

2092）相比，这些复合材料中 $LiFePO_4$ 的晶格参数明显降低，这是由于 V^{5+} 离子掺入 Fe^{2+} 位点引起的，因为 V^{5+} 的离子半径（0.054nm）小于 Fe^{2+}（0.078nm）半径。离子占位精修结果表明，V^{5+} 占据 Fe^{2+} 位点最大量约为 2%；当原料中 ALVP 过量时，更倾向于形成 Fe 掺杂的 $Li_3V_2(PO_4)_3$。值得注意的是，RS3 样品中单斜晶型的 LVP 占 4.13%，而在 LVP 中约 50%的 V 位点又被 Fe 占据。

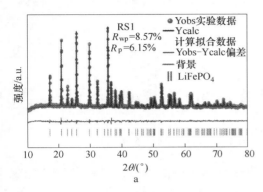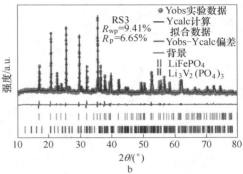

图 3-24　RS1(a)和 RS3(b)的 XRD 精修图

表 3-5　RS1 和 RS3 精修后的晶胞参数、原子占位及比例

样品	LFP 在 $(1-x)$LFP·xLVP 晶格参数					正交晶型 LFP		单斜晶型 LVP	
	a/nm	b/nm	c/nm	β/(°)	V/nm³	比例/%	TM 比例	比例/%	TM 比例
RS1	1.033012	0.600657	0.469114	90.0	0.29108	100	$Fe_{0.980}V_{0.020}$	—	—
RS3	1.032451	0.600489	0.468885	90.0	0.29070	95.87	$Fe_{0.977}V_{0.023}$	4.13	$V_{1.056}Fe_{0.944}$

通过 XPS 分析来进一步确定 RS1 和 RS3 以及 S-LFP 样品中 V 和 Fe 的化学价，如图 3-25 所示。从图 3-25a 可知 RS1 的 V $2p_{3/2}$ 峰的结合能为 517.8eV，与 V_2O_5 中 V 的结合能相匹配，表明 RS1 中的钒几乎处于+5 价。RS1 和 RS3 之间的结合能峰强度有明显的差异，这是由 RS3 样品中的 V 含量较高造成的。两个 XPS 图谱之间的结合能峰位存在非常轻微差异，RS3 的 V $2p_{3/2}$ 峰值变换到了 517.4eV，这可归因于在 LFP 颗粒表面上形成了单斜晶型 $Li_3V_2(PO_4)_3$。该结果与之前的 XRD 结果正好吻合。M. Ren 等、G. A. Sawatzky 等和 S. Zhong 等观察到 V_2O_3 和 $Li_3V_2(PO_4)_3$ 中的 V $2p_{3/2}$ 峰位于 517.2eV，这证明了 $Li_3V_2(PO_4)_3$ 相存在于 RS3 材料中，而一部分钒以+5 价的形式掺杂在体相中。从图 3-25b 中可以看出 S-LFP、RS1、RS3 样品 Fe $2p_{3/2}$ 结合能分别为 711.6eV、711.4eV、711.4eV，可以确定 Fe 的价态为+2 价。另外，上述 Fe $2p_{3/2}$ 结合能并不完全相同，这可能是 V^{5+} 的存在对 Fe 结合能的影响。

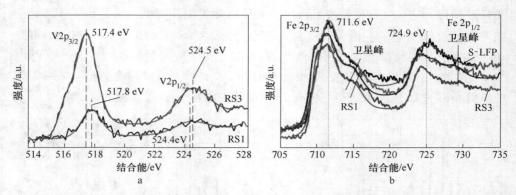

图 3-25　S-LFP、RS1、RS3 的 V 2p(a)和 Fe 2p(b)的 XPS 图谱

3.2.3.2　掺钒量对再生 $(1-x)$LFP·xLVP/C 材料形貌的影响

为了深入了解 $(1-x)$LFP·xLVP/C 的形态和微观结构特征，特对 FESEM 图像进行了研究，如图 3-26 所示。图 3-26a ~ e 显示了上述样品的低放大倍数的 FESEM 图像。图 3-26f ~ h 是 RS05、RS1、RS3 的高放大倍数的 FESEM 图像。如图 3-26a 所示，RS0 的粒度分布范围宽，这是由再生过程中的颗粒吸附聚集引起的。然而，引入 ALVP 可以避免该现象的出现；RS05（见图 3-26b 和 f）、RS1（见图 3-26c 和 g）、RS3（见图 3-26d 和 h）、RS10（见图 3-26e）的粒度分布变得均匀，粒径分布在 100 ~ 500nm。钒元素的引入减少了经过机械液相活化后的 $LiFePO_4$ 前驱体在热处理过程中的样品团聚现象的出现，与已有研究一致。另一个重要的形态特征是分散良好的导电炭网络：从图 3-26f 中所选区域的局部放大图中可以清楚地观测到自由碳膜和紧密包裹的碳涂层。RS1 的 EDS 元素分析如图 3-26j 所示，证实了 RS1 颗粒中 C、Fe、P、O 和 V 均匀分布。此外，还测试了样品的碳含量，其中，RS0、RS05、RS1、RS3、RS10 的碳含量（质量分数）分别为 5.2%、5.1%、4.9%、4.9%、4.6%。

通过 TEM 和 HRTEM 进一步确定 S-LFP 和再生样品的结构特征。图 3-27 给出了 S-LFP、RS0、RS1、RS3 粉末的 TEM 图像。从图 3-27a ~ c 可以观察到，S-LFP 的粒径约为 200 ~ 3000nm，这与 FESEM 结果基本一致。通过 HRTEM 对典型区域进行面积放大，分析晶格间距和计算傅里叶变换（FFT）光斑，详细表征 S-LFP 的微观结构。所选区域的复杂的 FFT 光斑反映了 S-LFP 粒子中的严重结构紊乱；晶格裂纹区域呈现出无定形的结构特征。这些结果表明废旧样品中存在大量缺陷，S-LFP 颗粒在重复充电和放电循环期间遭受晶格畸变和破裂。

图 3-27d ~ f 是 RS0 的 TEM 图像，从中可以直观地看出精细且均匀分布的纳米/亚微米尺寸的形态。图 3-27e、f 和 f-1 显示了高分辨率 TEM 图像，其中可以

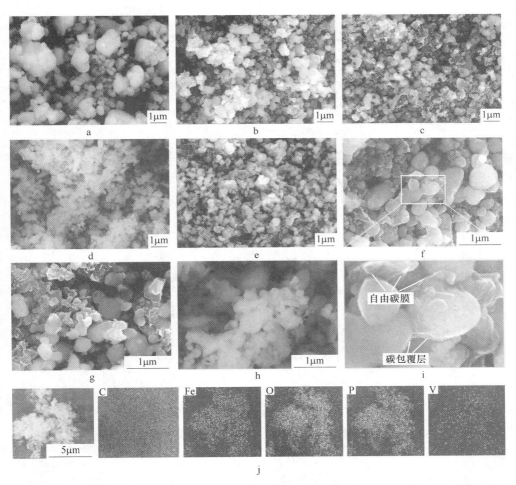

图 3-26 RS0(a)、RS05(b, f, i)、RS1(c, g)、RS3(d, h)、RS10(e)
的 FESEM 图和 RS1 的 EDS 元素面扫图 (j)

清楚地观察到 LiFePO₄ 的晶格条纹，表明再生的 LiFePO₄ 结晶度高。此外，在颗粒的外表面上有一层包覆厚度约为 5~8nm 的无定形膜，对应于原位包覆的无定形碳膜。而这主要得益于机械液相活化技术使 S-LFP 与碳源（PVDF 和导电炭）高度混合，在高温固相反应时碳源分解与 LiFePO₄ 结晶同步进行。这确保了再生复合材料具有纳米尺寸、均匀的粒度分布和均匀的碳涂层。RS1 的 TEM 和 HRTEM 结果与 RS0 相同。从图 3-27g~i 中可以看到，1%ALVP 改性的样品具有核-壳结构，以高结晶度橄榄石结构的 LiFePO₄ 为内核，以连续且紧密包覆的无定形碳膜作为外壳。使用 Digital-Micrograph 软件进一步分析晶格间距和 FFT 曲线，图 3-27i 中的晶格条纹间距分别为 0.253nm、0.165nm、0.271nm，分别对应于

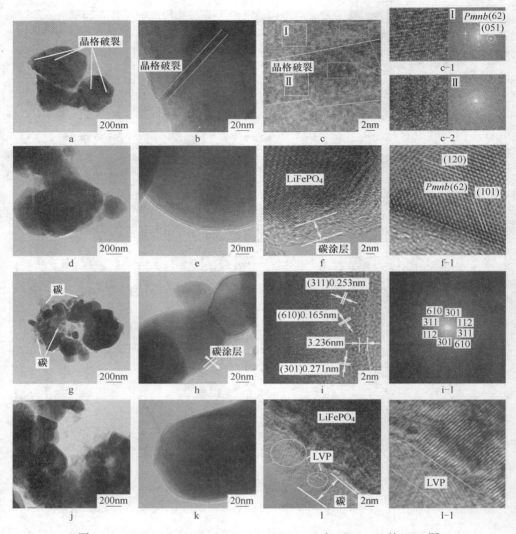

图 3-27　S-LFP(a~c)、RS0(d~f)、RS1(g~i) 和 RS3(j~l) 的 TEM 图

LFP 的（311）、（610）、（301）晶面。此外，FFT 光斑也可以对应到橄榄石结构的 LiFePO$_4$ 的（311）、（610）、（301）、（112）晶面。因此，晶格间距分析和 FFT 光斑计算均表明 RS1 在内部含有单一的、高度结晶的橄榄石结构 LiFePO$_4$，而不是双结构的 LiFePO$_4$@Li$_3$V$_2$(PO$_4$)$_3$ 相，这与 XRD、XPS、SEM 分析相一致。同样为了比较，图 3-27j~l 是 RS3 的 TEM 和 HRTEM 图，其可以在块状 LiFePO$_4$ 的外表面上检测到单斜晶型结构的 Li$_3$V$_2$(PO$_4$)$_3$ 的证据。并在大块颗粒上观察到许多纳米级岛状颗粒。通过 TEM 对复合物进行进一步分析（见图 3-27 l-1），

TEM 图像表明，在 $LiFePO_4$ 颗粒上可以明显地发现单独的 $Li_3V_2(PO_4)_3$ 相，这也与上述 XRD 和 XPS 结果一致。

3.2.3.3 掺钒量对再生 $(1-x)$LFP·xLVP/C 电化学性能的影响

再生$(1-x)$LFP·xLVP/C 样品的电化学性能如图 3-28 所示。图 3-28a 给出了 S-LFP、RS0、RS05、RS1、RS3 和 RS10 在 2.5~4.2V 电压范围内以 0.1C 为倍率的首次充电和放电曲线，从图中可以直接看到 S-LFP 的充放电曲线呈现出较大的极化形态，典型的 $LiFePO_4$ 3.4V 电压平台几乎消失，这反映了废旧的 $LiFePO_4$ 样品在长期使用过程中结构受到破坏而失效。通过简单的机械液相活化辅助 ALVP 的引入和固相法结合再次恢复了废旧磷酸铁锂的电化学性能。RS0、RS05、RS1、RS3、RS10 在 0.1C 倍率下相应放电比容量分别为 135.3mA·h/g、146.1mA·h/g、154.3mA·h/g、143.6mA·h/g、134.1mA·h/g。显然 RS1 具有最高的放电比容量，并且没有出现单斜晶型的磷酸钒锂的充放电特征平台。这表明 0.5%~1% ALVP 的引入不会在复合材料中形成单独的 $Li_3V_2(PO_4)_3$ 相，但 V^{5+} 可以成功地替代 Fe^{2+} 的位置，这有助于提高 LFP 橄榄石结构的结晶度和再生 LFP 的电化学性能。值得注意的是，RS3 和 RS10 样品的充电/放电曲线清楚地显示出了单斜晶型结构的 $Li_3V_2(PO_4)_3$ 的特征充放电平台：大约为 3.6V、3.7V 和 4.1V。这表明当 V 添加量高于 3% 时，形成单独的 $Li_3V_2(PO_4)_3$ 相。

上述样品在 1C 速率下的充放电曲线如图 3-28b 所示，其比容量略低于 0.1C 倍率下的测试结果。S-LFP 只有大约 50mA·h/g 的比容量，而 RS1 的放电比容量最高，为 142.6mA·h/g，是 0.1C 倍率下比容量的 91%。所有 6 个再生样品在 1C 倍率下放电电压如图 3-28c 所示。对于 RS0、RS05、RS1、RS3、RS10，再生样品的平均电压从 S-LFP 的 2.9V 上升到 3.33V、3.37V、3.38V 和 3.31V。从图 3-28c 中可以得到 RS1 具有最高的平均电压保持率，这表明 1% ALVP 改性材料具有非常优秀的循环稳定性。上述样品的循环性能比较，如图 3-28d 所示，其中 S-LFP 在 1C 倍率下的放电比容量仅为 49.6mA·h/g，并且呈现出明显的下降趋势，100 次循环后容量保持率约为 80%（只有 40mA·h/g）。RS0、RS05、RS1 样品显示出非常稳定的循环稳定性，即使在 100 次充电/放电循环后，所有 3 个样品仍然具有接近 100% 的容量保持率。需要强调的是 RS1 具有最高的放电比容量，约为 145mA·h/g，而 RS3 和 RS10 的比容量却降低至 133mA·h/g 和 115mAh/g。此外，RS3 和 RS10 经过 100 次充放电循环后，容量有较明显的衰减。

上述样品的倍率性能如图 3-28e 所示，RS1 相比于其他样品显示出优异的倍率性能，在 5C 倍率下，S-LFP、RS0、RS05、RS1、RS3、RS10 的放电比容量分别为 0.24mA·h/g、42.2mA·h/g、104.2mA·h/g、121.8mA·h/g、97.9mA·

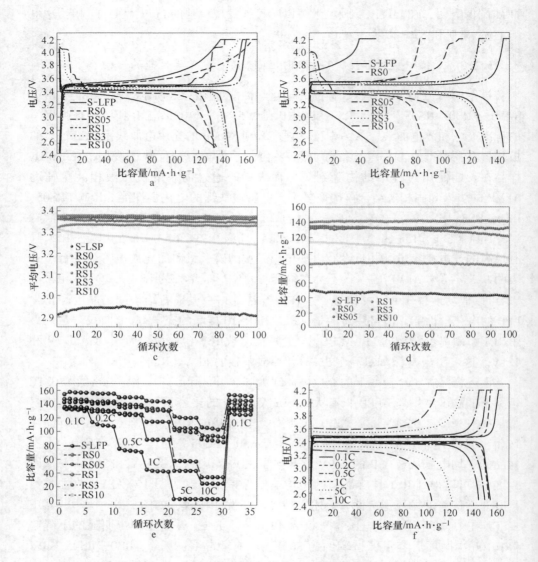

图 3-28 所有的样品的电化学表征

a—S-LFP、RS0、RS05、RS1、RS3、RS10 在 0.1C 倍率下的首次充放电曲线；b—1C 倍率下，
样品的充放电曲线；c—样品的平均放电电压曲线（1C 倍率下进行 100 次循环）；d—1C 倍率下样品
循环性能比较；e—样品的倍率性能图（0.1~10C）；f—RS1 在不同倍率下的充电/放电曲线

h/g、55.1mA·h/g；在 10C 倍率下，分别为 0.21mA·h/g、22.9mA·h/g、
93.0mA·h/g、104.8mA·h/g、84.8mA·h/g、32.0mA·h/g。当再次以 0.1C
倍率进行充放电，多数材料的放电比容量同初始值接近，这说明材料具有良好的
电化学可逆性。这些结果共同说明了经过机械液相活化辅助 1% ALVP 掺杂改性

是最佳的掺杂条件，可以很好地促进再生 LiFePO$_4$/C 的电化学性能提升。RS1 在不同放电倍率下的比容量与电压曲线如图 3-28f 所示，其中 RS1 在不同的倍率下显示出了完美的充放电平台，这为机械液相活化辅助 1% ALVP 掺杂再生的 LFP/C 拥有优良的电化学性能提供了进一步的证据。

为了进一步分析所有样品（S-LFP、RS0、RS05、RS1、RS3、RS10）在充放电过程中的电化学行为，在 2.5~4.2V 的电压范围内以 0.1mV/s 的扫描速率测定了 6 种样品的循环伏安曲线（CV），如图 3-29 所示。从图 3-29 中可以看到，除 S-LFP 样品外，其他所有样品的 CV 曲线都具有一对明显的氧化还原峰（3.3~3.6V 附近），对应 Li$^+$ 从 LiFePO$_4$/C 的脱出和嵌入的过程（对应 FePO$_4$/LiFePO$_4$ 相的转化过程）。

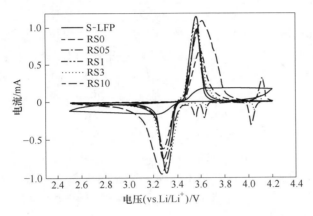

图 3-29 S-LFP、RS0、RS05、RS1、RS3、RS10 的循环伏安曲线

相互对称的 Fe^{2+}/Fe^{3+} 的氧化还原峰也说明了在充放电过程中样品具有良好的可逆性。其中，RS1 极化电压最小（约 0.19V），峰值电流最大，这与上述 RS1 的充放电平台间距小和放电比容量大相匹配。RS0 与 RS1 的 Fe^{2+}/Fe^{3+} 氧化还原峰之间的间距较大，反应过程极化电压较大，这也与充放电平台的结果相对应。而 S-LFP 的 CV 曲线没有出现较为典型的氧化还原峰，可能是经过多次充放电后，材料结构已经破坏，进而导致材料的电化学性能非常差。此外，在 RS3 中 3.57V、3.68/3.64V、4.09/4.05V 电压处和 RS10 中 3.56V、3.63V 和 4.11/4.02V 电压处仍存在氧化还原峰，这是由于在充放电过程中单斜晶系 Li$_3$V$_2$(PO$_4$)$_3$ 和 Li$_{3-x}$V$_2$(PO$_4$)$_3$(x = 0.5，1 和 2）之间的相互转化造成的。这与 XRD 和充电/放电曲线的结果相匹配，在 RS3 和 RS10 中出现了 Li$_3$V$_2$(PO$_4$)$_3$ 相。其中，从 3.5~4.11V 的峰分别对应 Li$_3$V$_2$(PO$_4$)$_3$ 相转变反应如下：

$$Li_3V_2(PO_4)_3 \Longleftrightarrow Li_{2.5}V_2(PO_4)_3 + 0.5Li^+ + 0.5e \tag{3-7}$$

$$Li_{2.5}V_2(PO_4)_3 \Longleftrightarrow Li_2V_2(PO_4)_3 + 0.5Li^+ + 0.5e \tag{3-8}$$

$$Li_2V_2(PO_4)_3 \rightleftharpoons LiV_2(PO_4)_3 + Li^+ + e \tag{3-9}$$

为了进一步获得最佳样品 RS1 的锂离子扩散系数，对样品在 2.5~4.2V 的范围内以 0.01mV/s、0.05mV/s、0.1mV/s、0.2mV/s、0.4mV/s 扫描速率分别进行了循环伏安测试，如图 3-30 所示。从图 3-30a 可以看出在不同的扫描速度下，都有一对氧化还原峰，且随着扫描速度的增大，样品的峰电流增大并发生偏移（氧化峰向高电压偏离，还原峰向低电压偏离）。这说明随着扫描速率的增大，样品的极化电压增大，对应电池的电阻增大。从图 3-30b 可以观察到峰值电流（I_p）和扫描速率的开方（$\nu^{1/2}$）呈线性关系，这表明了反应过程是由扩散控制的。其中，氧化还原峰的峰值电流 I_p 与扫描速率 ν 的关系为

$$I_p = \frac{0.447 F^{3/2} A n^{3/2} D^{1/2} C \nu^{1/2}}{R^{1/2} T^{1/2}} \tag{3-10}$$

式中，I_p 为峰值电流，A；ν 为扫描频率，V/s；F 为法拉第常数，96458C/mol；A 为正极片的面积，1.33cm^2；n 为氧化还原过程中的电子转移数；D 为锂离子扩散系数；C 为磷酸铁锂中锂离子的体积浓度，0.0288mol/cm^3；R 为气体常数，8.314J/（K·mol）；T 为热力学温度，取常温，298K。将上述已知数据代入式（3-10），进一步简化得到式（3-11），如下：

$$I_p = 1.03 \times 10^4 D^{1/2} \nu^{1/2} \tag{3-11}$$

因此，根据图 3-30b 中拟合的线性关系与式（3-11）结合可以得出磷酸铁锂的锂离子扩散系数分别为 1.723×10^{-11} cm^2/s（阴极氧化过程）和 1.297×10^{-11} cm^2/s（阴极还原过程）。上述锂离子扩散系数比纯相 LiFePO$_4$ 的扩散系数（$10^{-13} \sim 10^{-15}$ cm^2/s）提高了几个数量级，这说明 V^{5+} 掺杂提高了 RS1 的锂离子扩散系数，进一步提高了该材料的电化学性能，这与已有的研究结果相一致。

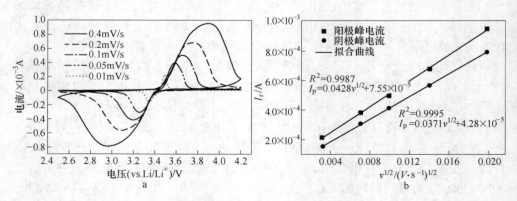

图 3-30 RS1 在不同扫描速率下的 CV 曲线（a）和 I_p-$\nu^{1/2}$ 曲线（b）

同样也对几种材料进行了交流阻抗的分析，EIS 图如图 3-31 所示，从图中可

以观察到所有样品的 EIS 全部是由高频区半圆和低频区的直线构成的。其中，高频区半圆与 Z' 轴的截距表示的是整颗电池的电阻（R_s）；半圆表示材料的电荷转移阻抗（R_{ct}）；直线部分是由锂离子在正极材料中扩散产生的 Warburg 阻抗（Z_w）引起的。从图中可以看出 RS1 具有较小的电荷转移阻抗，而 S-LFP 的电荷转移阻抗偏大，此结果与充放电、CV 等得到的结果相一致。为了进一步得到了不同样品的 R_s 和 R_{ct}，特对 EIS 图进行了拟合，拟合结果见表 3-6。可以直观地得到 RS1 的电荷转移阻抗为 49.9Ω，这也说明了该材料的电化学性能是最佳的。

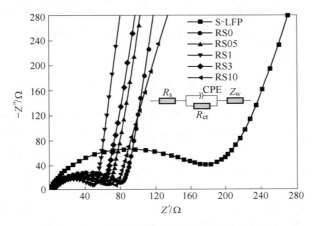

图 3-31　不同材料的电化学阻抗图（EIS）

表 3-6　不同样品 EIS 模拟结果

样　品	R_s/Ω	R_{ct}/Ω
S-LFP	1.14	187.1
RS0	4.34	82.3
RS05	4.558	66.8
RS1	3.242	49.9
RS3	2.689	64.69
RS10	2.552	72.92

3.2.4　小结

本节提出了一种直接从废旧 $LiFePO_4$ 再生具有纳米尺寸、V^{5+} 掺杂、高性能 $LiFePO_4/C$ 正极材料的简单高效且生态环保的方法。在此方法中，废旧 $LiFePO_4$ 颗粒和分散良好的碳源被完全重复使用，再生过程无需浸出、萃取、沉淀等操作。高效的机械液相活化辅助固相烧结技术确保了原料的均匀混合和再生 LFP 纳米结晶形成，进一步提高了再生 LFP 正极材料电化学性能。V^{5+} 掺杂有助于提高 LFP 晶格稳定性并改善再生 $LiFePO_4/C$ 复合材料的电化学性能。1% ALVP 改性 LFP/C 纳米复合材料表现出完美的电化学性能，在 0.1C 倍率下放电容量为 154.3mA·h/g，在 1C 倍率下的放电比容量为 142.6mA·h/g。RS1 具有非常优异的循环稳定性，在 0.1C 倍率下，经过 100 次充放电循环后容量保持率仍然为 100%。此外，1% ALVP 改性 LFP/C 纳米复合材料倍率性能也非常突出，在 5C 倍率下放电比容量仍为 121.8mA·h/g，在 10C 倍率下放电比容量为 104.8mA·h/g。此外，在整个回收过程中仅释放 CO_2、H_2O 和可回收的 NH_3，而且回收过程不使用无机酸浸出，这个回收流程更加清洁环保，有利于实现资源的绿色回收。

参 考 文 献

[1] Xu B, Dong P, Duan J, et al. Regenerating the used $LiFePO_4$ to high performance cathode via mechanochemial activation assisted V^{5+} doping [J]. Ceram. Int. , 2019, 45: 11792~11801.

[2] Meng Q, Duan J, Zhang Y, et al. Novel efficient and environmentally friendly recovering of high performance nano-$LiMnPO_4/C$ cathode powders from spent $LiMn_2O_4$ batteries [J]. J. Ind. Eng. Chen. , 2019, 80: 633~639.

[3] Zhang Y, Shi H, Meng Q, et al. Spray drying-assisted recycling of spent $LiFePO_4$ for synthesizing hollow spherical $LiFePO_4/C$ [J]. Ionics, 2020, 26: 4949~4960.

[4] Lin J, Li L Fan E, et al. Conversion Mechanisms of Selective Extraction of Lithium from Spent Lithium-Ion Batteries by Sulfation Roasting, ACS Appl. Mater. Interfaces. , 2020, 12: 18482~18489.

[5] Liu P, Zhang Y, Dong P, et al. Direct regeneration of spent $LiFePO_4$ cathode materials with pre-oxidation and V-doping [J]. J. Alloys Compd. , 2020: 157909.

4 废旧锂离子电池中钴酸锂材料回收利用

针对废旧钴酸锂材料回收利用存在的问题，本章主要研究废旧钴酸锂材料还原强化浸出、钴离子的草酸盐沉淀及氧化制备 Co_3O_4、钴酸锂材料再生等内容。

4.1 废旧钴酸锂材料还原浸出与再生制备回收利用方案

4.1.1 废旧钴酸锂材料回收利用总流程

本节进行废旧钴酸锂电池中钴回收工艺及机理研究，建立废旧钴酸锂材料的还原强化浸出、钴离子的草酸盐沉淀及氧化制备 Co_3O_4、钴酸锂材料再生的回收工艺，主要流程如图 4-1 所示。

4.1.2 废旧钴酸锂材料回收利用过程

4.1.2.1 废旧钴酸锂电池的拆解

本实验所用的废旧锂离子电池来源于云南省昆明市某废旧电池回收站，主要为手机废旧锂离子电池（见图 4-2），废旧锂离子电池为方块软包型。鉴于部分废旧锂离子电池中仍含有余电，在破碎拆解前需进行放电，以避免在后续拆解过程中因局部短路发生过热爆炸或起火等危险，放电方式为化学放电，即将废旧锂离子电池置于硫酸钠溶液中，充分放电 24h，而后取出进行拆解。手工拆解主要是在通风橱中用钳子、锯等工具进行破除外壳，分离出电池外壳、电芯，电解液则置于氢氧化钠溶液中。而后在水箱中将电芯中正极片、隔膜、负极片分离。负极片放入烧杯、超声 3min，铜箔与石墨负极实现完全分离，回收完好的铜箔，冲洗后回收隔膜。正极片经水洗、清洁、30℃烘干、备用。

4.1.2.2 废旧正极片高温处理

首先，取出拆解制备的废旧正极片（长度约 10cm）放于坩埚中，再放置于马弗炉中，马弗炉辅以废气回收装置，以避免有害气体危害环境。设置升温速率为 5℃/min，升温至 600℃保温 4h，冷却后，取出，剥离废旧正极材料和铝箔，研磨、过筛、充分混匀、备用。

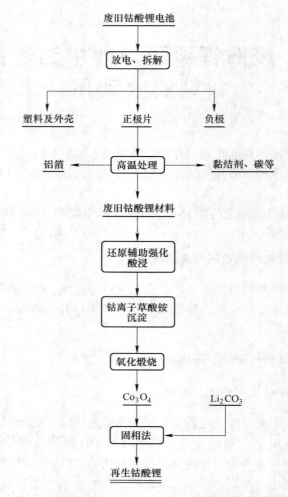

图 4-1　废旧钴酸锂电池中钴回收的基本工艺流程

图 4-2　废旧锂离子电池

4.1.2.3 废旧钴酸锂材料的浸出

首先，用分析天平准确称取所需用量的酸（苹果酸、柠檬酸）或还原剂（葡萄糖、双氧水、葡萄籽）置于烧杯中，并加入定量的去离子水使之溶解，而后，准确称取所需用量的废旧钴酸锂材料，并缓慢将其加入含有浸出溶液的烧杯中。最后，将烧杯置于恒温水浴锅内，恒定转速（300r/min），调节所需水浴温度，搅拌至所需浸出时间。浸出结束，停止搅拌，取出烧杯。采用抽滤装置进行过滤，液固分离，滤液定容 100mL，检测钴、锂含量，计算浸出率，计算公式如下：

$$E = \frac{[\mathrm{Co}]_{\mathrm{aq}} V_{\mathrm{aq}}}{m\alpha} \times 100\% \tag{4-1}$$

式中，m 为样品质量；α 为原样中钴百分含量；即沉淀前浸出液中钴初始含量；$[\mathrm{Co}]_{\mathrm{aq}}$ 为浸出液中钴含量；V_{aq} 为浸出液定容体积。

4.1.2.4 钴离子的沉淀

首先，在上述较优条件下制取浸出液，移取 10mL 浸出液加入到 50mL 烧杯中，而后搅拌加入定量的草酸铵，草酸铵用量（草酸铵与钴摩尔比）选取 1.0 ~ 1.25；控制一定 pH 值、温度和时间，过滤、用去离子水多次清洗，沉淀产品置于 50℃烘箱，烘干 24h。滤液定容至 50mL，测定滤液中钴、锂含量，计算沉淀率，计算公式如下：

$$\mathrm{Pe} = \frac{[\mathrm{Co}]_{\mathrm{initial}} V_{\mathrm{initial}} - [\mathrm{Co}]_{\mathrm{aq}} V_{\mathrm{aq}}}{[\mathrm{Co}]_{\mathrm{initial}} V_{\mathrm{initial}}} \times 100\% \tag{4-2}$$

式中，$[\mathrm{Co}]_{\mathrm{initial}}$ 为沉淀前浸出液中钴初始含量；$[\mathrm{Co}]_{\mathrm{aq}}$ 为沉淀滤液中钴含量；V_{initial}、V_{aq} 分别为沉淀前反应液和滤液体积。

4.1.2.5 草酸钴氧化制备 Co_3O_4 及钴酸锂材料再生

首先，定量称取上述沉淀制得的草酸钴，置于坩埚中，而后放入马弗炉，设置升温速率、煅烧温度、保温时间，自然降温，制得黑色样品，研磨、过筛、混匀、检测分析。然后，先定量上述制得的 Co_3O_4，按照锂、钴摩尔比称取定量的碳酸锂，研钵研磨一定时间至混合均匀，过筛、混匀，而后将混合物移入坩埚中，置于箱式马弗炉的恒温区域，设定升温速率为 3K/min，升温至相应的烧结温度，保温一定时间，自然冷却，制得再生钴酸锂正极材料。

4.1.3 研究过程使用的主要仪器

本实验中用到的主要仪器见表 4-1。

表 4-1　本实验中使用的主要仪器

设备名称	型　号	厂　家
电子天平	DJ	莆田市亚太
恒温干燥箱	GZX-GF101	上海跃进医疗器械有限公司
真空干燥箱	DZF-6090LC	上海跃进医疗器械有限公司
磁力搅拌器	Mini MR	德国 IKA
机械搅拌器	IKA-20n	德国 IKA
恒温水浴磁力搅拌	78HW-1 型	杭州仪表电机厂
pH 电位酸度仪器	PHS-3C 型	上海雷磁仪器厂
真空泵	SHB	杭州仪表电机厂
电化学工作站	PARSTAT4000	美国 AMETELK
压片机	T-07	合肥科晶材料技术有限公司
涂敷机	AFA-3	合肥科晶材料技术有限公司
微型电动轧机	MR-100A	合肥科晶材料技术有限公司
手套箱	Universal 2440	米开罗那（中国）有限公司
蓝电测试	CT-2001A	武汉蓝电有限公司
箱式炉	KSL-1400X	合肥科晶材料技术有限公司

4.2　废旧钴酸锂材料还原浸出过程

废旧钴酸锂材料的浸出是湿法回收的重要环节，也是后续浸出液中有价元素高效回收的前提保障，目前，废旧钴酸锂材料浸出多为酸和双氧水体系，而双氧水腐蚀性强、酸性易分解，因此开发绿色还原剂是钴酸锂材料绿色高效浸出回收的关键，为此，提出并研究绿色替代性还原剂（葡萄糖和葡萄籽）和电还原方法强化废旧钴酸锂材料的浸出，为废旧锂离子电池正极材料绿色高效浸出工艺提供参考。

4.2.1　废旧正极片预处理

为制得废旧钴酸锂材料，本实验经放电、拆解、分离可从废旧锂离子电池中制得废旧正极片，而后对废旧正极片直接采用高温处理，简单有效地获得废旧钴酸锂材料，通过 TG/DSC、XRD、SEM 等手段研究废旧正极片在升温过程中的物理化学变化。

4.2.1.1　高温处理过程

为考察废旧极片中正极材料、黏结剂、铝箔等组分在升温过程中的物理化学变化，首先对废旧正极片进行 TG/DSC 分析，结果如图 4-3 所示。

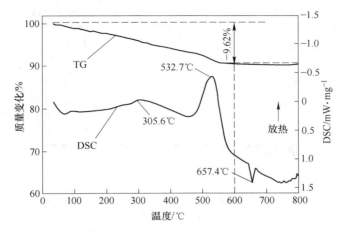

图 4-3 废旧正极片的 TG/DSC 分析

从图 4-3 结果可知，空气氛围下废旧正极片的高温处理过程中，在 305.6℃和 532.7℃处出现两个放热峰，在 657.4℃处出现一个吸热峰，基于此可大致将废旧正极片氧化过程分为三个阶段：

其一，在温度 208.7~431.2℃范围内，主要发生黏结剂 PVDF 分解过程，反应如下：

$$[\mathrm{CH_2CF_2}]_n^{2-} \Longrightarrow 2n\mathrm{C} + 2n\mathrm{HF} + Q \tag{4-3}$$

式中，HF 为有害气体，可用氢氧化钠溶液吸收，防止其污染环境。

其二，在温度 483.5~572.4℃范围内，主要发生碳质的氧化分解（见式 4-4），碳可能来源于废旧极片中导电剂组分。

$$\mathrm{C} + \mathrm{O_2} \Longrightarrow \mathrm{CO_2} + Q \tag{4-4}$$

其三，在温度 638.2~675.9℃范围内，出现一个明显吸热峰，同时样品质量并未发生明显改变，此时主要发生铝箔的熔融吸热，而非铝箔的氧化放热反应。综上，废旧正极片高温处理过程的较优温度选 600℃为宜。

4.2.1.2 物相变化

为考察废旧正极片在高温处理过程中的物相变化，分别对高温处理制得的废旧钴酸锂材料和废旧正极混合物料（剥离铝箔）进行 XRD 分析，结果如图 4-4 所示。

从图 4-4 中可知，废旧正极混合物料以钴酸锂为主，碳物相的杂峰明显，可归因于该废旧物料中含有的导电剂和黏结剂。经高温处理后，该物料中碳物相的杂峰消失，物料以钴酸锂为主，而 $\mathrm{Co_3O_4}$ 特征峰有所凸显，钴酸锂材料的层状结构遭到破坏，这可能来源于高温过程中钴酸锂自身发生的分解反应：

$$Li_{0.50}CoO_2 \Longrightarrow 0.50LiCoO_2 + 1/6Co_3O_4 + 1/6O_2 \tag{4-5}$$

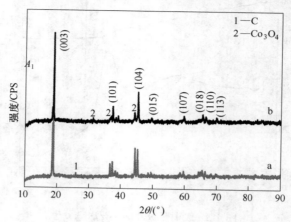

图 4-4   废旧钴酸锂材料的 XRD 分析

a—废旧钴酸锂；b—废旧混合物料

此外，在高温处理过程中，废旧混合物料中 PVDF 同样可与钴酸锂发生反应，产生少量的 Co_3O_4，主要反应如下：

$$12LiCoO_2 + 11O_2 + 6n[CH_2CF_2]_n \Longrightarrow 12CO_2 + 4Co_3O_4 + 12LiF + 6H_2O \tag{4-6}$$

高温处理可有效地去除废旧正极片中 PVDF、碳等杂质，但可能会引起钴酸锂材料的分解。

4.2.1.3   形貌变化

为直观考察废旧正极片在高温处理过程中形貌的变化，分别对废旧正极片、废旧混合物料（剥离铝箔）、废旧钴酸锂材料进行 SEM 分析，结果如图 4-5 所示。

从图 4-5a、b 中可知，废旧正极片中正极材料颗粒清晰，颗粒形状不规则，物料挤压平整且致密；从图 4-5c、d 中可知，废旧混合物料颗粒大小不均，颗粒表面光滑，略有团聚现象，颗粒表面可能粘有细小碳质或 PVDF；从图 4-5e、f 可知，经高温处理后，废旧钴酸锂材料颗粒表面的细小沟痕清晰，且表面细小颗粒（碳质或 PVDF）消失，无团聚现象，分散性变好。

4.2.1.4   元素成分

为进一步明晰经高温处理制得的废旧钴酸锂材料的元素成分，对其进行元素含量分析，结果见表 4-2。

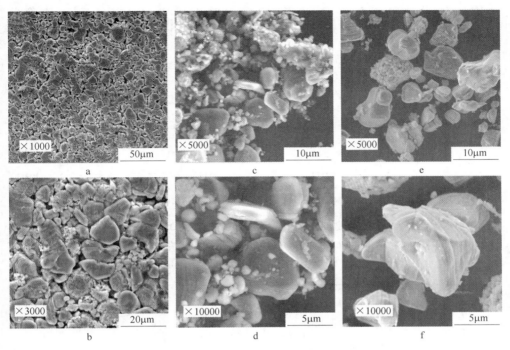

图 4-5　高温处理过程废旧钴酸锂材料的形貌变化

a，b—废旧正极片；c，d—废旧混合物料；e，f—废旧钴酸锂

表 4-2　废旧钴酸锂材料中元素含量分析　（%）

元　素	Li	Co	C	F
处理前	6.49	56.73	3.57	1.96
处理后	6.95	59.83	<0.01	<0.01

从表 4-2 结果中可知，废旧钴酸锂材料中几乎不含 C、F 元素，PVDF 和碳质基本得到去除。废旧钴酸锂材料中 Co、Li 摩尔比约为 1.01，高温处理过程少量锂损失，废旧钴酸锂材料杂质含量少，为后续浸出过程提供较纯的废旧钴酸锂物料。

4.2.2　废旧钴酸锂材料浸出热力学

废旧钴酸锂材料的浸出与其在水中溶解平衡密切相关，通过热力学研究可以分析其在水中平衡关系，以便明确其在溶液中浸出过程，为此，进行钴酸锂材料热力学研究，以为后续浸出机理分析提供参考。

4.2.2.1　废旧钴酸锂浸出反应

废旧钴酸锂材料的浸出过程是一个化学过程，其间会伴随相关能量的变化，废旧正极材料钴酸锂（$LiCoO_2$）浸出主要生成 Co^{2+}，其间可能伴随着 $Co(OH)_2$、$Co(OH)_3$ 生成等副反应，主要的反应如下：

$$LiCoO_2 + 4H^+ + e \longrightarrow Co^{2+} + Li^+ + 2H_2O \tag{4-7}$$

$$LiCoO_2 + 4H^+ \longrightarrow Co^{3+} + Li^+ + 2H_2O \tag{4-8}$$

$$Co^{3+} + e \longrightarrow Co^{2+} \tag{4-9}$$

$$LiCoO_2 + H_2O + H^+ \longrightarrow Co(OH)_3 + Li^+ \tag{4-10}$$

$$Co(OH)_3 + 3H^+ + e \longrightarrow Co^{2+} + 3H_2O \tag{4-11}$$

$$LiCoO_2 + 2H^+ + e \longrightarrow Co(OH)_2 + Li^+ \tag{4-12}$$

$$Co(OH)_2 + 2H^+ \longrightarrow Co^{2+} + 2H_2O \tag{4-13}$$

其中，上述反应中各物质的标准吉布斯自由能（$\Delta_f G_m^{\ominus}$）见表 4-3，并由此可计算出各反应的吉布斯自由能变化（$\Delta_r G_m^{\ominus}$），结果见表 4-4。

表 4-3　各物质吉布斯自由能　　　　　　　　　（J/mol）

$LiCoO_2$	Co	$Co^{2+}(aq)$	$Li^+(aq)$	$Co(OH)_3$	$Co(OH)_2$
−619, 650	0	−53560	−29261	−59664	−456060
CoO_2	Co^{3+}	$H^+(aq)$	H_2	H_2O	O_2
−219600	120920	0	0	−237178	0

表 4-4　各反应式吉布斯自由能变　　　　　　　（kJ/mol）

式 (4-7)	式 (4-8)	式 (4-9)	式 (4-10)	式 (4-11)	式 (4-12)	式 (4-13)
−200.876	−26.396	−174.48	−8.300	−168.454	−129.02	−71.856

从表 4-4 结果可知，式(4-7)~式 (4-13) 中 $\Delta_r G_m^{\ominus} < 0$，表明在标准状态下钴酸锂可与酸（$H^+$）在还原作用下发生浸出反应，反应可自发正向进行，同时，废旧钴酸锂材料的浸出过程可能伴随 $Co(OH)_2$、$Co(OH)_3$ 等中间产物的生成环节，这些中间产物同样也可被酸浸出溶解。

4.2.2.2　浸出的热力学平衡

基于浸出热力学平衡绘制 $E\text{-}pH$ 图，可预测废旧钴酸锂材料的浸出过程，$E\text{-}pH$ 图是反映一定温度和压力状态下基本反应与电势 E、pH 值和活度的函数关系，可预判浸出过程中产物的存在形式，对废旧钴酸锂材料浸出溶解机理研究具有重要意义。

$E\text{-}pH$ 图绘制方法如下：

通常，任何反应可用通式表示为

$$aX + b\,H^+ + ne \Longrightarrow cY + dH_2O \tag{4-14}$$

当 $n=0$ 时，即反应过程不发生电子得失，pH 值表达式为

$$pH = -\Delta_r G_m^{\ominus}/(2.303RTb) - (1/b) \times lg(a_Y^c/a_X^a) \tag{4-15}$$

当 $b=0$ 时，即有电子得失的氧化还原反应，电位 E 表达式为

$$E = E^{\ominus} - (2.303RT/nF) \times lg(a_Y^c/a_X^a) \tag{4-16}$$

当 $b \neq 0$ 且 $n \neq 0$ 时，电位 E 表达式为

$$E = E^{\ominus} - (2.303RT/nF) \times lg(a_Y^c/a_X^a) \times (1+b) \tag{4-17}$$

并设定各离子的活度系数为 1.0，即离子浓度可用作离子活度，a_Y^c、a_X^a 分别表示产物和反应物离子浓度（活度）的连乘积，其中，气体产物 $a_Y^c = p$（气体产物）$/p^{\ominus} = 1$，取标准状态空气压力为 1atm（1atm=101.325kPa），温度为 298K，各反应物质 $\Delta_f G_m^{\ominus}$ 值参见表 4-3。通过计算得到 Co-H$_2$O 系的 E-pH 相关平衡式结果，见表 4-5。

表 4-5 Co-H$_2$O 体系的反应式与 E-pH 平衡式（298.15K）

序号	反 应	E-pH 平衡式
1	$O_2 + 4H^+ + 4e \Longrightarrow 2H_2O$	$E = 1.228 - 0.0591pH$
2	$2H^+ + 2e \Longrightarrow H_2$	$E = -0.0591pH$
3	$CoO_2 + 4H^+ + 2e \Longrightarrow Co^{2+} + 2H_2O$	$E = 1.612 - 0.1182pH - 0.0296lg[Co^{2+}]$
4	$CoO_2 + H^+ + H_2O + e \Longrightarrow Co(OH)_3$	$E = 1.477 - 0.0591pH$
5	$CoO_2 + Li^+ + e \Longrightarrow LiCoO_2$	$E = 1.141 + 0.0591lg[Li^+]$
6	$Co(OH)_3 + 3H^+ + e \Longrightarrow Co^{2+} + 3H_2O$	$E = 1.746 - 0.1773pH - 0.0591lg[Co^{2+}]$
7	$LiCoO_2 + H^+ + H_2O \Longrightarrow Co(OH)_3 + Li^+$	$pH = 5.68 - lg[Li^+]$
8	$LiCoO_2 + 4H^+ + e \Longrightarrow Co^{2+} + 2H_2O + Li^+$	$E = 2.082 - 0.2364pH - 0.0591lg([Co^{2+}][Li^+])$
9	$LiCoO_2 + 2H^+ + e \Longrightarrow Co(OH)_2 + Li^+$	$E = 1.337 - 0.1182pH - 0.0296lg[Co^{2+}]$
10	$Co(OH)_2 + 2H^+ \Longrightarrow Co^{2+} + 2H_2O$	$pH = 6.30 - 0.5lg[Co^{2+}]$
11	$Co^{2+} + 2e \Longrightarrow Co$	$E = 1.141 + 0.0591lg[Li^+]$
12	$Co(OH)_2 + 2H^+ + 2e \Longrightarrow Co + 2H_2O$	$E = -0.277 - 0.0296lg[Co^{2+}]$

基于此，在温度为 298.15k、压强为 0.1MPa 条件下，分别绘制钴离子浓度为 10^{-2}mol/L、10^{-1}mol/L、1.0mol/L 条件下 Co-H$_2$O 系的 E-pH 图，结果如图 4-6 所示。

从图 4-6a 可知，当钴离子浓度为 10^{-2}mol/L 时，钴酸锂的稳定区域出现在电势 $E>0.59$V 范围，钴酸锂材料在弱碱性或强碱性条件下相对稳定，Co(OH)$_2$ 的稳定区域出现在电位稍低范围，Co^{2+} 的稳定区域出现在 pH<6.30、$E>-0.28$V 范围，因而，废旧 LiCoO$_2$ 材料中钴的浸出溶解过程可能有三条：

过程一：$\qquad LiCoO_2 + 4H^+ + e \longrightarrow Co^{2+} + Li^+ + 2H_2O \qquad$ (4-18)

过程二：$\qquad LiCoO_2 + H_2O + H^+ \longrightarrow Co(OH)_3 + Li^+ \qquad$ (4-19)

$$Co(OH)_3 + 3H^+ \longrightarrow Co^{3+} + 3H_2O \qquad (4\text{-}20)$$

$$Co^{3+} + e \longrightarrow Co^{2+} \qquad (4\text{-}21)$$

过程三：$\qquad LiCoO_2 + 2H^+ + e \longrightarrow Co(OH)_2 + Li^+ \qquad$ (4-22)

$$Co(OH)_2 + 2H^+ \longrightarrow Co^{2+} + 2H_2O \qquad (4\text{-}23)$$

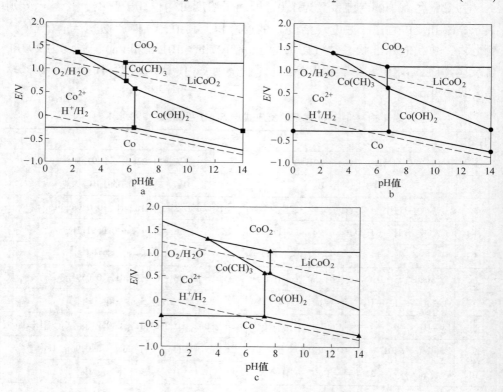

图 4-6　Co-H_2O 体系的 E-pH 关系图

a—$c(Co^{2+})$ = 10^{-2}mol/L；b—$c(Co^{2+})$ = 10^{-1}mol/L；c—$c(Co^{2+})$ = 1.0mol/L

当钴离子浓度的增大到 10^{-1}mol/L （见图 4-6b），Co(OH)$_3$ 的稳定区域相对扩大，Co^{2+} 的稳定区域分布在 pH<6.80、E>-0.31V 范围，其面积有所增大，而 $LiCoO_2$ 的稳定区域在 E>0.593V 范围，其面积有所缩小。当钴离子浓度继续增加到 1.0mol/L （见图 4-6c），Co(OH)$_3$ 的稳定区域进一步扩大，$LiCoO_2$ 的稳定区域继续缩小，同时 Co(OH)$_2$ 主要分布在 E<0.547V 碱性环境中，Co^{2+} 稳定区域仍分布在 pH<7.68 的酸性环境中。可见，钴酸锂材料可在酸性环境下发生浸出溶解。在钴酸锂材料的浸出过程中，浸出过程三不易发生，原因在于 Co(OH)$_2$

稳定区域仅分布在较高 pH 值的弱碱性环境，过程一和过程二均是钴酸锂浸出的可行过程。随着离子浓度不断增大，钴酸锂的稳定区域变小，而 $Co(OH)_3$ 稳定区域变大，当钴离子浓度为 $10^{-2}mol/L$ 时，钴酸锂稳定区域与 Co^{2+} 稳定区域不再相邻，废旧钴酸锂材料的浸出过程可能存在 $Co(OH)_3$ 生成环节。基于 $LiCoO_2$ 和 Co^{2+} 稳定区域的相对电位及浸出可行过程，$LiCoO_2$ 材料在稍低电势时更易浸出溶解形成 Co^{2+}，还原作用有助于加快钴酸锂的酸浸溶解，因而，还原剂辅助强化钴酸锂材料的浸出得到广泛研究。现有报道中，H_2O_2 为常用还原剂，酸和 H_2O_2 体系成为废旧钴酸锂浸出的主要浸出体系，H_2O_2 在酸浸过程可以被氧化分解成 H_2O 和 O_2，反应式如下：

$$O_2 + 2H^+ + 2e \Longrightarrow H_2O_2, \quad E^0 = 0.68V \qquad (4\text{-}24)$$

但双氧水同时也是一种强氧化剂，具有腐蚀性，有害于人体和环境，不益于生产应用，同时，双氧水在酸性环境下易分解、稳定性稍差，降低其在钴酸锂浸出过程中还原强化效果，因而，绿色温和还原剂的开发已成为重要的研究方向。基于绿色还原剂或抗氧化剂的筛选，分别选取葡萄糖和葡萄籽替代双氧水作还原剂强化废旧钴酸锂材料的浸出，葡萄糖和葡萄籽具有绿色、温和、低廉的优势。基于葡萄糖或葡萄籽强化浸出影响规律及控制机理的研究，从电化学角度出发，提出了电还原方法替代化学还原剂的使用强化废旧钴酸锂材料的浸出过程，该方案具有绿色易控制的优势。

4.2.3 葡萄糖还原强化浸出

基于上述热力学分析，本节重点研究葡萄糖作还原剂辅助强化废旧钴酸锂材料浸出的环节，分析葡萄糖还原过程，考察葡萄糖强化浸出过程中葡萄糖用量、苹果酸浓度、时间和温度等因素对钴、锂浸出率的影响规律。

钴酸锂材料在酸中发生浸出，常见的硫酸、盐酸、硝酸等无机酸均可以用作废旧钴酸锂材料的浸出过程，并较早得以研究，但无机酸腐蚀性较强、对设备要求较高，同时易产生 Cl_2、SO_2 等有害气体。所以，有机酸替代无机酸成为选择，本实验中采用苹果酸作为废旧钴酸锂材料浸出的酸浸剂，其为二元酸，分子式如下：

其在溶液中电离反应为：

$$HOOCCHOHCH_2COOH(aq) \longrightarrow HOOCCHOHCH_2COO^-(aq) + H^+(aq)$$

$$(4\text{-}25)$$

$$pK_{a1} = 2.85$$

$$HOOCCHOHCH_2COO^-(aq) \longrightarrow CHOHCH_2COO^{2-}(aq) + H^+(aq) \quad (4-26)$$

$$pK_{a2} = 4.77$$

常用有机酸的电离常数对比见表 4-6，对比可知，苹果酸的电离常数（pK_a）小于柠檬酸、碳酸的电离常数，而大于草酸的电离常数，理论上，在 4 种有机酸中草酸的酸性最强，其可以电离出更多氢离子，但其电离出草酸根与钴离子产生沉淀，会降低钴的浸出率。苹果酸电离常数次之，其易于释放更多的氢离子，酸性较强，有利于废旧钴酸锂材料中钴的浸出，且其来源广、成本低，因此，本研究选取苹果酸作为酸浸剂。

表 4-6　常见有机酸的电离常数（25℃）

酸种类	电离方程	电离常数
$H_2C_2O_4$	$H_2C_2O_4 \rightleftharpoons HC_2O_4^- + H^+$	1.27
	$HC_2O_4^- \rightleftharpoons C_2O_4^{2-} + H^+$	4.27
$H_6C_4O_5$	$H_6C_4O_5 \rightleftharpoons H_5C_4O_5^- + H^+$	2.85
	$H_5C_4O_5^- \rightleftharpoons H_4C_4O_5^{2-} + H^+$	4.77
H_3PO_4	$H_3PO_4 \rightleftharpoons H_2PO_4^- + H^+$	2.12
	$H_2PO_4^- \rightleftharpoons HPO_4^{2-} + H^+$	7.20
	$HPO_4^{2-} \rightleftharpoons PO_4^{3-} + H^+$	12.36
H_3Cit	$H_3Cit \rightleftharpoons H_2Cit^- + H^+$	3.13
	$H_2Cit^- \rightleftharpoons HCit^{2-} + H^+$	4.76
	$HCit^{2-} \rightleftharpoons Cit^{3-} + H^+$	6.40
H_2CO_3	$H_2CO_3 \rightleftharpoons HCO_3^- + H^+$	6.38
	$HCO_3^- \rightleftharpoons CO_3^{2-} + H^+$	10.25

4.2.3.1　葡萄糖强化浸出的因素影响

为研究废旧钴酸锂材料酸浸过程中多因素的影响规律，选取有机酸苹果酸为酸浸剂，分别考察苹果酸浓度、葡萄糖浓度、时间、温度等因素对废旧钴酸锂材料浸出的影响规律。

浸出过程是一种固液反应过程，浸出剂浓度对浸出过程具有显著影响，首先，在葡萄糖用量为 0.2mol/L、浸出溶液为 20mL、温度为 75℃、浸出时间为 180min 的条件下恒定搅拌，考察苹果酸浓度对废旧钴酸锂材料浸出的影响，结果如图4-7所示。

从图 4-7a 可知，随着苹果酸浓度由 0.5mol/L 增大至 1.25mol/L，钴的浸出率由 54.86%增至 86.97%，大约增加 32%，而锂的浸出率则由 65.21%增加至

95.47%，大约增加30%，苹果酸浓度的增加提高了浸出溶液中 H^+ 浓度，降低了溶液 pH 值，这有利于破坏钴酸锂材料的分子结构，以加快钴酸锂材料的浸出。而当苹果酸浓度超过 1.25mol/L 后，钴、锂的浸出率增加不再明显，因此，苹果酸浓度选择 1.25mol/L 为宜。

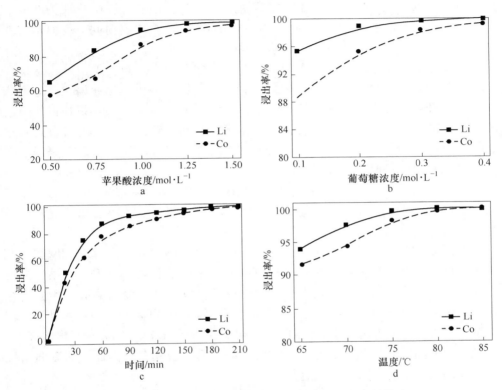

图 4-7　葡萄糖强化浸出过程各因素对钴、锂浸出率的影响

a—苹果酸浓度；b—葡萄糖浓度；c—时间；d—温度

　　在废旧钴酸锂材料的酸浸过程中，还原作用可以起到加快浸出、提升浸出率的效果，为此，在苹果酸浓度为 1.25mol/L、浸出溶液为 20mL、温度为 75℃、恒定搅拌速率为 300r/min、浸出时间为 180min 的条件下，考察葡萄糖浓度对废旧钴酸锂材料浸出的影响，结果如图 4-7b 所示。

　　从图 4-7b 可知，随着葡萄糖浓度增加，钴、锂元素的浸出率逐渐增加。葡萄糖浓度由 0.1mol/L 增至 0.3mol/L 时，钴的浸出率可增大至 98.32%，而锂的浸出率增长缓慢，可能原因在于废旧钴酸锂材料为层状结构，钴参与并构成钴酸锂基本骨架，锂处于自由态，并且在电池充放电循环中可以自由脱出和嵌入，因而，无需还原剂作用，锂浸出率达到很高，而层状骨架中钴为+3 价，还原作用促进其浸出溶解过程，葡萄糖（还原剂）浓度的增加加速钴酸锂晶体的破坏溶解，提升了其浸出率，当葡萄糖浓度超过 3mol/L 后，钴、锂浸出率增加不再明显，因此，葡萄糖浓度选择 0.3mol/L 为宜。

浸出时间的延长可以在一定程度上促进浸出剂与废旧钴酸锂材料的反应，为此，在苹果酸浓度为 1.25mol/L、葡萄糖浓度为 0.3mol/L、浸出溶液为 20mL、温度为 75℃、恒定搅拌速率为 300r/min 的条件下，考察浸出时间对废旧钴酸锂材料浸出的影响，结果如图 4-7c 所示。

从图 4-7c 可知，随着时间的延长，钴、锂的浸出率大致呈现出迅速增加和趋于平缓的两个阶段，在 0~60min 时间内，钴、锂的浸出率迅速增加，这可能是由于在开始阶段浸出溶液中有充足的葡萄糖和苹果酸，利于浸出反应的快速进行，苹果酸和葡萄糖的大量消耗并浸出溶解大量钴、锂离子。当浸出时间超过 60min，钴、锂的浸出率提升趋于平缓，在浸出时间为 180min 时，钴、锂浸出率分别达到 98.32% 和 99.54%。

在苹果酸浓度为 1.25mol/L、葡萄糖浓度为 0.3mol/L、浸出溶液为 20mL、浸出时间为 180min、恒定搅拌速率为 300r/min 的条件下，考察浸出温度对废旧钴酸锂材料浸出的影响，结果如图 4-7d 所示。

从图 4-7d 可知，当温度升高时，钴、锂的浸出率均在一定程度上增加，温度为 80℃时，钴、锂的浸出率分别达到 98% 和 99%，温度继续升高，钴、锂浸出率改变不再明显，这主要是由于温度的提升可以有助于浸出溶液中离子的移动，促进浸出反正的进行，同时，苹果酸为二元酸，其电离过程为吸热过程，较高的温度可以促进电离反应的正向进行，使得更多的 H^+ 离子释放到浸出溶液中。当浸出溶液温度超过 80℃，钴、锂的浸出率提升不再明显，因此，该废旧钴酸锂材料的浸出温度选取 80℃ 为宜。

在较优条件下，钴酸锂材料中钴、锂浸出率分别达 98%、99%。苹果酸浓度、葡萄糖浓度、温度、时间对钴酸锂材料的浸出率均有一定影响，其中，葡萄糖浓度的增加更有利于钴浸出率的增大，对锂浸出率的促进稍低，还原作用可以强化钴的浸出过程。

4.2.3.2　葡萄糖反应机理分析

基于上述研究，葡萄糖作还原剂可以强化钴的浸出过程，而明确葡萄糖在此过程的反应机理显得尤为重要。葡萄糖（$C_6H_{12}O_6$）是自然界中分布最广的一种单糖，廉价易得，可溶于水，葡萄糖为多羟基醛，其在酸性环境中会发生醛糖氧化反应，释放出 CO_2 和氢离子，基于葡萄糖 C1 氧化机理，葡萄糖氧化历程为：

（1）醛基向羧基的转化，主要是葡萄糖中醛基与水分子反应，释放氢离子，转化为葡萄糖酸。

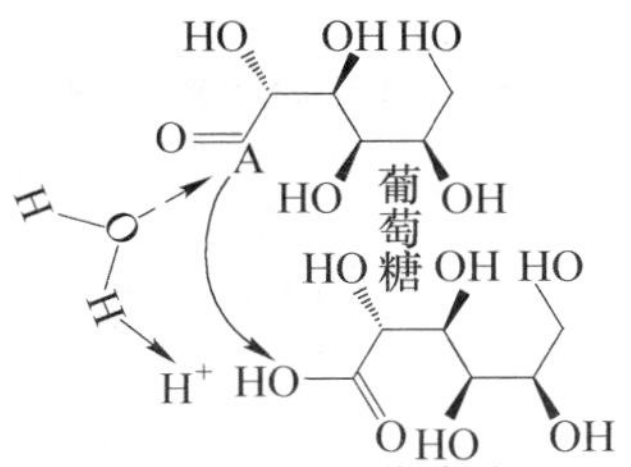

葡萄糖
葡萄糖酸

（2）羧基的氧化，主要是葡萄糖酸在水分子作用下氧化释放氢离子和 CO_2，经醛基转化生成阿拉伯酸，反应机制如下：

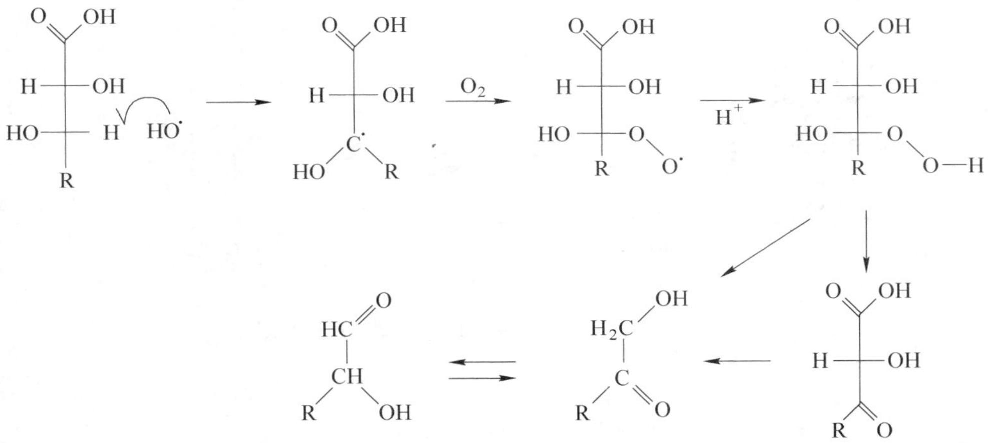

基于此，通过醛基向羧基转化、氧化，葡萄糖依次分解为葡萄糖酸、阿拉伯酸、甘油酸、乙醇酸、草酸、乙酸，乙酸缩分分解成甲酸，最终产物为 CO_2 和水。可见，葡萄糖在酸浸过程中通过醛基向羧基转化和氧化反应过程发挥还原作用，促进 Co^{3+} 向 Co^{2+} 的还原过程，实现废旧钴酸锂材料的还原强化浸出。

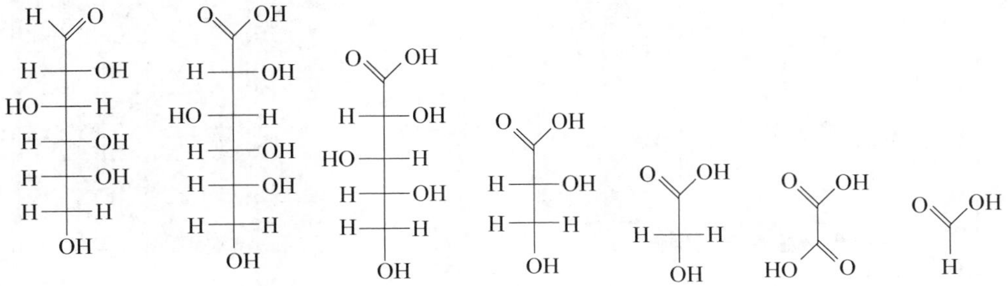

葡萄糖　　葡萄糖酸　　阿拉伯酸　　甘油酸　　乙醇酸　　草酸　　乙酸

同时，葡萄糖中间产物多为一元有机酸，可以增加浸出体系酸浓度，其有助于浸出过程，葡萄糖的最终产物为水和二氧化碳，浸出反应见式（4-27），反应过程示意图如图 4-8 所示。

$$24LiCoO_2 + 72H_6C_4O_5 + C_6H_{12}O_6 = 12H_4C_4O_5Li_2 + 24H_4C_4O_5Co + 42H_2O + 6CO_2$$

$$(4-27)$$

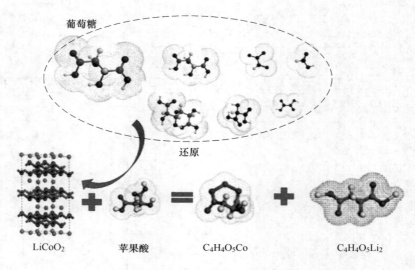

葡萄糖

还原

LiCoO₂   苹果酸   C₄H₄O₅Co   C₄H₄O₅Li₂

图 4-8 浸出过程中葡萄糖的反应过程示意图

4.2.3.3 颗粒表面形貌变化

为初步考察浸出过程中废旧钴酸锂材料的微观变化，对浸出渣进行 SEM 分析，结果如图 4-9 所示。

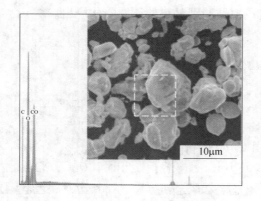

图 4-9 浸出过程中钴酸锂颗粒表面的变化

a—浸出前钴酸锂颗粒；b—浸出 60min 后渣液中钴酸锂颗粒

从图4-9可知，废旧钴酸锂材料颗粒较为规则，边界清晰，粒径大小约为6~10μm，经浸出一段时间后，浸出渣中废旧钴酸锂材料颗粒粒径变小，同时，颗粒表面模糊，边缘无规则，粒径约2~6μm，这表明废旧钴酸锂材料颗粒在浸出过程中遭到破坏。EDS分析显示，废旧钴酸锂材料含有C、Co、O元素，其中，C元素可能来源于电镜测试的样品的制备过程。

4.2.4 葡萄籽还原强化浸出

基于上述热力学分析及葡萄糖还原强化浸出研究，从绿色还原角度出发，基于天然还原剂或抗氧化剂的筛选，葡萄籽是生活中常见的天然抗氧化物，廉价易得，葡萄籽在水中可溶解释放低聚原花色素等还原物质，可为废旧钴酸锂浸出提供还原氛围。本节采用葡萄籽（见图4-10）强化废旧钴酸锂材料的浸出环节，考察各因素对葡萄籽还原强化废旧钴酸锂浸出过程的影响规律，分析葡萄籽在酸浸过程中的还原机理，深入研究浸出动力学及界面反应，以更好地明确废旧钴酸锂材料的还原酸浸机理。

图4-10 葡萄籽样品加工前后

4.2.4.1 葡萄籽强化浸出的影响因素

为研究葡萄籽对废旧钴酸锂材料浸出过程的影响规律，选取有机酸苹果酸为酸浸剂，分别考察苹果酸浓度、葡萄籽用量、时间、温度、液固比等因素对废旧钴酸锂材料浸出的影响。

在葡萄籽质量分数为0.6，固液比为20g/L，温度为80℃，搅拌速率恒定，浸出时间为180min的条件下，考察苹果酸浓度（0.5~2.5mol/L）对废旧钴酸锂材料浸出的影响规律，结果如图4-11a所示。

从图4-11a可知，随着酸浓度由0.5mol/L增加至1.5mol/L，钴、锂元素的浸出率逐渐增加，分别增长至89%、95%，分析其原因在于酸浓度的增加可以促进浸出体系中H^+与钴酸锂材料的碰撞机率，加快反应速率。当酸浓度进一步增加至2.5mol/L时，钴、锂的浸出率增长较小，因此，后续酸浓度选取1.5mol/L为宜。

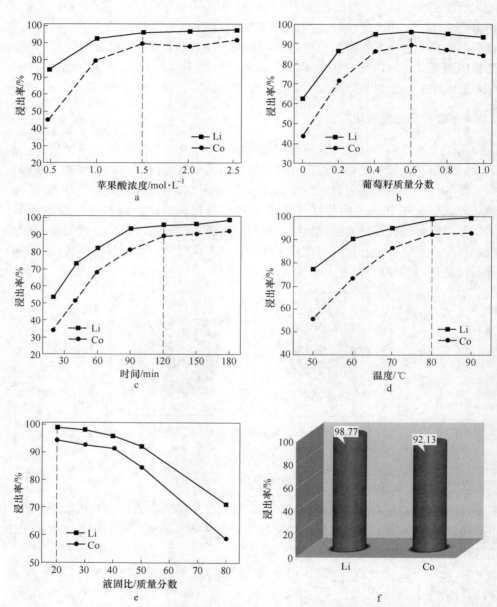

图 4-11 葡萄糖强化浸出时各因素对钴、锂浸出率的影响
a—苹果酸浓度；b—葡萄籽质量分数；c—时间；d—温度；e—液固比；f—浸出率

在苹果酸浓度为 1.5mol/L、固液比为 20g/L、温度为 80℃、搅拌速率恒定、浸出时间为 180min 的条件下，考察葡萄籽质量分数对废旧钴酸锂材料浸出的影

响规律，结果如图 4-11b 所示。

从图 4-11b 可知，随着葡萄籽质量分数的增加，钴、锂的浸出率呈现逐渐增加的趋势。当不使用葡萄籽时，钴、锂的浸出率仅有 43%、62%，当葡萄籽质量分数逐渐增加至 0.6 时，钴、锂的浸出率逐渐增加，可见，葡萄籽作为天然还原剂，有助于废旧钴酸锂材料的浸出，但随着葡萄籽质量分数增加至 1.0 时，钴浸出率出现微弱下降趋势，这可能是由于浸出溶液中钴、锂离子在葡萄籽粉末表面或内部发生吸附反应，导致浸出率的下降，因而，葡萄籽质量分数选取 0.6 为宜。

在苹果酸浓度为 1.5mol/L、葡萄籽质量分数为 0.6、固液比为 20g/L、温度为 80℃、搅拌速率恒定的条件下，考察浸出时间对废旧钴酸锂材料浸出的影响，如图 4-11c 所示。

从图 4-11c 可知，时间的延长对钴、锂的浸出率有较大影响，浸出时间从 20min 延长至 120min，钴、锂浸出率稳步增长。而后，当浸出时间为 180min 时，钴、锂浸出率缓慢增加至 92%、98%，这表明浸出反应在 180min 内几乎达到平衡。因而，本实验浸出时间选取 180min 为宜。

在苹果酸浓度为 1.5mol/L，葡萄籽质量分数为 0.6，固液比为 20g/L，时间为 180min，搅拌速率恒定的条件下，考察温度对废旧钴酸锂材料浸出的影响，结果如图 4-11d 所示。

从图 4-11d 可知，温度的升高在一定程度上促进了废旧钴酸锂材料中钴、锂元素浸出率的提升。当温度由 20℃ 升至 80℃ 时，钴、锂的浸出率分别提升至 92%、98%，原因主要是钴锂浸出属于吸热过程，升温可以促进反应，此外，升高温度可以提供更多能量，加速离子间的碰撞频率，同时也可以促进浸出反应的进行。然而，当温度过高，超过 80℃ 后，钴、锂元素的浸出率几乎不再增加，因此，80℃ 可作为浸出较优温度。

液固比同样在浸出过程中起着重要作用，液固比的大小不仅影响药剂使用效率，同时也影响浸出溶液的使用量，影响实际工程中工作操作。为此，在苹果酸浓度为 1.5mol/L、葡萄籽质量分数为 0.6、固液比为 20g/L、时间为 180min、温度为 80℃，搅拌速率恒定条件下，考察液固比对废旧钴酸锂材料浸出的影响，结果如图 4-11e 所示。

从图 4-11e 可知，液固比的增大会在一定程度上减小钴、锂金属的浸出率，当固液比由 20g/L 增加至 30g/L 时，钴、锂元素的浸出率出现缓慢降低，当固液比继续增大至 100g/L 时，钴、锂元素的浸出率出现明显下降，这主要归因于液固比的增大降低了单位质量的废旧钴酸锂材料与浸出剂间接触量，同时，其也增大了浸出溶液浓度，降低了离子传递速度。因此，20g/L 可作为该浸出体系的较优固液比。

在较优条件下，钴酸锂材料中钴、锂浸出率分别达 92%、98%。葡萄籽质量分数、苹果酸浓度、固液比、温度、时间对钴酸锂材料的浸出率均有一定影响，其中，较小的固液比和较高的苹果酸浓度均有利于钴酸锂材料浸出的提升，而葡萄籽质量分数的增加可以强化钴的浸出过程。

4.2.4.2 葡萄籽反应机理

基于上述研究，葡萄籽作还原剂可以强化钴的浸出过程，所以明确葡萄籽在此过程的反应机理显得尤为重要。为进一步研究葡萄籽在酸浸过程中的反应机理，对浸出前后的葡萄籽进行红外分析，结果如图 4-12 所示。

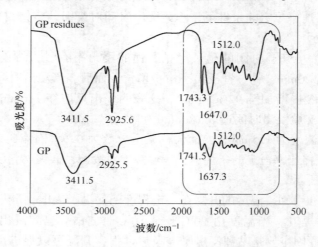

图 4-12　葡萄籽浸出前后的红外分析

从图 4-12 可知，浸出后的葡萄籽中一些组分官能团的特征峰发生明显改变。其中，在波长为 2925.6cm⁻¹ 和 3411.5cm⁻¹ 处存在—OH 键，浸出后—OH 键吸收峰的吸光度（T）出现一定降低，葡萄籽中羟基官能团在浸出过程中被氧化成醛基或羧基，同时，浸出过程葡萄籽含有的其他组分官能团特征峰也发生明显变化，在波长为 1741.5cm⁻¹ 处和波长为 1637.3cm⁻¹ 处分别表示有 C =O 键和—C =C—键的存在，浸出后葡萄籽中两者吸光度均发生明显的降低，而在波长为 1512.0cm⁻¹ 处 N—O 键的特征峰的吸光度则发生明显的上升，可推测葡萄籽在浸出过程中发挥还原转化。结合相关文献报道，葡萄籽中含有大量的还原组分，主要包括儿茶素（CEC）、表儿茶素（EC）、表没食子儿茶素没食子酸酯（EGCG）、没食子酸、低聚原花青素（OPS）等，这些组分可以在酸浸溶液中溶出并产生还原作用，从而促进废旧钴酸锂材料的浸出，其中，主要的还原组分 EC、EGCG、CEC 发生的化学反应如图 4-13 所示。

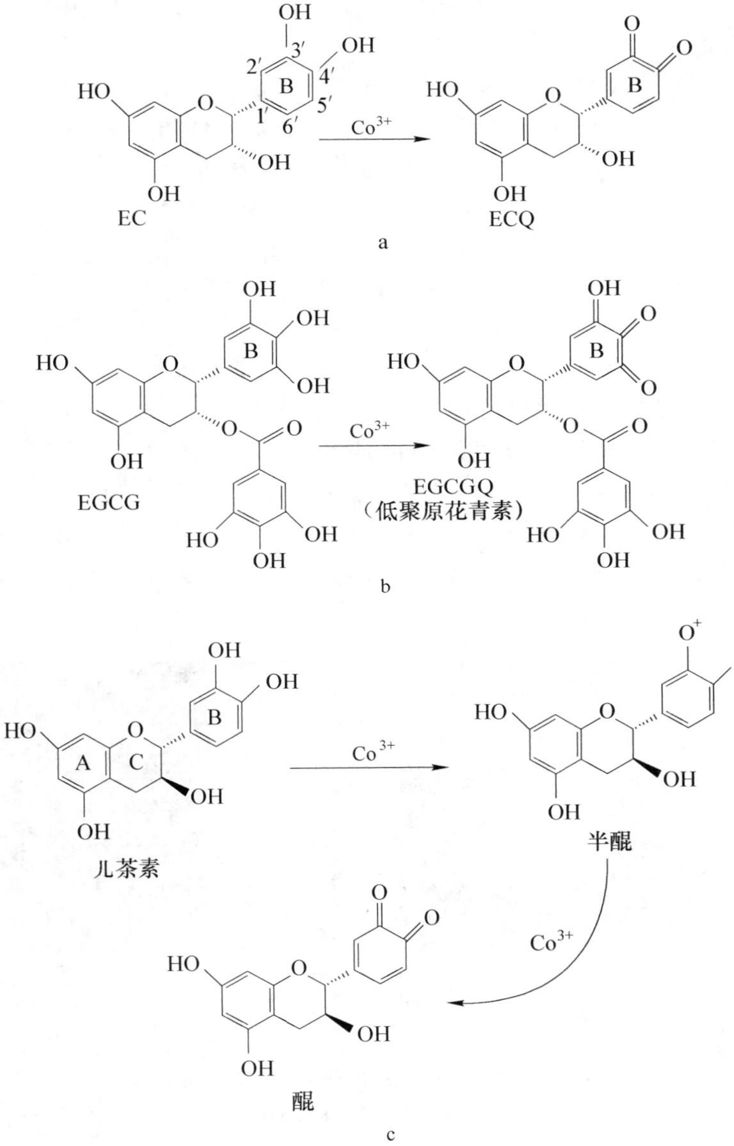

图 4-13 葡萄籽中主要组分氧化反应

a—EC；b—EGCG；c—儿茶素（CEC）

可见，浸出过程中葡萄籽溶解释放出的 EC、EGCG 主要是发生苯环上碳碳双键的断裂，醛基氧化，产生氢离子，实现 Co^{3+} 离子的还原，而 CEC 则可发生两步氧化，第一阶段为羟基氧化供活跃位点，并释放 H^+，第二阶段为碳碳双键转化为碳氧双键，实现 Co^{3+} 离子的还原。通过葡萄籽中溶出物质的还原作用，

Co^{3+} 离子还原成较为稳定的 Co^{2+} 离子，废旧钴酸锂材料在葡萄籽强化浸出过程中的反应可表示为

$$LiCoO_2 + C_4H_6O_5 + GS \longrightarrow Co(C_4H_5O_5)_2 + Co(C_4H_4O_5) +$$
$$Li(C_4H_5O_5) + Li_2(C_4H_4O_5) + OGS \tag{4-28}$$

式中，GS 为葡萄籽；OGS 为葡萄籽的氧化产物。

4.2.4.3   界面反应过程

基于上述浸出因素实验及动力学分析，废旧钴酸锂材料表面化学反应机理对于钴的浸出过程至关重要，为此，通过 XPS、TEM、UV 等测试方法探究废旧钴酸锂材料浸出过程的界面反应机理，以为后续浸出研究提供参考。

首先，考察废旧钴酸锂材料在葡萄籽和苹果酸体系浸出过程中的微观变化，对浸出渣进行 SEM 分析，结果如图 4-14 所示。从图 4-14 可知，废旧钴酸锂材料颗粒较为规则，表明沟壑明显，边界清晰，粒径大小约为 $5 \sim 10 \mu m$，经浸出一段时间后，浸出渣中废旧钴酸锂材料颗粒粒径变小，同时，颗粒表面变得多孔洞，腐蚀严重，边缘无规则，粒径约为 $3 \sim 6 \mu m$，这表明，废旧钴酸锂材料颗粒表面及边缘均在浸出过程中遭到破坏。

a   b

图 4-14   废旧钴酸锂浸出前后颗粒表面变化

a—原样；b—浸出渣（浸出 60min）

同时，对浸出过程中废旧钴酸锂材料进行 XPS 分析，分别选取废旧钴酸锂材料原料（0min）和浸出渣（浸出 90min）以考察浸出过程中界面元素及价态变化，XPS 的分析结果如图 4-15 所示。

从图 4-15 可知，在 O 1s 区，对光谱拟合分析可以发现，在 529.4eV 处为晶格氧的峰位，其归因于钴酸锂（$LiCoO_2$）材料，在 531.8eV 处为羟基氧。对比浸出过程 XPS 峰值高低，可知浸出发生后，晶格氧的峰值降低，强度减小，而羟

基氧的峰值增高，强度增大。在 Co 2p 区，由于 Co^{3+} 的主峰位的结合能为 780.0eV，Co^{2+} 的主峰位的结合能为 780.3eV，两数值极其相近，不易于区分 Co^{3+} 与 Co^{2+}，而 Co^{3+} 的卫星峰位的结合能为 790.0eV，Co^{2+} 的主峰位的结合能为 786eV，两者相差稍大，为此，可通过卫星峰位区分 Co^{3+} 与 Co^{2+}，对比浸出过程 XPS 峰值高低，可知在废旧钴酸锂材料和浸出渣中于结合能 790eV 处均出现 Co^{3+} 特征峰（卫星峰），同时两者中 Co^{3+} 峰面积几乎不变。羟基氧的增加和不变的 Co^{3+} 峰可以推测出浸出过程中在钴酸锂材料的表面可能形成 Co(OH)$_3$。

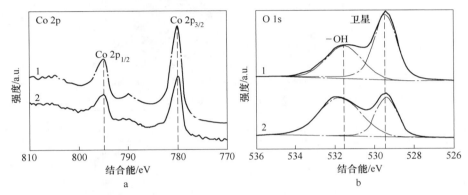

图 4-15　钴酸锂材料浸出过程中颗粒表面 XPS 分析结果

a—Co 2p；b—O 1s

1—原样；2—浸出 90min

　　同样，分别选取废旧钴酸锂材料原料（0min）和浸出渣（浸出 90min）进行 TEM 分析，结果如图 4-16 所示，从 TEM 图中可以看出，浸出渣的表面出现少量的薄层，对其进行 EDX 分析，与内核相比其钴含量有所降低，而氧的含量有所增加，该薄层可归因于 Co(OH)$_3$。结合 XPS 分析结果，废旧钴酸锂材料的还原浸出过程中可能存在着 Co(OH)$_3$ 形成环节，同时，在无薄层覆盖的浸出渣（LiCoO$_2$）颗粒表面可与酸直接接触发生反应，同样 Co(OH)$_3$ 也会与酸发生浸出反应。

$$LiCoO_2 + H_2O + H^+ \longrightarrow Co(OH)_3 + Li^+ \qquad (4-29)$$

$$Co(OH)_3 + 3H^+ + e \longrightarrow Co^{2+} + 3H_2O \qquad (4-30)$$

　　为进一步明晰钴酸锂材料中钴浸出的界面反应过程，采用 UV-vis 对不同浸出时间下浸出液进行分析，结果如图 4-17 所示。

　　从图 4-17 可知，随着浸出时间的增加，浸出溶液中 Co^{3+} 及 Co^{2+} 均会发生相应变化，通常，Co^{2+} 和 Co^{3+} 的波长的最大吸收峰分别出现在 350nm、512nm 处，可见，浸出开始 40min 内，Co^{3+} 占比相对较大，而后，Co^{2+} 的最大吸收峰出现并逐渐增大，最后，Co^{2+} 占比较大成为主要的存在形式，分析其原因在于随着浸出的不断推进，Co^{3+} 不断地被还原成 Co^{2+}。综上，废旧钴酸锂材料浸出过程中钴的

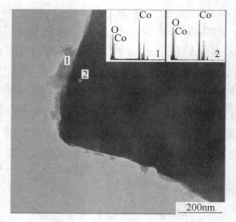

图 4-16　钴酸锂材料浸出过程中 TEM 分析（浸出 90min）

1—边缘测试点；2—内部测试点

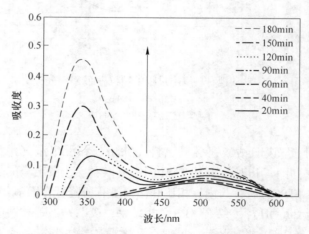

图 4-17　钴酸锂材料浸出液中钴离子含量变化

界面反应过程大致可以分为两个阶段：钴酸锂或副产物（$Co(OH)_3$）在 H^+ 离子作用下，浸出溶解为 Co^{3+}，随后，Co^{3+} 在还原剂或还原氛围作用下向 Co^{2+} 转换，示意图如图 4-18 所示。

4.2.4.4　浸出过程动力学

为考察该浸出过程的控制步骤及内在机理，并基于上述因素影响结果，进行废旧钴酸锂浸出动力学方面的分析。

从浸出类型来看，废旧钴酸锂浸出属于一种固液浸出反应过程，其大致可分为三种类型。

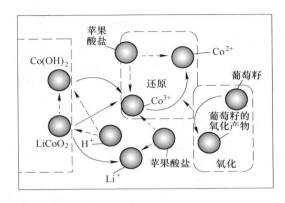

图 4-18　废旧钴酸锂材料浸出过程界面反应示意图

一类是生成物可溶，固体颗粒外形尺寸随着浸出反应的进行而逐渐减小，直至消失，也可称为未反应核收缩模型，反应可表示为

$$A(s) + B(aq) \Longrightarrow P(aq) \tag{4-31}$$

二类是生成产物为固态，并会覆盖于未反应核上，反应可表示为

$$A(s) + B(aq) \Longrightarrow P(s) \tag{4-32}$$

三类是反应物为固态，分散嵌布于脉石中，脉石基体不发生反应，浸出液通过孔径和间隙与反应物发生反应，主要是块矿的浸出。

本实验中废旧钴酸锂材料浸出的生成产物为离子，可溶于水，因此，对此过程可选择未反应核收缩模型进行分析，该模型中的浸出过程可视为一系列的连续环节组成，示意图如图 4-19 所示。

浸出过程主要可以分为以下步骤：

（1）B(aq) → B(s)：主要是浸出试剂 B 从浸出溶液主体穿过边界层接触到固体反应物的扩散过程。

（2）B(s) → B(ad)：主要是浸出试剂 B(s) 在固体反应物 A 表面的吸附过程。

（3）B(ad) + A → P(ad)：主要是吸附后浸出试剂 B(ad) 与固体反应物发生浸出反应的化学反应过程。

（4）P(ad) → P(s)：主要是生成产物 P(ad) 脱离反应界面的脱附过程。

（5）P(s) → P(aq)：主要生成产物 P(s) 扩散到浸出溶液主体的扩散过程。

基于化学反应动力学定律，一个连续反应过程的表观速率大小决定于反应速率最小的步骤，但通常吸附及脱附过程相对较快，因而，符合反应核收缩模型的浸出速率控制步骤主要分为扩散控制、表面化学反应控制、两者混合控制 3 类。

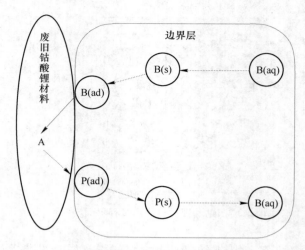

图 4-19   浸出过程反应环节示意图

A 扩散过程

在浸出过程中，由于浸出反应及搅拌的不断进行，浸出溶液中酸及还原剂组分会呈现出浓度的局部不均匀，进而引起浸出试剂由高浓度到低浓度的迁移，结合菲克第一定律可以表示为

$$J = -D\frac{\mathrm{d}c}{\mathrm{d}x} \tag{4-33}$$

式中，J 为扩散通量，$mol/(s \cdot m^2)$；D 为扩散系数，与体系温度、物质本性有关，与浓度无关；x 为垂直于参考面的位置坐标。

结合浸出过程，假定反应物固体表面积为 A（见图 4-20），则针对 A 的总扩散速率为

$$v = -\frac{\mathrm{d}n}{\mathrm{d}t} = -AJ = AD\frac{\mathrm{d}c}{\mathrm{d}x} \tag{4-34}$$

式中，n 为表面积 A 对应的浸出剂 B 的摩尔量；J 为稳定态下常数。

对式（4-34）积分可得

$$-\frac{\mathrm{d}n}{\mathrm{d}t} = -AD\frac{c - c_s}{\Delta x} \tag{4-35}$$

在浸出溶液中，本体各处扩散到边界层各部位几率相同，且在各处的本体浓度相同的条件下，可设 $-\dfrac{D}{\Delta x} = k_d$。则扩散速率可表示为

$$v = -\frac{\mathrm{d}n}{\mathrm{d}t} = k_d A(c - c_s) \tag{4-36}$$

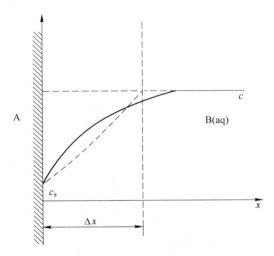

图 4-20 边界层中浓度分布示意图

B 界面反应过程

在未反应核收缩模型中，界面化学反应控制反应步骤时，当反应为一级不可逆反应时，速率方程可表示为

$$v = -\frac{\mathrm{d}n}{\mathrm{d}t} = kAc_s \tag{4-37}$$

式中，k 为化学反应速率常数。

若联合扩散控制与表面化学反应控制两者方程，即联立式（4-32）和式（4-33）可得

$$c_s = \frac{k_d}{k_d + k}c \tag{4-38}$$

$$v_B = \frac{kk_d}{k_d + k}c \tag{4-39}$$

若令 $k' = \dfrac{kk_d}{k_d + k}$，即 $\dfrac{1}{k'} = \dfrac{1}{k_d} + \dfrac{1}{k}$，速率方程可转化为

$$v = -\frac{\mathrm{d}n}{\mathrm{d}t} = k'Ac_s \tag{4-40}$$

此时，当 $k \ll k_d$，即 $k' \approx k$，则简化为有 $v = kAc_s$，该浸出过程的决定步骤为表面化学反应，也就是，浸出过程受表面化学反应控制。当 $k_d \ll k$，即 $k' \approx k_d$，则有 $v = -\dfrac{\mathrm{d}n}{\mathrm{d}t} = k_dAc_s$，过程的决定步骤为扩散，即浸出过程受扩散控制。

当表面化学反应为二级反应时，化学反应速率可以表示为

$$v = -\frac{dn}{dt} = kAc_s^2 \tag{4-41}$$

同样，联合扩散控制方程，可得

$$kc_s^2 = k_d(c - c_s) \tag{4-42}$$

对 c_s 进行二次方程求解，有：

$$c_s = \frac{1}{2k}\left[(k_d^2 + 4kck_d)^{\frac{1}{2}} - k_d\right] \tag{4-43}$$

将式（4-39）代入式（4-37），有：

$$v = -\frac{dn}{dt} = kAc_s^2 = kA\frac{1}{4k^2}\left[(k_d^2 + 4kck_d)^2 - k_d\right]^2$$

$$= A\frac{1}{2k}\left[k_d^2 - k_d(k_d^2 + 4kck_d)^{1/2} + 2kck_d\right] \tag{4-44}$$

综上，当浸出过程为扩散和化学反应混合控制时，速率方程可表示为式（4-40）。而当 $k_d \gg kc$，则可抽出式（4-40）中 k_d^2，然后进行泰勒展开，简化得到速率方程为：$v = -\frac{dn}{dt} = kAc_s^2$，即此时浸出过程的决定步骤为表面化学反应，过程为二级。

当 $k_d \ll kc$，则简化为 $v = -\frac{dn}{dt} = k_dAc_s$，即过程的决定步骤为扩散，过程为一级。

C　混合控制过程

浸出过程中的控制步骤非固定不变，这主要是由于实际中 k 和 $k_d = D/\Delta x$ 两者均受外因影响，主要外因有温度、搅拌强度等，由于两者受因素变化的影响程度不同，进而导致两者相对大小变化，从而导致浸出过程控制步骤的转换。

由于搅拌强度对化学反应速率常数没有影响，因而，对受化学反应控制的过程速率也没有影响，然而，搅拌对扩散速率常数有影响，依据 Stokes-Einstein 扩散方程定理可知，固体表面的边界层 Δx 一般规律是随着搅拌强度的增大而减小，在无搅拌的溶液中边界层 Δx 约为 0.05cm，随着搅拌强度的不断增大，Δx 逐渐减小，并趋向于极限值 δ，此后不再减小。由于温度不变的浸出过程中 D 值不会发生改变，因此，扩散速率常数 $k_d = D/\Delta x$ 随之增大，并趋向于极限定值 D/δ，过程速率常数也随之变化，如图 4-21 所示。从图 4-21 可知，在搅拌强度较低时，搅拌强度对过程浸出速率影响明显，浸出过程受扩散控制。而当搅拌强度增大到一定程度后，其对浸出速率的影响变小，决定步骤可能为化学反应，也可能为扩散控制，此时 $D/\delta \ll k$。

温度对化学反应速率常数和扩散速率常数 $k_d = D/\Delta x$ 都有影响，其中，扩散系数 D 与温度具有以下关系：

$$D = \frac{RT}{N_A} \times \frac{1}{2\pi r\eta} \tag{4-45}$$

$$k_{\mathrm{d}} = \frac{D}{\Delta x} = \frac{RT}{\Delta x N_{\mathrm{A}}} \times \frac{1}{2\pi r \eta} \tag{4-46}$$

式中，R 为摩尔气体常数；N_{A} 为阿伏伽德罗常数；r 为扩散质点的半径；η 为流体的黏度。

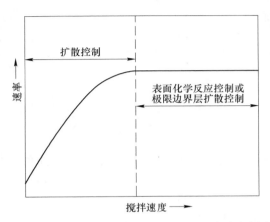

图 4-21 反应速率与搅拌强度（速度）关系示意图

通常浸出过程中化学反应可采用阿仑尼乌斯定律进行分析，反应的速率常数与体系/溶液的温度关系如下：

$$k = A\exp\left(\frac{-E}{RT}\right) \tag{4-47}$$

式中，A 为指前因子；R 为摩尔气体常数；E 为反应活化能，J/mol。

可知，扩散速率常数 k_{d} 与温度呈线性关系，而化学反应速率常数与温度呈指数增长，这比扩散速率常数增加得快，因而，在搅拌充分的条件下，即 k_{d} 达到极限值 D/δ 后，在相对较低温度下，$k \ll k_{\mathrm{d}} = D/\Delta x$，浸出过程受化学反应控制，而在相对较高温度下，有可能转换成 $k \gg k_{\mathrm{d}} = D/\Delta x$，浸出过程受扩散控制，但同样有可能 k 与 $k_{\mathrm{d}} = D/\Delta x$ 处于相近的状态，浸出过程受两者混合控制。

D 动力学拟合

基于上述分析，通过求解速率方程便可获得浸出过程的控制步骤，为此，对浸出过程进行分析，以获得求解速率方程的有效方法。在浸出过程中，假定浸出溶液中浸出试剂浓度几乎不发生变化，并将废旧钴酸锂材料颗粒视作球形，如图 4-22 所示。

对于浸出过程，浸出速率方程可表示为

$$v = -\frac{\mathrm{d}n}{\mathrm{d}t} = -\alpha \times \frac{\mathrm{d}m}{\mathrm{d}r} \times \frac{\mathrm{d}r}{\mathrm{d}t} = -\frac{a 4\pi r^2 \rho_{\mathrm{A}} \mathrm{d}r}{\mathrm{d}t} \tag{4-48}$$

式中，n 为矿石颗粒摩尔质量，g/mol；ρ 为密度，g/cm³；a 为化学计量常数；r 为矿石颗粒半径，mm。

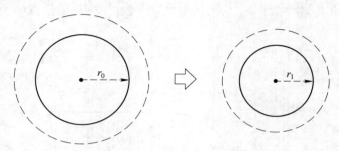

图 4-22　浸出过程颗粒变化示意图

尚未参加反应颗粒的核心半径 r 与浸出时间 t 之间关系，可用微分方程表示：

$$\frac{\mathrm{d}m}{\mathrm{d}t} = \frac{\mathrm{d}}{\mathrm{d}t}\left(\frac{4}{3}\pi\rho r^3\right) = 4\pi\rho r^2 \frac{\mathrm{d}r}{\mathrm{d}t} \tag{4-49}$$

结合前面速率方程，得

$$v = -\frac{\mathrm{d}n}{\mathrm{d}t} = k'Ac_\mathrm{s} \tag{4-50}$$

式中，c_s 为浸出剂浓度，mol/L；k' 为表观速率常数，当过程受扩散控制时，$k' = \frac{D}{\Delta x}$，当受化学控制时，$k' = k$（化学速率常数）。

同时，理论上，废旧钴酸锂材料的浸出率 x 可表示为

$$x = \frac{\dfrac{4}{3}\pi\rho(r_0^3 - r^3)\omega}{\dfrac{4}{3}\pi\rho r_0^3\omega_0} \tag{4-51}$$

式中，r_0 为颗粒初始半径，mm；r 为浸出 t 时未反应核颗粒的半径，mm。

通过联立式（4-49）~式（4-51）三式，设定浸出过程中 w 不发生改变，可建立浸出过程的宏观速率方程为

$$1 - (1 - x)^{1/3} = \frac{k'c_\mathrm{s}}{ar_0\rho_\mathrm{A}}t \tag{4-52}$$

即，$1 - (1 - x)^{1/3}$ 对 t 呈线性关系，其对扩散控制和化学反应控制均适用，该模型即为未反应核收缩模型（式（4-53））。基于此，本书进行废旧钴酸锂材料中钴浸出的动力学方面的拟合分析，发现拟合度稍 R 值差（见表 4-7），分析原因在于上述积分变换过程，设定 w 不发生改变，然而，在废旧钴酸锂浸出过程中，钴、锂金属浸出快慢不同，因而，浸出过程钴酸锂材料中钴的质量分数发生

微量变化，为此，积分方程需引入参数微调，并结合相关文献，可选用的拟合方程有：扩散控制模型（见式（4-54））、对数速率法则模型（式（4-55））、Avrami 方程模型（式（4-56））。

模型 1：
$$1 - (1 - x)^{1/3} = k_1 t \tag{4-53}$$

模型 2：
$$1 - \frac{2}{3}x - (1 - x)^{2/3} = k_2 t \tag{4-54}$$

模型 3：
$$[- \ln(1 - x)]^2 = k_3 t \tag{4-55}$$

模型 4：
$$\ln[- \ln(1 - x)] = \ln k_4 + n \ln t \tag{4-56}$$

式中，k 为各模型的控制步骤速率常数；t 为浸出时间；n 为修正参数。

表 4-7　浸出过程中钴的动力学拟合参数结果

T/K	模型 1	模型 2	模型 3
	R^2	R^2	R^2
323	0.97922	0.99341	0.99541
333	0.91935	0.97078	0.97639
343	0.80492	0.89629	0.91337
353	0.73473	0.85006	0.86128

T/K	模型 4		
	R^2	n	$\ln k$
323	0.99581	0.59862	−3.1806
333	0.98665	0.71433	−3.32872
343	0.99377	0.81063	−3.45273
353	0.98322	0.86803	−3.5575

基于废旧钴酸锂材料中钴浸出率变化（见图4-23a），分别采用上述模型进行线性拟合，结果见表4-7。

从表4-7可知，Avrami 方程模型（模型4）具有相对较高的拟合度系数，也就是说该模型可以较好地表征钴酸锂材料中钴的浸出过程，这主要是由于该模型中引入可变的修正参数 n，能更好地减小钴质量分数微变对浸出模型的影响，提高其拟合度。其中，Avrami 方程模型线性拟合的结果如图 4-23b 和表 4-7 所示。从表4-7可知，该模型可以较好地描述钴元素的浸出过程，R 值均高于 0.97，其中，$n<1$，表明，初始反应速率较大，而后逐渐减小，直至反应达到平衡。

基于阿仑尼乌斯公式，两边取对数，可以得到

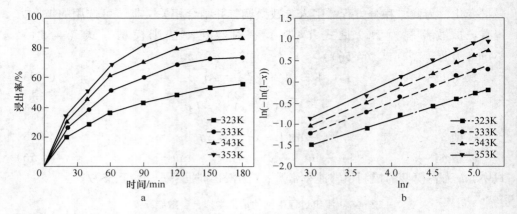

图 4-23　浸出过程中钴的浸出动力学拟合
a—浸出率与时间变化关系；b—Avrami 方程模型拟合情况

$$-\ln k = \frac{E_a}{RT} - \ln A \tag{4-57}$$

式中，E_a 为表观活化能，kJ/mol；R 为摩尔气体常量，8.314/mol；A 为指前因子；T 为热力学温度，K。

　　从式（4-51）可知，理论上，利用 $\lg k$ 对 $1/T$ 作图，便可获得一直线，通过直线斜率就可求出活化能 E 值（取正值）。由于在阿仑尼乌斯公式中，设定指前因子 A 为与温度无关的常数，而实际中 A 与温度具有一定相关性，存在一定的误差。但常规的浸出试验中温度范围变化不大，仍可采用此方法进行拟合分析，为此，通过 $-\ln k$ 对 $1/T$ 进行拟合作图便可获得相关结果，线性拟合结果如图 4-24 所示。

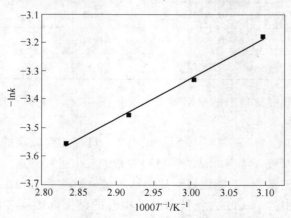

图 4-24　活化能线性拟合结果

　　从图 4-24 可知，经线性拟合获得线性方程斜率 k，而后可通过 $E_a = Rk$ 计算，得到钴的浸出过程的动力学活化能为 11.96kJ/mol，这表明，废旧钴酸锂材料中钴的浸出过程控制步骤为反应物向界面的扩散过程。

4.2.5 电还原强化浸出

基于还原剂（葡萄糖或葡萄籽）强化浸出影响规律及控制机理的研究，从电化学角度出发，提出电还原方法替代化学还原剂的使用实现废旧钴酸锂材料的强化浸出，考察各因素对钴酸锂材料电还原强化浸出的影响，分析电还原强化浸出的控制环节，以使更好地理解浸出机理。

4.2.5.1 电还原强化浸出的反应

基于热力学及上述绿色还原剂强化浸出研究发现，还原氛围可实现废旧钴酸锂材料的强化浸出，先前文献多采用有机酸和还原剂构成浸出体系，本书引入电化学方法以期实现钴酸锂的浸出，它主要是利用电化学阴极的还原作用，避免使用化学还原试剂，实验装置示意图如图 4-25 所示。

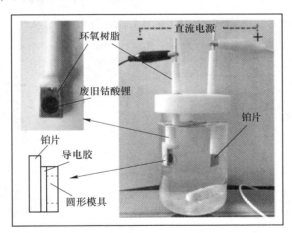

图 4-25　废旧钴酸锂电池还原强化浸出示意图

结合热力学电势-pH 图中 $LiCoO_2$ 和 Co^{2+} 稳定区域的相对电位及浸出可行过程，$LiCoO_2$ 材料在稍低电势 E 更易浸出溶解形成 Co^{2+}，因此，将废旧钴酸锂材料置于阴极，通以直流电，基于电化学原理及钴酸锂性质，钴酸锂在阴极的反应如下：

$$LiCoO_2 + 4H^+ + e = Co^{2+} + Li^+ + 2H_2O \qquad (4-58)$$

$$2H^+ + 2e = H_2 \qquad (4-59)$$

阳极主要反应如下：

$$2H_2O - 4e = O_2 + 4H^+ \qquad (4-60)$$

阴极的还原氛围可以强化钴酸锂的浸出过程，但在电还原过程中，溶液为酸溶液，阴极会有氢气析出的副反应发生，这会降低电还原强化浸出效率，需进一步考察电还原强化浸出过程的因素影响。

4.2.5.2　电还原强化浸出的因素影响

为更好地实现钴酸锂材料的电还原强化浸出，通过因素影响实验考察苹果酸浓度、电压范围、温度、时间等因素对钴、锂浸出率的影响规律。

首先，在工作电压为 6V、浸出温度为 70℃、时间为 180min、转速为 200r/min 条件下，考察苹果酸浓度对钴酸锂电还原强化浸出的影响，结果如图 4-26a 所示。

从图 4-26a 可知，随着苹果酸浓度的增大，钴、锂元素的浸出率呈现先增大再降低的趋势，当酸浓度为 1.25mol/L 时，钴、锂浸出率达到最大值。分析原因在于电还原强化浸出过程中，有机酸起到提供 H^+ 离子和络合离子的双重作用，较高的酸可以提供较多 H^+，以维持较低的 pH 值，从而利于钴酸锂的还原溶解，同时，酸根离子在浸出过程中可以维持体系稳定，增加传质导电性，利于电还原强化浸出进行。但当酸浓度过高时，由于 H^+ 浓度过高，阴极 H^+ 还原析氢反应会加剧，其在一定程度上影响钴酸锂的浸出，浸出率相应的减小，同时也会降低电流效率，因此，后续实验中酸浓度选取 1.25mol/L 为宜。

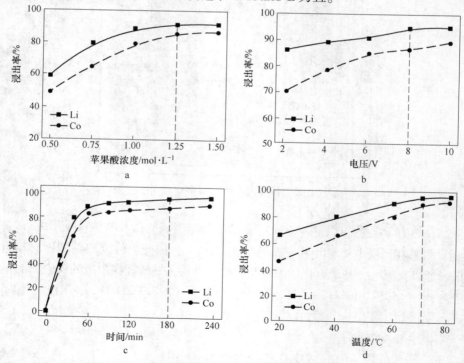

图 4-26　电还原强化浸出各因素对钴、锂浸出率的影响

a—苹果酸浓度；b—工作电压；c—时间；d—温度

在苹果酸浓度为 1.25mol/L、浸出温度为 70℃、时间为 180min、转速为 200r/min 条件下，考察工作电压对钴酸锂电还原强化浸出的影响，结果如图 4-26b 所示。

从图 4-26b 可知，随着工作电压的升高，钴、锂浸出率呈现先增大后降低的趋势，当电压由 2V 增加至 8V 时，钴、锂元素的浸出率逐渐增大，这主要是由于工作电压的增大会强化阴极的电还原作用，从而促进钴酸锂的还原浸出。而钴酸锂的还原浸出与析氢反应在阴极处同时发生，其中，$LiCoO_2/Co^{2+}$ 的标准电极电位为 1.337V，H^+/H_2 的标准电极电位为 0V，因而，在稍低的工作电压时，钴酸锂的还原比析氢更容易，浸出率提升明显。而当工作电压过高时，阴极极化严重，钴酸锂还原的过电位更高，而析氢反应加剧，造成钴酸锂浸出率的下降，同时，过高的电压也可能会引发钴离子还原沉淀，势必导致电流效率的下降。为此，工作电压选取 6V 为宜。

在苹果酸浓度为 1.25mol/L、工作电压为 8V、浸出温度为 70℃、恒定转速条件下，考察时间对钴酸锂电还原强化浸出的影响，结果如图 4-26c 所示。

从图 4-26c 可知，随着浸出时间的延长，钴、锂元素的浸出率逐渐增加，且逐渐趋于平缓。在浸出时间为 180min 时，钴、锂浸出率分别达到 90%、94%。原因在于开始阶段，电还原强化浸出溶液中含有大量废旧钴酸锂材料，钴酸锂的电还原强化浸出反应占据主导，而析氢等副反应相对缓慢，而随着浸出时间的增加，溶液中未反应的钴酸锂材料逐渐减少，其还原浸出相对缓慢，而析氢反应加剧，进一步降低了钴酸锂的还原浸出过程，因此，钴、锂浸出率增加较小。综上，钴酸锂材料的电还原强化浸出反应在 180min 内可达到反应平衡，所以适宜的浸出时间可以选择 180min。

温度对电还原强化浸出、析氢反应均有一定影响，为选取合适的浸出温度以获得较优的浸出效果，在苹果酸浓度为 1.25mol/L，工作电压为 8V，浸出时间为 180min 条件下，考察温度对废旧钴酸锂材料电还原强化浸出的影响，结果如图 4-26d 所示。

从图 4-26d 可知，当浸出温度由 20℃增加至 70℃时，钴、锂的浸出率分别由 45.63%、65.74%增加至 90.45%、94.17%。主要是由于温度的升高有利于浸出溶液中离子的传递与迁移，其对钴酸锂电还原强化浸出促进作用更强。而后，当温度过高，钴锂的浸出率增加不再明显，此时，温度较高溶液蒸发加速，对浸出体系的稳定造成不利影响，为此，电还原强化浸出温度选取 70℃为宜。

4.2.5.3 动力学拟合

为更好掌握电还原强化浸出过程中钴的浸出机理及控制因素，进行浸出动力学方面的分析，由于废旧钴酸锂材料的电还原强化浸出过程同样视为生成可溶离子产物的过程，其符合未反应核收缩模型。基于因素影响试验及动力学的过程理论，废旧钴酸锂材料的电还原强化浸出过程仍主要包括：反应离子在溶液层中外扩散环节、反应离子从过边界层在颗粒表面的吸附环节和未反应内核表面的化学反应环节 3 个部分，但在此电还原强化浸出过程中，废旧钴酸锂材料被置于固定面积的模具内槽中，其反应接触面积视为不变，可选用未反应核收缩模型对此过程进行拟合分析：

$$1 - (1 - x)^{1/3} = \frac{k'c_{s}}{ar_{0}\rho}t = kt \tag{4-61}$$

式中，ρ 为密度，g/cm^{3}；a 为化学计量常数；r_{0} 为矿石颗粒初始半径，mm；c_{s} 为浸出剂浓度，mol/L；k 为各模型的控制步骤速率常数；t 为浸出时间。

在不同浸出温度、不同时间条件下，进行废旧钴酸锂材料中钴的电还原强化浸出实验，结果如图 4-27a 所示。

从图 4-27a 可知，电还原强化浸出过程中钴的浸出率总体呈现两个阶段：其一，在浸出时间 0~60min 过程，钴的浸出率增加迅速。其二，在 60~180min 过程，钴的浸出率增加缓慢。为此，采用动力学方程分别对两阶段进行线性拟合分析，结果如图 4-27b、c 和表 4-8 所示。可知，两阶段采用未反应核收缩模型进行拟合，具有较高的拟合度系数，也就是该模型可以较好地表征废旧钴酸锂中钴的电还原强化浸出过程，初步表明，钴的电还原强化浸出符合未反应核收缩模型。

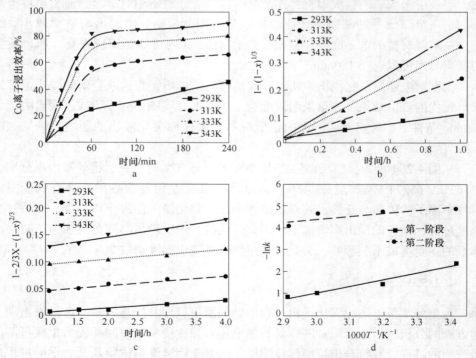

图 4-27 电化学还原浸出过程中动力学拟合结果

表 4-8 电化学还原浸出钴动力学拟合参数

T/K	第一阶段		第二阶段	
	k_1	R^2	k_2	R^2
293	0.09234	0.99114	0.00753	0.99001
313	−0.00562	0.99826	0.03881	0.98625
333	0.23789	0.99928	0.00903	0.98782
343	−0.00537	0.99947	0.08653	0.98740
−ln$k$	3.06467	0.98274	1.37154	0.83752

为进一步明确其控制环节，分别对线性拟合结果 k 值进行活化能拟合。同样，基于阿仑尼乌斯公式：

$$k = Ae^{-E_a/RT} \tag{4-62}$$

两边取对数，可以得到

$$-\ln k = \frac{E_a}{RT} - \ln A \tag{4-63}$$

式中，E_a 为表观活化能，kJ/mol；R 为摩尔气体常量，8.314/mol；A 为指前因子；T 为热力学温度，K。

从上述公式可知，理论上利用 $-\ln k$ 对 $1000/T$ 作图，便可获得一直线，通过直线斜率就可求出活化能 E_a 值（取正值）。为此，通过 $-\ln k$ 对 $1000/T$ 进行拟合作图便可获取相关结果，线性拟合结果如图 4-27d 所示。

从图 4-27d 可知，两阶段线性拟合均获得较高的线性拟合度，而后再利用拟合获得的斜率 k 值，通过 $E_a = Rk$ 计算，得到钴的浸出过程中前后两个阶段动力学活化能分别为 25.47kJ/mol、11.40kJ/mol，这表明，在电还原强化浸出过程中，钴的浸出控制步骤为界面化学反应和扩散的混合控制，而后转为扩散控制，浸出体系中离子扩散对浸出过程影响较大，界面化学反应相对较快。

4.2.5.4 电还原强化浸出过程 EIS 分析

为进一步明晰电还原强化浸出过程的控制步骤，对该过程进行交流阻抗分析。交流阻抗（EIS）技术主要是通过对待测样品施加一定频率的小振幅交流信号，检测并获取其交流阻抗信息的无损测试方法，可以有效地研究电极过程动力学和电极表面状态的变化，现广泛地用于锂电材料、腐蚀与防护、缓冲剂评价等方面。

交流阻抗分析采用钴酸锂材料作为工作电极，饱和硫酸亚汞电极作为参比电极，铂电极作为强化电极，组成三电极测试体系。利用电化学工作站对其进行测试，初始电压为工作电极的开路电位，扫描频率为 $0.05 \sim 10^5$ Hz，测试得到电化学阻抗图谱，结果如图 4-28 所示。

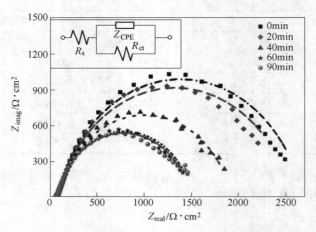

图 4-28　电化学还原浸出过程 EIS 拟合结果

从图 4-28 可知，随着浸出时间的增加，阻抗逐渐减小，时间在 90min 时相比 60min 减小不再明显。为更准确考察阻抗变化，根据图谱的信息可推测等效电路，结合相关文献，可知，该电还原强化浸出过程的交流阻抗图谱可等效成 $R(QR)$ 模型的电路，其结构组合如图 4-28 左上方电路，主要由电荷转移阻抗（R_{ct}）、溶液电阻（R_s）和弥散效应的双电层电容 Q（n 为 Q 的参数）三部分构成，采用该等效电路并利用 ZSimpWin 软件对交流阻抗进行拟合分析，结果见表 4-9。

表 4-9　电化学还原浸出过程 EIS 拟合参数结果

时间/min	$R_{ct}/\Omega \cdot cm^2$	$R_s/\Omega \cdot cm^2$	$Q/\Omega^{-1} \cdot cm^{-2} \cdot s^n$	n
0	2605	83.65	7.60×10^4	0.8276
20	2495	78.72	1.275×10^4	0.8082
40	1860	77.42	1.21×10^4	0.8129
60	1449	72.43	1.341×10^4	0.8305
90	1428	71.77	1.236×10^4	0.8241

其中，阻抗谱产生的弥散效应与钴酸锂材料表面不均匀有关，用常相位角元件 Q 来代替电容元件 C，其阻值为

$$Z_Q = Y_0^{-1} (j\omega)^{-n} \tag{4-64}$$

式中，Y_0 为 Q 的大小；ω 为角频率；n 为弥散系数，n 反映弥散效应的强弱，n 越小说明弥散效应越明显，n 越接近 1 表明越接近理想电容。从结果可知，浸出过程钴酸锂电极表面不光滑。

从表4-9可知，随着时间由0min增加至60min，电荷转移阻抗R_{ct}由2605Ω·cm^2明显地降低到1449Ω·cm^2，而后基本不再减小，电子转移阻抗可归因于界面反应的影响，同时，溶液电阻R_s同样呈现出不断减小的趋势，R_s的数值相对较小，溶液电阻R_s可归于溶液扩散影响，这表明，钴的电还原强化浸出过程受混合控制，即界面化学反应和扩散的混合控制，且界面化学反应控制在控制步骤中起到主导作用，而后控制减弱。

4.2.5.5　颗粒表面形貌变化

同样，考察废旧钴酸锂材料在浸出过程中表面的微观变化，结果如图4-29所示。

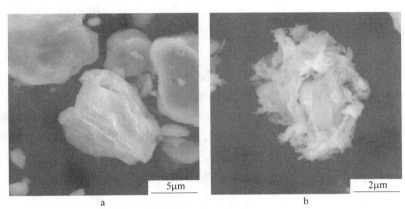

图4-29　电化学还原浸出过程中钴酸锂颗粒表面变化

a—原样；b—浸出渣（浸出60min）

从图4-29可知，废旧钴酸锂材料颗粒表面相对平滑，颗粒边界规则清晰，颗粒粒径大小约为5~10μm。而经浸出一段时间后，废旧钴酸锂材料的颗粒粒径减小，大约为3μm，同时，颗粒边缘出现絮状物覆盖，边界变得参差不齐，而中间部分仍较为平滑，腐蚀浸出程度相对较小。这表明，废旧钴酸锂材料颗粒的边缘更易于被破坏浸出。

4.2.6　还原剂强化与电化学强化浸出的对比

针对双氧水的腐蚀性、环境危害和酸性环境易分解、稳定性稍差的弊端，本节开发了绿色温和还原剂（葡萄糖和葡萄籽）替代双氧水强化废旧钴酸锂材料的浸出，葡萄糖和葡萄籽具有绿色、温和、低廉的特点。从电化学角度出发，电还原方法替代化学还原剂的使用强化废旧钴酸锂材料的浸出过程具有绿色易控制的优势。

基于上述绿色还原剂和电还原方法强化浸出的机理研究，它们均可实现废旧钴酸锂材料有效的浸出，对比可知，葡萄糖作还原剂强化钴酸锂浸出，钴、锂浸出率高达 98%、99%，浸出指标高，产物为一元有机酸并可作为酸浸剂。葡萄籽作还原剂强化钴酸锂浸出获得的浸出指标稍低，但葡萄籽属于天然有机物，廉价易得，来源广，具有较大的开发空间，其产物仍为物体残渣，易于分离操作。电还原强化钴酸锂浸出获得的浸出指标最低，这与其浸出溶液中反应过程复杂有关，但其提供了取代还原剂的新思路。综合比较，葡萄糖作还原剂具有可行性，后续钴离子沉淀回收以葡萄糖和苹果酸体系浸取的浸出液作为原料。

4.2.7　小结

本节中浸出热力学研究表明，在 $Co-H_2O$ 系的电势 E-pH 图中 $LiCoO_2$ 稳定区域处于电位相对较高的位置，而 Co^{2+} 稳定区域处于相对电位较低位置，$LiCoO_2$ 材料在较低电势更易于转化形成 Co^{2+}，实现钴酸锂材料的浸出溶解。葡萄糖辅助强化废旧钴酸锂的浸出研究表明，酸浸过程中葡萄糖的还原反应主要有醛基向羧基转化和氧化两个阶段，这有利于钴酸锂材料的还原浸出过程，其反应中间产物多为一元有机酸，也可以增加浸出体系酸浓度。葡萄籽还原辅助强化废旧钴酸锂的浸出研究表明，葡萄籽含有的 EC、EGCG、CEC 等组分提供还原氛围促进钴的浸出，过程活化能为 11.96kJ/mol，过程控制步骤为反应物向界面的扩散过程，钴酸锂浸出界面反应包括钴酸锂或副产物与 H^+ 的溶解和还原作用下 Co^{3+} 向 Co^{2+} 的转换两个反应步骤。电还原辅助强化废旧钴酸锂研究表明，钴的浸出可分为前后两个阶段，活化能分别为 25.47kJ/mol、11.40kJ/mol，钴的浸出由混合控制转化为扩散控制，浸出过程中钴酸锂颗粒边缘更易遭到破坏，在苹果酸浓度为 1.25mol/L、时间为 180min、工作电压为 8V、温度为 70℃ 条件下，钴、锂的浸出率分别达 90%、94%。

4.3　钴离子草酸盐沉淀与氧化

浸出液中钴元素的回收是制取有价产物的关键，本节研究了钴离子的沉淀及氧化制备 Co_3O_4 过程，通过考察沉淀热力学与反应级数、分析钴离子草酸盐沉淀的机理，通过 Co_3O_4 氧化制备过程的反应模型拟合分析，并结合 SEM、XRD 等测试手段，分析草酸钴氧化制备 Co_3O_4 的机理，以浸出液中钴离子分离及草酸钴的氧化研究提供参考。

4.3.1　钴离子草酸盐沉淀回收机理

废旧钴酸锂材料经浸出后获得含钴的浸出液，本节采用草酸盐沉淀回收浸出液中钴离子，基于钴离子草酸盐沉淀的热力学分析，考察沉淀因素对钴离子沉淀的影响规律，分析沉淀过程反应级数，以明晰沉淀过程控制步骤。

4.3.1.1　钴离子草酸盐沉淀的热力学

钴离子草酸盐沉淀的过程属于一个化学反应过程，其间会伴随相关能量的变化，依据可能的化学反应，进行热力学研究分析，可以预测及判定沉淀过程的产物形式及可能性，以为后续沉淀影响规律及机理分析提供参考。

A　钴离子与草酸盐的沉淀反应

在钴离子草酸盐沉淀体系中，钴离子可与草酸根、草酸氢根等发生沉淀反应，主要反应式如下：

$$Co^{2+} + C_2O_4^{2-} = Co(C_2O_4)^0(s) \tag{4-65}$$

$$Co^{2+} + 2C_2O_4^{2-} = Co(C_2O_4)_2^{2-} \tag{4-66}$$

$$Co^{2+} + HC_2O_4^- = Co(HC_2O_4)^+ \tag{4-67}$$

$$Co^{2+} + 2HC_2O_4^- = Co(HC_2O_4)_2 \tag{4-68}$$

$$Co^{2+} + OH^- = Co(OH)^+ \tag{4-69}$$

$$Co^{2+} + 2OH^- = Co(OH)_2(s) \tag{4-70}$$

从上述反应可知，钴离子可与草酸根生成草酸钴沉淀，并产生络合溶解，在沉淀过程中，伴随 $Co(HC_2O_4^-)_2$、$Co(OH)_2$ 等副产物的生成，这在一定程度上会影响草酸钴的沉淀效率。碱性环境下，$Co(OH)_2$ 的出现会影响草酸钴产品质量。为此，需进一步对沉淀体系中物质组分及形态分布进行分析，以便更好进行钴离子草酸盐沉淀。

B　沉淀体系中离子形态分布

利用离子形态分布图可预测标准状态下溶液体系中钴的存在形式，以及不同 pH 值下各形态相对比例，可为沉淀条件的选取提供参考。

在钴离子草酸盐沉淀体系中，钴离子可与草酸根、草酸氢根等发生沉淀反应，各主要反应平衡常数如下：

$$Co^{2+} + C_2O_4^{2-} = Co(C_2O_4)^0(s) \qquad lgK_{sp} = 7.26 \tag{4-71}$$

$$Co^{2+} + 2C_2O_4^{2-} = Co(C_2O_4)_2^{2-} \qquad lgK = 6.70 \tag{4-72}$$

$$Co^{2+} + 3C_2O_4^{2-} = Co(C_2O_4)_3^{4-} \qquad lgK = 9.70 \tag{4-73}$$

$$Co^{2+} + C_2O_4^{2-} = Co(C_2O_4)^0 \qquad lgK = 4.79 \tag{4-74}$$

$$Co^{2+} + HC_2O_4^- = Co(HC_2O_4)^+ \qquad lgK = 1.61 \tag{4-75}$$

$$Co^{2+} + 2HC_2O_4^- = Co(HC_2O_4)_2 \qquad lgK = 2.89 \tag{4-76}$$

$$Co^{2+} + OH^- = Co(OH)^+ \qquad lgK = 4.30 \tag{4-77}$$

$$Co^{2+} + 2OH^- = Co(OH)_2(s) \qquad lgK_{sp} = 14.9 \tag{4-78}$$

$$Co^{2+} + 3OH^- = Co(OH)_3^- \qquad lgK = 9.70 \tag{4-79}$$

$$Co^{2+} + 4OH^- \rightleftharpoons Co(OH)_4^{2-} \qquad \lg K = 10.2 \qquad (4\text{-}80)$$

$$Co^{2+} + 2OH^- \rightleftharpoons Co(OH)_2 \qquad \lg K = 8.4 \qquad (4\text{-}81)$$

同时，沉淀溶液体系中也存在草酸的平衡反应，如下：

$$H_2C_2O_4 \rightleftharpoons HC_2O_4^- + H^+ \qquad \lg K = -1.271 \qquad (4\text{-}82)$$

$$HC_2O_4^- \rightleftharpoons C_2O_4^{2-} + H^+ \qquad \lg K = -4.272 \qquad (4\text{-}83)$$

基于沉淀体系中质量平衡原理，并结合以上反应平衡数据，可得如下平衡式：

$$
\begin{aligned}
[Co]_T = &[Co^{2+}] + [Co(C_2O_4^{2-})^0] + [Co(C_2O_4^{2-})_2^{2-}] + [Co(C_2O_4^{2-})_3^{4-}] + \\
&[Co(OH)_2] + [Co(HC_2O_4^{2-})^+] + [Co(HC_2O_4^{2-})_2] + [Co(OH)^+] + \\
&[Co(OH)_3^-] + [Co(OH)_4^{2-}]
\end{aligned}
\qquad (4\text{-}84)
$$

$$
\begin{aligned}
[C_2O_4^{2-}]_T = &[C_2O_4^{2-}] + [HC_2O_4^{2-}] + [H_2C_2O_4] + [Co(C_2O_4^{2-})^0] + \\
&2[Co(C_2O_4^{2-})_2^{2-}] + 3[Co(C_2O_4^{2-})_3^{4-}] + \\
&[Co(HC_2O_4^{2-})^+] + 2[Co(HC_2O_4^{2-})_2]
\end{aligned}
\qquad (4\text{-}85)
$$

$$
\begin{aligned}
[OH]_T = &[OH^-] + [Co(OH)^+] + 2 \times [Co(OH)_2] + 3 \times [Co(OH)_3^-] + \\
&4 \times [Co(OH)_4^{2-}]
\end{aligned}
$$

同时，基于草酸电离平衡及其常数，可推出：

$$[C_2O_4^{2-}][H^+]/[HC_2O_4^-] = K = -4.272 \qquad (4\text{-}86)$$

即 $[HC_2O_4^-] = [C_2O_4^{2-}][H^+]/K = 10^{-pH} \times 10^{4.27} \times [C_2O_4^{2-}] = 10^{4.27-pH} \times [C_2O_4^{2-}]$

同理，基于 $Co^{2+} + C_2O_4^- \rightleftharpoons Co(C_2O_4^{2-})^0$，可推出：

$$[Co(C_2O_4^{2-})^0]/\{[Co^{2+}][C_2O_4^{2-}]\} = K = 4.79 \qquad (4\text{-}87)$$

即

$$[Co(C_2O_4^{2-})^0] = [Co^{2+}][C_2O_4^{2-}] \times K = 104.79 \times [Co^{2+}][C_2O_4^{2-}] \times 10^{4.79}$$

同理，可得到：

$$[Co(C_2O_4^{2-})_3^{4-}] = [Co^{2+}][C_2O_4^{2-}]^3 \times 10^{9.7} \qquad (4\text{-}88)$$

$$[Co(HC_2O_4^-)_2] = [Co^{2+}][C_2O_4^{2-}]^2 \times 10^{11.43-2 \times pH} \qquad (4\text{-}89)$$

$$[Co(C_2O_4^{2-})_2^{2-}] = [Co^{2+}][C_2O_4^{2-}]^2 \times 10^{6.7} \qquad (4\text{-}90)$$

$$[Co(HC_2O_4^-)^+] = [Co^{2+}][C_2O_4^{2-}]^3 \times 10^{5.88-pH} \qquad (4\text{-}91)$$

此外，生成草酸钴的沉淀，还存在沉淀平衡，依据溶度积可建立平衡式

$$[Co^{2+}] = K_{sp}/[C_2O_4^{2-}] \qquad (4\text{-}92)$$

当 pH 升高至碱性，草酸盐沉淀则转化为氢氧化物沉淀，此时存在平衡式为

$$[Co^{2+}] = K_{sp}/[OH^-]^2 = K_{sp} \times 10^{28-2pH} \qquad (4\text{-}93)$$

因此，此时，溶液中钴离子浓度为

$$[Co^{2+}] = \min\{K_{sp}/[C_2O_4^{2-}], K_{sp} \times 10^{28-2pH}\} \qquad (4\text{-}94)$$

综上，将上述组分的平衡式代入式（4-84），可得到其相应表达式。结合相

关文献报道并为简化分析难度，可将钴的组分大致分为 Co^{2+}、草酸钴（$[Co(C_2O_4^{2-})_m^n]$）、草酸氢钴（$[Co(HC_2O_4^-)_m^n]$），取草酸根离子浓度为 $0.6mol/L$，依据各组分所占比例，得到各组分分布图，如图 4-30 所示。

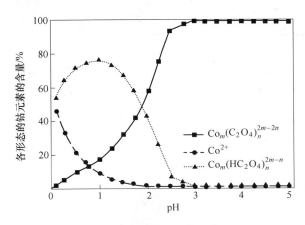

图 4-30　草酸盐体系中钴离子形态分布

从图 4-30 可知，沉淀体系中 Co^{2+} 组分主要出现在低 pH 值范围，且随着 pH 值由 0 增至 3.0，所占比例逐渐降低。同样，$Co_m(HC_2O_4)_n^{2m-n}$ 组分出现在较低 pH 范围内，且在 pH 值由 0 增至 1.0 时，其组分逐渐增加，而后，其比例迅速降低。而 $Co_m(C_2O_4)_n^{2m-2n}$ 组分随着 pH 值增加，其比例逐渐增大，并到达 100%。因此，在稍低 pH 值，$Co_m(C_2O_4)_n^{2m-2n}$ 可由 Co^{2+} 或 $Co_m(HC_2O_4)_n^{2m-n}$ 转化而来，并结合络合常数分析，经一定时间转化后，CoC_2O_4 沉淀成为 $Co_m(C_2O_4)_n^{2m-2n}$ 主要形式。

4.3.1.2　钴离子草酸盐沉淀的因素影响

基于上述热力学分析，钴离子的草酸盐沉淀具有可实施性。钴离子的沉淀以葡萄糖和苹果酸体系浸取的浸出液作为原料，其主要成分分析见表 4-10，采用草酸铵作为沉淀剂，为明确沉淀因素对钴离子沉淀的影响规律，通过因素影响实验研究 pH 值、时间、温度、草酸铵用量（草酸根与钴离子摩尔比）对钴离子的沉淀率及产品质量的影响。

表 4-10　浸出液中主要金属元素的含量

元　素	Co	Li	Fe	Cu	Al
质量浓度/g·L⁻¹	5.98	0.70	<0.01	<0.01	<0.01

pH 值的改变会影响钴离子草酸盐沉淀体系中组分分布状态，同时也会影响

钴的沉淀率，为此，探讨不同 pH 值对钴离子沉淀率及产物形貌的影响，实验条件为沉淀温度 25℃、沉淀时间 40min、草酸铵与钴离子摩尔比 1.05，结果如图 4-31 所示。

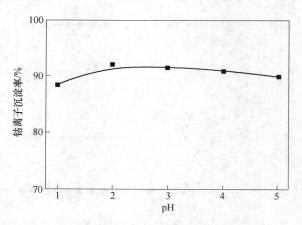

图 4-31   pH 值的改变对钴离子沉淀率的影响

从图 4-31 可知，随着 pH 值的不断增加，钴离子的沉淀率呈现先增加而后趋于平缓的趋势。当 pH 值由 0 增至 2.0 时，钴离子的沉淀率增至 92%，而后其缓慢降低至 90%，分析其原因在于，开始阶段随着 pH 值的增加，草酸铵水解产生的草酸根相应增多，这有利于促进钴离子的沉淀反应，其沉淀率增大，同时，pH 值的增大会引起 Co^{2+} 或 $Co_m(HC_2O_4)_n^{2m-n}$ 的减少，同样有利于草酸钴沉淀的生成。然而，随着 pH 值的继续增大，会有更多草酸根产生，而过多的草酸根可与草酸钴反应，使之发生少量再溶解，因而，沉淀率会降低，主要反应如下：

$$Co^{2+} + C_2O_4^{2-} = Co(C_2O_4^{2-})^0(s) \qquad lgK_1 = 7.26 \qquad (4-95)$$

$$Co^{2+} + 2C_2O_4^{2-} = Co(C_2O_4^{2-})_2^{2-}(1) \qquad lgK_2 = 6.7 \qquad (4-96)$$

$$Co^{2+} + 3C_2O_4^{2-} = Co(C_2O_4^{2-})_3^{4-}(1) \qquad lgK_3 = 9.7 \qquad (4-97)$$

结合沉淀产物的 SEM 分析（见图 4-32）可知，不同 pH 值下草酸钴均呈现多刺的类球形，但 pH 值的改变对沉淀产物的形貌及粒径有一定影响。在较小 pH 值时，草酸钴颗粒表面的毛刺较大，整体蓬松，间隙大，随着 pH 值的升高，草酸钴表面显得致密，毛刺不再明显，表面变得光滑。同时，随着 pH 值的增加，草酸钴产物的粒径呈现一定减小的趋势，原因在于：溶液 pH 值对沉淀产物的成核与生长均有一定影响，在稍低 pH 值时，沉淀产物草酸钴的成核速率相对稍慢，晶核数量少，而晶粒的长大相对较快，使得晶核的长大较为完全，草酸钴产物的粒径较大。当 pH 值增加后，草酸钴的成核速率加快，可以在较短时间内产生大量的晶核，生长速率受到抑制，形成的草酸钴产物的粒径相对较小，因而，草酸钴产物的粒度随着 pH 值的增加而适度减小。在 pH＝2 时，草酸钴产物的沉淀率相对较高，且产物粒度大小适中，为此，可选取 pH＝2 作为后续沉淀的pH 值。

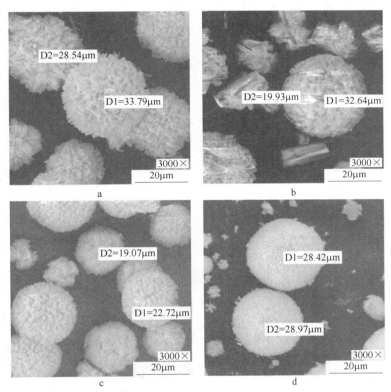

图 4-32　不同 pH 值下草酸钴的形貌变化
a—pH＝1；b—pH＝2；c—pH＝3；d—pH＝4

　　在钴离子的沉淀过程中温度同样起着重要作用，适宜的温度是取得较高沉淀率及适宜产物粒径的重要因素，为此，在 pH＝2，沉淀时间为 40min，草酸根与钴离子摩尔比为 1.05 的条件下，考察温度对钴离子沉淀率及产物形貌的影响，结果如图 4-33 和图 4-34 所示。

　　从图 4-33 可知，钴离子的沉淀率呈现先增大后减小的趋势，当温度由 25℃提升至 55℃时，钴离子的沉淀率大约增加 3%，而当温度超过 55℃，钴离子的沉淀率反而有所降低。原因在于：温度的提高有利于增加钴离子与草酸根离子间的有效碰撞，同时由于钴离子的草酸盐沉淀反应属于吸热过程，温度升高有利于沉淀反应平衡向正向移动，钴离子的浸出率相应升高。而由于草酸钴的溶解度在较

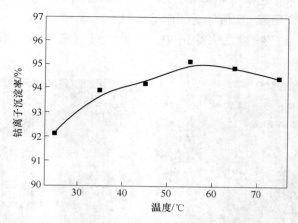

图 4-33 温度的改变对钴离子沉淀率的影响

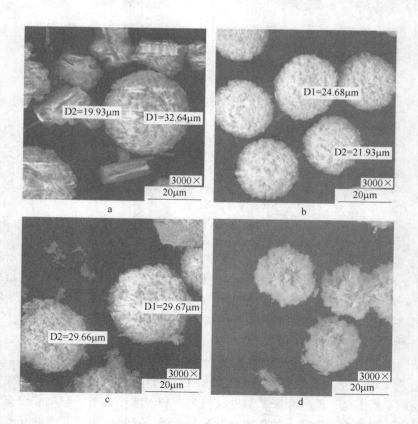

图 4-34 不同温度下草酸钴的形貌变化

a—25℃；b—45℃；c—55℃；d—65℃

高的温度下会增大，因此，过高的温度反而在一定程度上降低钴离子的沉淀率。

结合草酸钴产物的 SEM（见图 4-34）分析，不同温度下草酸钴产物同样呈现多刺类球形，温度的改变会影响表面毛刺的形状及大小。在温度较低时，草酸钴颗粒表面的毛刺相对较小，间隙小，呈片层状，随着温度的适度提升，草酸钴颗粒表面的毛刺变粗大，呈条柱状，尤其在图 4-34d 中，草酸钴颗粒表面毛刺的条柱状更为明显。同时，适当的增大沉淀溶液温度可以在一定程度上降低草酸钴的颗粒粒径，明显地，温度由 25℃ 升温至 65℃，草酸钴粒径由约 30μm 降低至 16μm，原因在于：温度会影响草酸钴沉淀过程的成核及其生长速率，其中，在稍低的温度范围内，草酸钴产物的成核速率稍小于生长速率，也就使得草酸钴的成晶数量受到抑制，而晶体的生长相对较为完好，形成的草酸钴产品的粒径相对较大。在稍高温度范围时，草酸钴晶体的成核速率相对较快，这是由于沉淀过程中成核速率与生长速率受溶液过饱和度的影响强弱不同，较高的温度利于提高反应物的过饱和度，成核速率受其影响更为显著，过饱和度的提升可使成核速率增加，这使得成核在一定程度上大于生长速率，因而，稍高温度下溶液中会产生更多的晶体，加之较高温度利于溶液黏度的降低，离子的传质更快，利于晶体的成核，晶体粒径稍小，因此，草酸钴产物的粒度随温度的升高呈现降低的趋势。综上，为获得草酸钴相对较高的沉淀率，且粒度大小适中的产品，可选取温度 55℃ 作为后续沉淀的较优温度。

时间的长短同样影响钴离子沉淀率的高低，为此，在 pH=2，沉淀温度为 55℃，草酸根与钴离子摩尔比为 1.05 的条件下，考察时间对钴离子沉淀率及产物形貌的影响，结果如图 4-35 所示。

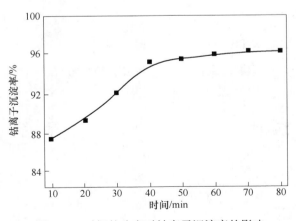

图 4-35 时间的改变对钴离子沉淀率的影响

从图 4-35 可知，钴离子的沉淀率呈现先增大而后趋于平缓的趋势，当时间由 0 增至 40min 时，钴离子的浸出率提升迅速，而后增长缓慢。分析其原因在于：

在沉淀开始阶段，溶液中草酸根与钴离子含量均较高，沉淀反应剧烈，短时间内可产生大量的沉淀物，而经一定时间后，钴离子的沉淀率已达到很高，溶液中剩余的草酸根和钴离子含量均较低，基于化学反应平衡移动原理，此时，沉淀反应缓慢，并逐渐达到沉淀平衡。因此，过长的沉淀时间并不会明显提升钴离子的沉淀率。

结合草酸钴产物的 SEM（见图 4-36）可知，不同时间下的草酸钴产物同样为多刺的类球形颗粒，但时间的改变主要是影响草酸钴颗粒的粒度，随着时间的延长草酸钴产物颗粒表面变得粗大，逐渐成束，表面蓬松程度加大，尤其在图 4-36d 中表面毛刺几乎呈细长柱状。同时，时间的增加可使得颗粒粒径在一定程度上增大，在 20min 内，颗粒粒径便可达到 20μm 左右，在 40min 时，颗粒粒径约为 29μm，而在沉淀时间为 60min 时，沉淀产物粒径约为 32μm，这主要是开始阶段，草酸钴的成核与生长均较快，可在短时间内达到 20μm，而后时间的改变对成核速率影响较小，却更有利于草酸钴晶体的生长，因此，随着沉淀时间的增加，颗粒粒径逐渐增大，但变得缓慢。同时，草酸钴的类球形颗粒表明草酸钴成核后生长属于定向生长，在晶核基础上向四周发散生长，各个方向的生长速度相同。综上，为获得草酸钴相对较高的沉淀率，且粒度大小适中的产品，较优的沉淀时间为 40min。

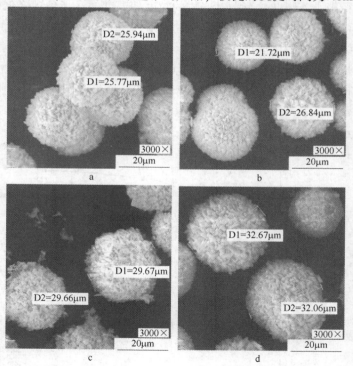

图 4-36　不同时间下草酸钴的形貌变化

a—20min；b—30min；c—40min；d—60min

沉淀剂草酸盐的用量不仅影响沉淀率，同时也影响沉淀产物的形状与大小，为此，在 pH＝2，沉淀时间为 40min，沉淀温度为 55℃ 的条件下，考察草酸根与钴离子摩尔比对钴离子沉淀率及产物形貌的影响，结果如图 4-37 所示。

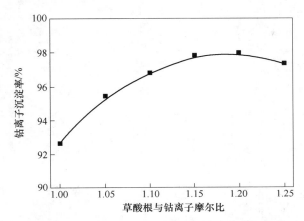

图 4-37   草酸根与钴离子摩尔比的改变对钴离子沉淀率的影响

从图 4-37 可知，随着草酸根与钴离子摩尔比的不断增大，钴离子的沉淀率逐渐增加，当草酸根与钴离子摩尔比由 1.0 增至 1.15 时，钴离子的沉淀率可增至 98%，而继续增加草酸根与钴离子摩尔比，钴离子的沉淀率有所降低。分析其原因在于：沉淀剂草酸用量的增加，可以提供更多的草酸根离子，从而有利于钴离子沉淀的增加，同时，基于平衡移动的原理，草酸根离子的增加同样有助于草酸钴溶解平衡的左移，减少其溶解，增加其沉淀率。但当草酸根与钴离子摩尔比过大，过量的草酸根可与草酸钴发生反应，使之溶解，该溶解反应随着草酸根与钴离子摩尔比的加大而加剧，因此，过量的沉淀剂反而不利于钴的沉淀。

结合草酸钴产物的 SEM（见图 4-38）可知，不同草酸根与钴离子摩尔比下草酸钴产物同样是多刺的类球形，但沉淀剂草酸盐用量的改变会影响表面的毛刺的形状及大小。当草酸盐在用量较低时，草酸钴表面的毛刺较短，而随着草酸盐用量的适度提高，草酸钴颗粒表面的毛刺相对较为细长，间隙变大，这可能与草酸钴二次溶解有关。同时，随着沉淀剂草酸盐用量的增加，草酸钴产物的粒径呈现减小的趋势，明显地，用量在 1.05 时，草酸钴颗粒粒径约为 32μm，达到相对较大值。分析其原因在于：草酸盐用量的增加更有利于晶体成核过程，对晶体生长的影响较小，随着草酸根与钴离子摩尔比的增加，草酸钴产物的粒径适度减小。同时，草酸根对草酸钴的溶解反应则抑制晶体生长的速率，过高的沉淀剂浓度同样会加剧其反溶速率，因此，在较大的草酸根与钴离子摩尔比下，草酸钴产物的粒径反而有所减小。综上，考虑到草酸根与钴离子摩尔比成本，并为获得草酸钴相对较高的沉淀率，且粒度大小适中的产品，可选取沉淀剂草酸用量 1.15 作为沉淀剂的较优用量。

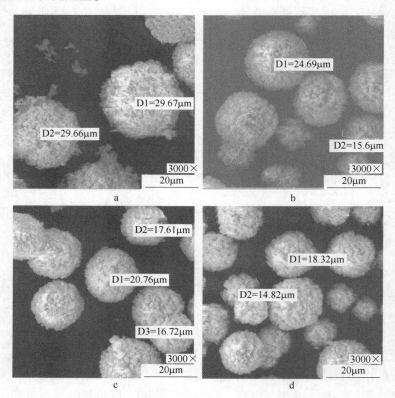

图 4-38 不同草酸铵用量下草酸钴的形貌变化

a—1.05；b—1.10；c—1.15；d—1.20

基于上述因素影响实验，废旧钴酸锂材料浸出液中钴离子沉淀回收的较优条件为 pH=2，沉淀时间 40min，沉淀温度 55℃，草酸根与钴离子摩尔比 1.15，在此条件下（见表 4-11），钴的沉淀率约为 98%，这与上述因素影响结果相符，也与相关文献报道结果相近，对沉淀制得的草酸钴产品进行 XRD 分析，结果如图 4-39 所示，该晶体为 $CoC_2O_4 \cdot 2H_2O$，沉淀产物草酸钴晶型完整，该晶体呈类球形，具有较大表面积，这可能不同于其他方法制备的草酸钴形貌。

表 4-11 钴离子草酸铵沉淀后滤液中元素含量分析

元　素	Co	Li	Fe	Cu	Al
质量浓度/mg·L⁻¹	22.84	139	<0.1	<0.1	<0.1

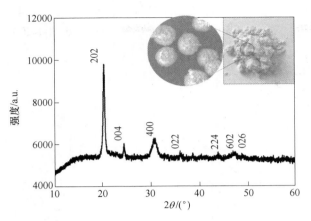

图 4-39 沉淀产物草酸钴 XRD 分析

4.3.1.3 沉淀反应级数分析

为更好明确钴离子草酸盐沉淀过程的内在反应机理，在上述实验基础上，进行沉淀反应级数方面分析，基于沉淀理论及相关文献报道，沉淀速率具有如下关系式：

$$v = \frac{\mathrm{d}a}{\mathrm{d}t} = k(T) C_{\mathrm{cobalt}}^{n} C_{\mathrm{oxalate}}^{n} \tag{4-98}$$

式中，n 为反应级数；$k(T)$ 为反应速率常数；a 为草酸钴沉淀率；C_{cobalt}^{n} 和 C_{oxalate}^{n} 分别为钴离子和草酸根的离子浓度；t 为沉淀进行时间。

同时，又有如下关系式：

$$C_{\mathrm{cobalt}}^{n} = C_{\mathrm{cobalt}}^{0}(1 - a) \tag{4-99}$$

$$C_{\mathrm{oxalate}}^{n} = C_{\mathrm{oxalate}}^{0}(1 - a) \tag{4-100}$$

式中，C_{cobalt}^{0} 和 C_{oxalate}^{0} 为初始反应离子浓度，因此，上述关系式又可表示为

$$\frac{\mathrm{d}a}{\mathrm{d}t} = k(T)(C_{\mathrm{cobalt}}^{0})^{n}(1 - a)^{n}(C_{\mathrm{oxalate}}^{0})^{n}(1 - a)^{n} \tag{4-101}$$

由于沉淀为统一环境中，C_{cobalt}^{0} 和 C_{oxalate}^{0} 均为固定值，因此：

$$\frac{\mathrm{d}a}{\mathrm{d}t} = k'(1 - a)^{2n} \tag{4-102}$$

$$k' = -k(T)(C_{\mathrm{cobalt}}^{0})^{n}(C_{\mathrm{oxalate}}^{0})^{n} \tag{4-103}$$

可推出：

$$\ln\left(\frac{\mathrm{d}a}{\mathrm{d}t}\right) = 2n\ln(1 - a) + \ln k' \tag{4-104}$$

可见，$\ln(\mathrm{d}a/\mathrm{d}t)$ 对 $\ln(1-a)$ 具有线性关系，基于上述分析，在 pH=2.0 和

草酸根与钴离子摩尔比 1.15 下，对不同温度（25℃、35℃、45℃、55℃）和时间（10min、30min、50min、70min）的沉淀率数据（见图 4-40）进行线性拟合，结果如图 4-41 和表 4-12 所示。

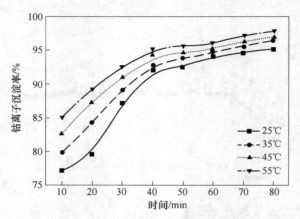

图 4-40　不同温度和时间下的沉淀率结果

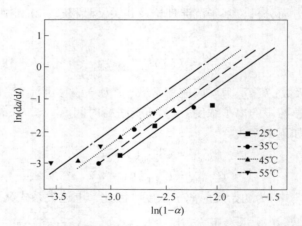

图 4-41　钴离子草酸铵沉淀的 $\ln(\mathrm{d}a/\mathrm{d}t)$ 对 $\ln(1-a)$ 线性拟合

表 4-12　钴离子草酸铵沉淀过程中反应级数拟合结果

T/K	$\ln(\mathrm{d}a/\mathrm{d}t)$ vs. $\ln(1-a)$		$(1-a)^{-1}$ vs. t	
	$2n$	R^2	k'	R^2
298	2.33623	0.93419	15.18436	0.97340
308	2.40451	0.94258	20.05117	0.97742
318	2.40954	0.94860	23.20651	0.96317
328	2.34970	0.92800	32.35952	0.92649

从拟合结果可知，n 取整为 1，钴离子草酸盐沉淀过程可视为二级反应模型，因而，上述关系可以转化为

$$\int_0^a \frac{\mathrm{d}a}{\mathrm{d}t} = \int_0^t k'(1-a)^2 \tag{4-105}$$

$$\int_0^a \frac{1}{(1-a)^2}\mathrm{d}a = \int_0^t k'\mathrm{d}t \tag{4-106}$$

$$(1-a)^{-1} = k't + c \tag{4-107}$$

式中，k' 为 $(1-a)^{-1}$ 对 t 线性拟合的斜率，为此，在不同温度 25℃，35℃，45℃ 和 55℃下进行拟合，结果如图 4-42 和表 4-12 所示。

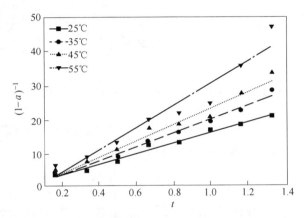

图 4-42　钴离子草酸铵沉淀 $(1-a)^{-1}$ 对 t 的线性拟合

而后基于阿伦尼乌斯关系式：

$$k(T) = A\mathrm{e}^{-\frac{E_a}{RT}}$$

即

$$\ln k' = -\frac{E_a}{R} \times \frac{1}{T} + \ln A' \tag{4-108}$$

式中，R 为气体常数，8.314kJ/(mol·K)。$\ln k'$ 对 $1000/T$ 线性拟合结果如图 4-43 所示。

而后，通过 $\ln k$ 与 $1000/T$ 进行线性拟合获得斜率 k 值，再通过 $E_a = Rk$ 计算，得到相应的表观活化能为 19.68kJ/mol，可见钴离子草酸盐沉淀的过程属于扩散控制，钴离子的化学反应环节相对较快，而沉淀剂浓度的增大和时间的延长均有利于钴沉淀率的提升。

4.3.2　草酸钴氧化制备 Co₃O₄ 机理

将沉淀制得的草酸钴经氧化制备 Co_3O_4，以便用于钴酸锂材料再生。本节分

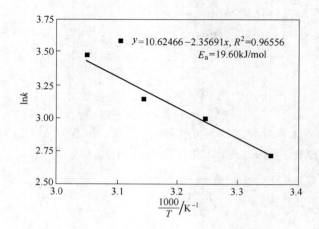

图 4-43 钴离子草酸铵沉淀中 $\ln k$ 对 $1000T^{-1}$ 的线性拟合

析草酸钴氧化制备 Co_3O_4 的过程及控制模型，并在此基础上考察温度、时间、升温速率等因素对草酸钴氧化分解的影响规律。

4.3.2.1 草酸钴的氧化过程

采用空气氛围下草酸钴氧化制备 Co_3O_4，通过 TG/DSC 测试分析草酸钴的氧化过程，结果如图 4-44 所示。

从图 4-44a 可知，草酸钴分解过程中失重大致分为 3 个阶段，即使在不同升温速率下，总体趋势保持一致，同时，在分解过程中出现 3 个明显的吸放热峰。选取升温速率 40℃/min 下 TG 线进行 3 个阶段的分析（见表 4-13）。

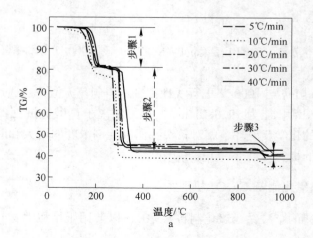

a

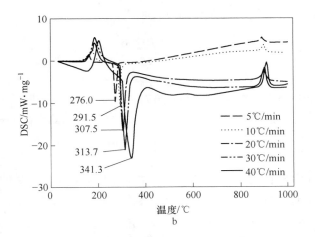

图 4-44　草酸钴氧化过程 TG/DSC 分析结果

a—TG 分析；b—DSC 分析

表 4-13　草酸钴空气中氧化过程的失重环节

步骤	分解过程	温度/℃	质量损失/%	
			实际	理论
1	$CoC_2O_4 \cdot 2H_2O = CoC_2O_4 + 2H_2O$	164~214	19.10	19.67
2	$CoC_2O_4 + 2/3O_2 = 1/3Co_3O_4 + 2CO_2$	294~349	37.32	36.43
3	$Co_3O_4 = 3CoO + 3/2O_2$	899~924	3.51	2.91

第一个阶段主要是失去结晶水的过程，失重率大约为 19.1%，温度范围为 164~214℃。第二阶段出现一个较大的失重率，约为 37.32%，温度范围为 294~349℃，这一阶段主要为草酸钴氧化分解生成 Co_3O_4 的过程，同时释放出二氧化碳。第三阶段的失重率稍小，约为 3.51%，温度起止范围为 899~924℃，这一阶段主要是 Co_3O_4 再分解成氧化钴，实验测试失重结果与理论计算结果基本相符。

从 DSC 曲线中可知，与失重曲线中 3 个阶段相符，DCS 曲线中出现 3 个相应的吸放热峰，第二阶段为草酸钴分解成 Co_3O_4 的主要阶段，其中不同升温速率下的吸热峰值不同，呈现随升温速率增加而增大的趋势。综上，第二阶段为分解制备 Co_3O_4 的主要阶段，后续主要对此阶段进行分析，以更好地明确草酸钴氧化机理。

4.3.2.2　氧化制备 Co_3O_4 过程

基于固体热分解基本理论及相关文献报道，对草酸钴分解制备 Co_3O_4 的过程进行分析，分析数据依据为上述 TG/DSC 曲线中数据。

在固体等温热分解过程中存在如下关系式:

$$\frac{\mathrm{d}\alpha}{\mathrm{d}t} = k(T)f(\alpha) \tag{4-109}$$

$$k(T) = A\mathrm{e}^{-\frac{E_\mathrm{a}}{RT}} \tag{4-110}$$

式中, $k(T)$ 符合阿仑尼乌斯定律; T 为绝对温度, K; $f(\alpha)$ 为不同反应速率模型的表达式; α 为反应分数; t 为分解反应进行的时间。因此, α 可表示为

$$\alpha = \frac{m_0 - m_t}{m_0 - m_\infty} \times 100\% \tag{4-111}$$

式中, m_0 为样品草酸钴的初始重量; m_t 为草酸钴样品经分解 t 时的重量; m_∞ 为样品草酸钴分解结束时的重量。

因此, 上述表达式又可转换为

$$\frac{\mathrm{d}\alpha}{\mathrm{d}t} = A\mathrm{e}^{-\frac{E_\mathrm{a}}{RT}}f(\alpha) \tag{4-112}$$

式中, E_a 为反应的活化能, kJ/mol; A 为指前因子; R 为气态常数, 8.314J/mol。

基于升温速率可以表示为 $\beta = \dfrac{\mathrm{d}T}{\mathrm{d}t}$, 式 (4-112) 又可表示为

$$\frac{\mathrm{d}\alpha}{\mathrm{d}T} = \frac{A}{\beta}\mathrm{e}^{-\frac{E_\mathrm{a}}{RT}}f(\alpha) \tag{4-113}$$

因此, 通过对上述关系式左右两边同时进行定积分, 积分范围分别为 $T_0 \sim T$ 和 $0 \sim \alpha$, 便可以获得机理函数模型 $g(\alpha)$ 的表达式:

$$g(\alpha) = \int_0^\alpha \frac{1}{f(\alpha)} = \frac{A}{\beta}\int_{T_0}^T \mathrm{e}^{-\frac{E_\mathrm{a}}{RT}}\mathrm{d}T \tag{4-114}$$

基于此关系式, 通过积分变换又可得到 Coats-Redfern 关系式, 表示为

$$\ln\left[\frac{g(\alpha)}{T^2}\right] = \ln\left(\frac{AR}{E_\mathrm{a}\beta}\right) - \frac{E_\mathrm{a}}{RT} \tag{4-115}$$

综上, 通过 $\ln\left[\dfrac{g(\alpha)}{T^2}\right]$ 对 $\dfrac{1}{T}$ 进行线性拟合, 考察其相应的相关系数, 进而分析草酸钴氧化制备 Co_3O_4 的相关模型, 以确定其氧化机理。

根据相关文献报道, 可知用于分析草酸钴分解制备 Co_3O_4 机理函数模型 $g(\alpha)$ 大约有 40 个, 总体上, 其可以分为 5 大类, 包括扩散模型、反应级数模型、成核模型、几何收缩模型和幂函数模型, 详细模型表达式结果见表 4-15。

基于上述反应模型表达式, 通过 $\ln\left[\dfrac{g(\alpha)}{T^2}\right]$ 对 $\dfrac{1000}{T}$ 的线性拟合, 以获取其反应机理, 草酸钴热分解数据来源于升温速率为 40℃/min 的 TG 曲线中的第二阶段, α 值依次选取 10%、20%、30%、40%、50%、60%、70%、80%、90%, 并获取其相应的温度 T 值, 结果列于表 4-14。

表 4-14　氧化过程取样点动力学分析

$\alpha/\%$	m	温度/℃	T/K	$1/T$
0	80.02303	290	563	0.001776
10	76.54335	294.7	567.7	0.001761
20	73.06366	296.6	569.6	0.001756
30	69.58398	298.3	571.3	0.00175
40	66.10429	300	573	0.001745
50	62.62461	301.5	574.5	0.001741
60	59.14492	303.1	576.1	0.001736
70	55.66524	304.7	577.7	0.001731
80	52.18555	306.3	579.3	0.001726
90	48.70587	307.9	580.9	0.001721
100	45.22618	310	583	0.001715

依据不同机理函数模型 $g(\alpha)$ 的表达式，进而计算出 $\ln\left[\dfrac{g(\alpha)}{T^2}\right]$，并进行线性拟合，结果如图 4-45 所示，相关拟合度结果见表 4-15。再利用拟合获得的斜率 k 值，通过 $E_a=Rk$ 计算，得到相应模型的表观活化能，结果见表 4-15。

从图 4-45 和表 4-15 可知，上述机理函数模型 $g(\alpha)$ 线性拟合的相关系数均较高，除模型 M5，M15 和 M16 相对较低外，仍有约 13 个模型可用于分析草酸钴氧化制备 Co_3O_4 的过程。

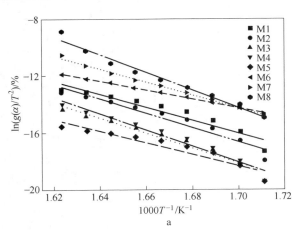

a

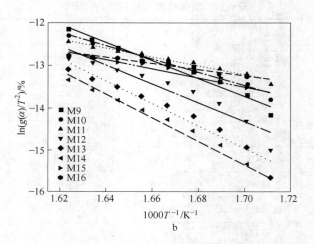

图 4-45 草酸钴氧化过程动力学线性拟合结果

a—M1~M8；b—M9~M16

表 4-15 氧化过程分析常用的动力学拟合模型

模 型	$g(\alpha)$	符号	$E_a/\text{kJ} \cdot \text{mol}^{-1}$	R^2
扩散模型				
抛物线定律	α^2	M1	374.78	0.90275
瓦伦西定律	$\alpha + (1 - \alpha)\ln(1 - \alpha)$	M2	417.31	0.92788
金斯林-布朗斯坦定律	$1 - 2\alpha/3 - (1 - \alpha)2/3$	M3	435.23	0.93731
詹德定律	$[1 - (1 - \alpha)^{1/3}]^2$	M4	471.86	0.95285
反詹德定律	$[(1 - \alpha)^{1/3} - 1]^2$	M5	337.79	0.88600
反应级数模型				
一阶	$-\ln(1 - \alpha)$	M6	263.34	0.96956
二阶	$(1 - \alpha)^{-1} - 1$	M7	373.58	0.98577
三阶	$[(1 - \alpha)^{-2} - 1]/2$	M8	510.79	0.96975
成核模型				
阿瓦拉米-埃罗费耶夫	$[-\ln(1 - \alpha)]^{2/3}$	M9	174.13	0.96914
阿瓦拉米-埃罗费耶夫	$[-\ln(1 - \alpha)]^{1/2}$	M10	129.53	0.96871
阿瓦拉米-埃罗费耶夫	$[-\ln(1 - \alpha)]^{1/3}$	M11	84.93	0.96782
几何收缩模型				
承包面积	$1 - (1 - \alpha)^{1/2}$	M12	185.25	0.90083
收缩量	$1 - (1 - \alpha)^{1/3}$	M13	220.38	0.94112

模型	$g(\alpha)$	符号	$E_a/kJ \cdot mol^{-1}$	R^2
幂函数模型				
$n = 1$	α	M14	233.79	0.95211
$n = 1/2$	$\alpha^{1/2}$	M15	90.49	0.89679
$n = 1/3$	$\alpha^{1/3}$	M16	58.90	0.89249

但需要指出，上述机理函数模型 $g(\alpha)$ 线性关系是在等温条件下分析推导获得，其仅可用于等温 TG 曲线，即同一 TG 中数据。同时，通过非等温下的积分变换同样可推导出线性关系，这称之为自由模型，即不同升温速率下的相互关系，结合相关文献，常用的非等温模型表达式列于表 4-16。

表 4-16 草酸钴氧化过程自由模型拟合及结果

方法	线 性 方 程	$E_a/kJ \cdot mol^{-1}$	R^2
Ozawa	$Z(\beta) = lg\beta = lg\left(\dfrac{AE_a}{Rg(\alpha)}\right) - 2.315 - 0.4567\dfrac{E_a}{RT}$	88.37	0.90398
KAS	$Z(\beta) = ln\left(\dfrac{\beta}{T^2}\right) = lg\left(\dfrac{AR}{E_a g(\alpha)}\right) - \dfrac{E_a}{RT}$	83.27	0.88117
Starink	$Z(\beta) = ln\left(\dfrac{\beta}{T^{1.92}}\right) = Const. - 1.0008\dfrac{E_a}{RT}$	83.59	0.88222

自由模型函数表达式既适用于等温数据，也可用于非等温数据，草酸钴氧化制备四氧化三钴的过程等温分析和非等温分析结果应保持一致，因此，对比等温分析中活化能与非等温分析中活化能的差别，便可推断出草酸钴氧化制备四氧化三钴的过程机理。基于上述分析，采用常用的自由模型对该氧化过程进行分析，选取不同升温速率下的吸热峰值处的温度值为取样点，结果见表 4-17。

表 4-17 草酸钴氧化过程的自由模型取样点

$B/\%$	$t/℃$	T/K	$1000/T$
5	276	549.15	1.820996
10	291.5	564.65	1.771009
20	307.5	580.65	1.722208
30	313.7	586.85	1.704013
40	341.3	614.45	1.627472

通过相应的 $Z(\beta)$ 对 $1000/T$ 进行线性拟合，结果见图 4-46，再利用拟合获得的斜率 k 值，通过 $E_a = Rk$ 计算，得到相应模型的表观活化能。

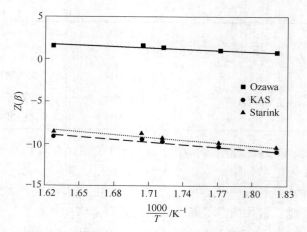

图 4-46 不同升温速率下的自由模型线性拟合结果

从图 4-46 和表 4-16 可以看出,常用的三种非等温模型线性拟合获得的活化能分别为 88.37kJ/mol,83.27kJ/mol,83.59kJ/mol,三者几乎相近。取三者平均值,并与上述机理函数模型 $g(\alpha)$ 线性拟合获得的活化能(见表 4-15)进行比对,发现模型 M11 $g(\alpha) = [-\ln(1-\alpha)]^{1/3}$ 具有的活化能为 84.93kJ/mol,与均值(85.07kJ/mol)最为相近,其他相差甚大,即该模型可以较好地表示草酸钴氧化制备四氧化三钴的过程,该模型 $g(\alpha) = [-\ln(1-\alpha)]^{1/3}$ 表明,草酸钴氧化制备四氧化三钴的过程主要是符合随机成核而后生长过程。

4.3.2.3 氧化制备 Co_3O_4 的因素影响规律

基于上述氧化过程分析,草酸钴氧化制备 Co_3O_4 过程符合随机成核而后生长过程,考察煅烧温度、时间、升温速率等因素对产物晶型及微观形貌的影响规律,以明确草酸钴的氧化形成机理。

煅烧温度对产物的结晶及微观形貌有较大影响,合理控制煅烧温度可获得结晶度高及颗粒粒径适中的产物,为此,在煅烧时间为 3h、升温速率为 5℃/min 条件下,考察煅烧温度(350℃、400℃、500℃)对产物的影响规律,结果如图 4-47 所示。

从图 4-47 中 XRD 分析可知,在煅烧温度为 350℃时,草酸钴已经氧化制得 Co_3O_4 产物,但其结晶度稍差,半峰宽较大。而在煅烧温度为 400℃时,Co_3O_4 产物的特征峰强度有所增大,变得尖锐,其结晶度变好,煅烧温度升高至 500℃时,Co_3O_4 产物的结晶度进一步提高,但并不明显。从 SEM 图分析可知,Co_3O_4 产物颗粒呈条柱状,分布杂乱,均一性稍差,该颗粒形态与草酸钴氧化制备 Co_3O_4 的形成过程有关,可根据模型 $g(\alpha) = [-\ln(1-\alpha)]^{1/3}$ 解释为:首先,草

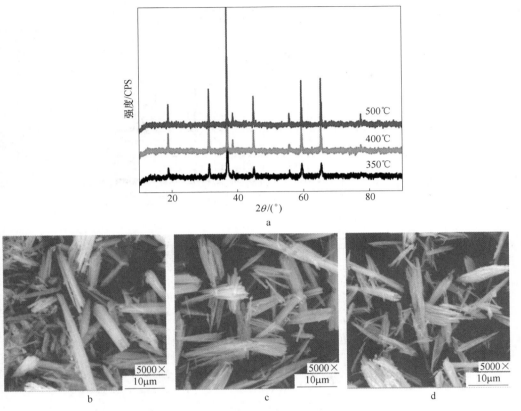

图 4-47 不同温度下氧化钴的 XRD 及形貌变化

a—氧化钴的 XRD；b—350℃；c—400℃；d—500℃

酸钴在氧的作用下发生破裂，并随机结晶成核，在此基础上后续再结晶 Co_3O_4 产生定向生长，形成条柱形态。随着煅烧温度的升高，Co_3O_4 颗粒直径减小，煅烧温度的提高可以加快 Co_3O_4 随机成核速率，而对定向生长影响较小，其直径有所减小。因此，煅烧温度选取 400℃ 以获得结晶度好、粒径适中的产物。

煅烧时间同样对产物的结晶及微观形貌有较大影响，合理控制煅烧时间可获得结晶度高及颗粒粒径适中的产物，为此，在煅烧温度为 400℃、升温速率为 5℃/min 条件下，考察煅烧时间（3h、6h、9h）对产物的影响规律，结果如图 4-48所示。

从图 4-48a 中 XRD 结果可知，在煅烧时间为 3h 时，草酸钴已经氧化制得结晶度较高的 Co_3O_4 产物，煅烧时间延长至 9h 时，Co_3O_4 产物结晶度提高并不明显。从 SEM 结果可知，Co_3O_4 产物颗粒仍为条柱状，均一性稍差。随着煅烧时间的延长，Co_3O_4 颗粒直径略微加粗，且表面粗糙程度略微加大，更加蓬松，可

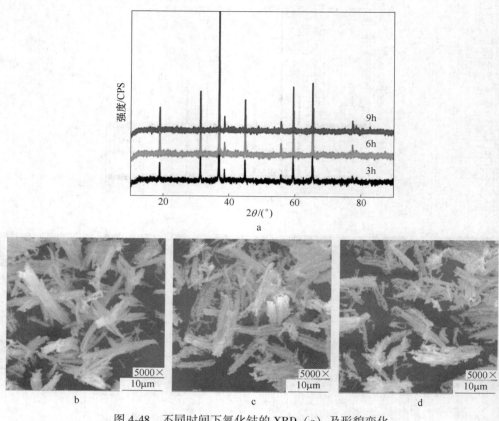

图 4-48　不同时间下氧化钴的 XRD（a）及形貌变化

a—氧化钴的 XRD；b—3h；c，d—6h

见，煅烧时间的延长有利于氧化产物 Co_3O_4 生长过程，而对随机成核步骤影响较小。为获得粒径适中的产物，煅烧时间选取 3h 为宜。

升温速率也会影响产物结晶及微观形貌，合理控制升温速率可获得结晶度高及颗粒粒径适中的产物，为此，在煅烧温度为 400℃、煅烧时间为 3h 条件下，考察升温速率（3℃/min、5℃/min、10℃/min）对产物的影响规律，结果如图 4-49 所示。

从图 4-49a 中 XRD 结果可知，随着升温速率的减小，草酸钴氧化分解制得 Co_3O_4 产物的结晶度变好，半峰宽变小，特征峰更加尖锐。结合 SEM 结果可知，在较低升温速率下，获得的 Co_3O_4 产物颗粒细小，数量多；在较高升温速率下，获得的 Co_3O_4 产物颗粒直径加粗，长度更大，数量减少，这表明，较慢的升温速率更利于产物的随机成核步骤，生成产物数量较多，而较快的升温有利于产物 Co_3O_4 晶体的继续生长，因此得到产物颗粒较大。所以，升温速率选取 3℃/min 为宜，以获得结晶度稍好的 Co_3O_4 产物。

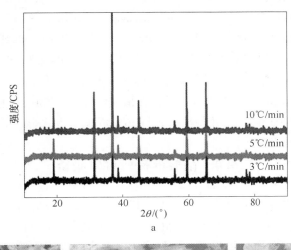

图 4-49 不同升温速率下氧化钴的 XRD 及形貌变化

a—氧化钴的 XRD；b—3℃/min；c—5℃/min；d—10℃/min

基于上述的因素影响实验分析，确定较优条件为煅烧温度 400℃，煅烧时间 3h，升温速率 3℃/min，在此条件下可制得结晶较完善、颗粒呈条柱状的产品，对其进行元素分析（见表 4-18），其纯度可达 99%，纯度较高。

表 4-18 氧化产物 Co_3O_4 中金属元素分析

元 素	Co	Li	Fe	Cu	Al
含量/%	72.68	<0.01	<0.01	<0.01	<0.01

4.3.3 小结

本节中钴离子草酸盐沉淀回收机理研究表明，以葡萄糖和苹果酸体系浸取的浸出液作为原料，选取草酸盐作沉淀剂，在稍低 pH 值可得到结晶完整、结构蓬松的类球形草酸钴沉淀，沉淀反应过程为二级反应，其表观活化能为 19.68kJ/mol，属于扩散控制，在 pH=2，沉淀时间为 40min，温度为 55℃，草酸盐与钴离子摩尔比为 1.15 条件下，钴的沉淀率达 98%。草酸钴氧化制备 Co_3O_4 机理研究表明，采用草酸钴在空气氛围中氧化制备 Co_3O_4 前驱体，氧化反应温度为 294~349℃，氧化过程符合 $g(\alpha) = [-\ln(1-\alpha)]^{1/3}$ 模型，属于随机成核而后生长过程，氧化产物 Co_3O_4 的条柱状形貌与该模型机理相符，在煅烧温度为 400℃，煅烧时间为 3h，升温速率为 3℃/min 的条件下，制得的 Co_3O_4 结晶完好、呈条状，纯度可达 99%。

4.4　钴酸锂材料再生制备

钴酸锂材料作为较早商品化的锂电正极材料，以其较优的可逆性、放电比容量及稳定性，已在小型移动电子设备电池市场中占据主流地位，因此，探究回收材料制备再生钴酸锂具有重要意义。为此，本节主要以回收的 Co_3O_4 产品为前驱体，考察钴酸锂材料再生过程因素影响的规律，及较优条件下再生钴酸锂材料的基本性能，为废旧钴酸锂材料回收研究及应用提供参考。

4.4.1　高温合成过程

高温固相法是钴酸锂材料合成的成熟路线，其中，四氧化三钴与钴酸锂具有相似的氧原子排列情况，均属于面心立方密堆积型，利于固相反应合成，碳酸锂不含结晶水，易于控制固相锂源添加量，为此，本书利用回收的产品四氧化三钴作为前驱体，通过高温固相法实现钴酸锂材料的再生。采用 TG/DSC 测试对回收产品氧化钴和碳酸锂的混合物料的高温过程进行分析，测试氛围为空气氛围，升温区间为 35~1000℃，结果如图 4-50 所示。

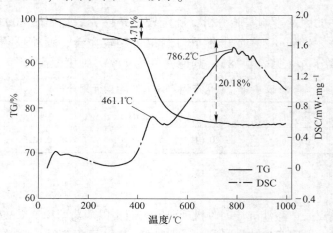

图 4-50　钴酸锂再生过程的 TG/DSC 分析

从图 4-50 可知，四氧化三钴与碳酸锂混合物的反应机理大致可以分为两阶段，第一阶段，由室温 35℃升至 400℃区间，体系失重约为 4.71%，此阶段主要为混合物料中吸附水的挥发。第二阶段，温度区间为 400℃升至 800℃，体系失重明显约为 20.18%，此时，主要是碳酸锂的分解并释放 CO_2，分解产生的 Li_2O 渗入四氧化三钴产物中完成晶格重组。

$$Li_2CO_3 = Li_2O + CO_2 \uparrow \tag{4-116}$$

$$Li_2O + 2/3Co_3O_4 + 1/6O_2 = 2LiCoO_2 \tag{4-117}$$

$$Li_2CO_3 + 2/3Co_3O_4 + 1/6O_2 = 2LiCoO_2 + CO_2 \tag{4-118}$$

温度高于 800℃，体系失重不明显，此时，主要是再生钴酸锂材料的晶格完善过程。但过高温度下钴酸锂材料的稳定性变差，易发生分解。综上，钴酸锂材料再生的可选温度范围为 800~1000℃。

4.4.2 再生合成影响因素及作用规律

基于上述热重分析，钴酸锂材料的再生具有可行性，高温固相合成过程主要影响因素有烧结温度、配锂量、烧结时间，为此，本节将考察各因素对钴酸锂材料性能的影响情况。

4.4.2.1 烧结温度对钴酸锂材料的影响

适宜的烧结温度对钴酸锂材料的再生合成至关重要，其不仅影响材料合成过程中离子重组及迁移，同时也会影响晶体成核及生长，为此，在烧结时间为 20h，配锂量为 1.05 条件下，考察烧结温度为 800℃、850℃、900℃、950℃时对再生钴酸锂材料性能的影响。

不同烧结温度下再生的钴酸锂材料的 XRD 结果如图 4-51 所示。

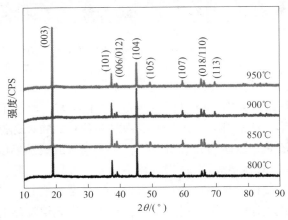

图 4-51 不同烧结温度下再生钴酸锂材料的 XRD 分析

从图 4-51 可知，再生的钴酸锂材料的衍射峰明显，无杂峰，为典型 H 型 LiCoO$_2$ 晶型，具有 α-NaFeO$_2$ 岩盐 2D 层状结构，属六方晶系，空间群为 $R-3m$。同时，（006）/（012）和（018）/（110）峰分裂明显，呈现良好的结晶度，为层状结构的典型特征，且随着烧结温度的升高，（006）/（012）分峰越来越明显，可见，随着烧结温度的提升，钴酸锂晶体生长逐渐完善，这更有利于锂离子的脱嵌。

而后，对比不同烧结温度下钴酸锂材料的 SEM 图，结果如图 4-52 所示。

图 4-52　不同烧结温度下再生钴酸锂的形貌
a—800℃；b—850℃；c—900℃；d—950℃

从图 4-52 可知，再生钴酸锂材料颗粒尺寸不均匀，形状不规则，且伴随轻微团聚。随着烧结温度的升高，再生钴酸锂材料颗粒的粒径逐渐增大，并且颗粒边缘更加清晰，团聚现象减弱，分析原因在于：稍低的烧结温度不利于晶体的生长过程，再生钴酸锂材料颗粒粒径相对较小，团聚严重。而随着烧结温度的提高将有利于晶体生长过程，晶粒尺寸有所增大，结晶度也变好，且颗粒表面的毛刺减少，晶体层状化明显，结晶优良。因此，适当提高烧结温度有利于获得结晶度更佳的钴酸锂材料。

最后，对比不同烧结温度下再生钴酸锂材料的循环性能，循环测试选择电压范围为 2.8~4.2V，温度为 25℃，电流为 0.2C，结果如图 4-53 所示。

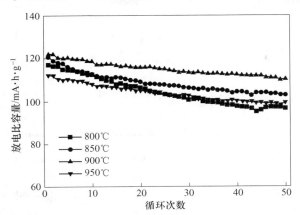

图 4-53 不同烧结温度下再生钴酸锂材料的循环测试

从图 4-53 可知，在烧结温度为 900℃下，再生的钴酸锂材料具有较高的首次放电容量和较优的循环稳定性，而在烧结温度为 950℃时，再生的钴酸锂材料循环稳定性同样较优，但其首次放电容量稍低。这可能是较高的烧结温度易造成锂的损失，以致钴酸锂材料中存在锂空位，从而降低其首次放电比容量。同样，在稍低的烧结温度 800℃时，再生的钴酸锂材料晶体结构变差，导致材料的放电比容量衰减较快。综上，钴酸锂材料的再生过程的烧结温度选择 900℃为宜。

4.4.2.2 配锂量对钴酸锂材料的影响

烧结过程中锂的损失对材料的性能有重要影响，为此，在烧结温度为 900℃，烧结时间为 20h 条件下，考察配锂量（锂、钴摩尔比）为 1.03，1.05，1.07 时对再生钴酸锂材料性能的影响，结果分析如下。

不同配锂量下再生的钴酸锂材料的 XRD 分析结果如图 4-54 所示。

从图 4-54 可知，不同配锂量下再生的钴酸锂材料的衍射峰明显，且尖锐，无杂峰，为典型的 α-NaFeO$_2$ 层状结构，空间群为 $R\bar{3}m$，（006）/（012）和（018）/（110）峰分裂明显，材料结晶良好，层状结构明显。随着锂用量的增加，（006）/（012）峰强度呈现增加的趋势，钴酸锂材料晶体逐渐完善。

而后，对比不同配锂量下再生钴酸锂材料的 SEM 图，结果如图 4-55 所示。

从图 4-55 可知，再生的钴酸锂材料仍呈现大小不均，形状不规则状态，但团聚现象明显降低。随着配锂量的增大，颗粒尺寸变化不大，颗粒边界变得清晰，在配锂量为 1.07 时，颗粒粒径稍微变大，结块严重。这可能是由于配锂量

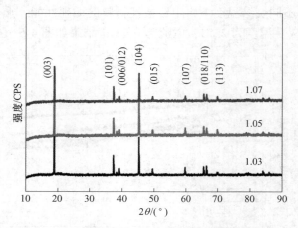

图 4-54 不同配锂量下再生钴酸锂材料的 XRD 分析

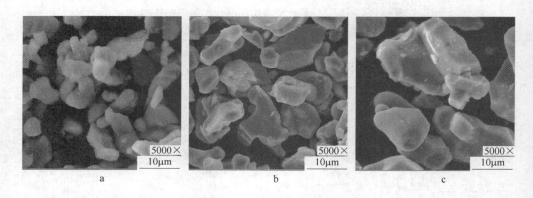

图 4-55 不同配锂量再生钴酸锂材料的形貌
a—1.03；b—1.05；c—1.07

的增加有利于晶粒的生长，使得钴酸锂晶体粒径增大。

最后，考察不同配锂量对再生钴酸锂材料循环性能的影响，循环测试选择电压范围为 2.8~4.2V，温度为 25℃，电流为 0.2C，结果如图 4-56 所示。

从图 4-56 可知，配锂量的提高对再生钴酸锂材料的放电比容量有一定影响，随着配锂量由 1.03 增至 1.05，再生钴酸锂材料的首次放电比容量呈现逐渐增加的趋势，这主要是由于配锂量的增加在一定程度上避免高温烧结过程中锂的损失，这有利于提升再生钴酸锂材料的晶体含锂量，配锂量充足有利于其电化学性能的提升，而当配锂量过高时，再生钴酸锂材料的首次放电比容量有所提升，但其循环保持率却降低较快，原因可能在于锂的过度过量使少部分锂离子以表面锂盐的形式留存于晶界缝隙或非活性的四面体空位中，以致其循环稳定性变差，综

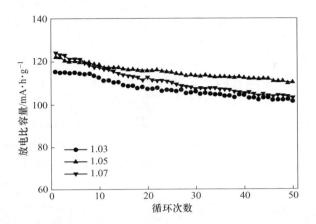

图 4-56 不同配锂量下再生钴酸锂材料的循环测试

上，为钴酸锂材料的再生选取配锂量 1.05 为宜。

4.4.2.3 烧结时间对钴酸锂材料的影响

烧结时间同样对钴酸锂材料晶体的生长及其电化学循环性能有重要影响，为此，在烧结温度为 900℃，配锂量为 1.05 的条件下，考察烧结时间为 15h、20h、25h 时对再生钴酸锂材料性能的影响，结果分析如下。

考察不同烧结时间下再生钴酸锂材料的 XRD，结果如图 4-57 所示。

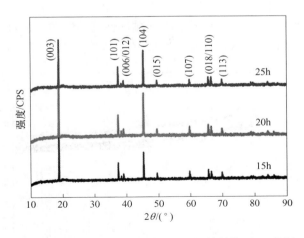

图 4-57 不同烧结时间下再生钴酸锂材料的 XRD 分析

从图 4-57 可知，不同烧结时间下再生的钴酸锂材料属于典型的 α-NaFeO₂ 层状结构，空间群为 $R-3m$。其衍射峰明显尖锐，无杂峰，且（006）/（012）和（018）/（110）峰分裂明显，材料结晶良好，层状结构明显。同时，较短的烧结时间（15h）时，获得钴酸锂材料的（104）峰强度稍低，其结晶度稍差，而在烧结时间为20h时，钴酸锂的结晶度最佳。

而后，对比不同烧结时间下钴酸锂材料的 SEM 图，结果如图 4-58 所示。从图 4-58 可知，再生的钴酸锂材料仍呈现形状不规则，颗粒大小不均，但团聚现象明显降低。随着烧结时间的增大，颗粒尺寸呈现逐渐变大的趋势，颗粒边界变得清晰，在烧结时间为 25h 时，钴酸锂颗粒表面出现凹坑，颗粒圆形度降低，这可能是由于烧结时间过长导致锂损失的加重，进而造成颗粒表面的改变。

图 4-58   不同烧结时间下再生钴酸锂材料的形貌
a—15h；b—20h；c—25h

考察不同烧结时间对再生钴酸锂材料循环性能的影响，循环测试选择电压范围为 2.8~4.2V，温度为 25℃，电流为 0.2C，结果如图 4-59 所示。

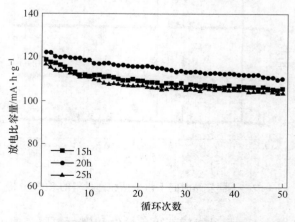

图 4-59   不同烧结时间下再生钴酸锂材料的循环测试

从图 4-59 可知，烧结时间的增加对再生钴酸锂材料的放电比容量有一定影响，随着烧结时间由 15h 增至 20h，再生钴酸锂材料的放电比容量呈现增加的趋势，这主要是较短的烧结时间制得钴酸锂材料的结晶度稍差，以致其放电比容量的降低；而过长烧结时间则会引起再生钴酸锂材料的首次放电比容量降低，分析其原因在于：过长的烧结时间导致烧结过程锂损失的加剧，其结晶度同样变差，同时，其颗粒粒径变大也不利于锂的脱嵌，进而使得循环性能变差。综上，为钴酸锂材料的再生选取烧结时间 20h 为宜。

4.4.3 较优条件下再生钴酸锂材料的性能

基于上述因素影响实验的分析，在烧结温度为 900℃，烧结时间为 20h，配锂量为 1.05 较优条件下，制备出再生钴酸锂材料，其 XRD 如图 4-60 所示，该钴酸锂材料结晶度好，特征峰明显且尖锐，无杂峰，颗粒粒径约为 10μm，EDS 表明再生制备材料仅含有 Co、O，无其他元素，并采用全消解 AAS 检测元素含量，结果显示其中 Co、Li 含量分别为 7.02%、60.20%。综上，再生的材料为 $LiCoO_2$。

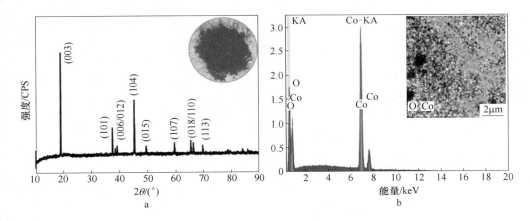

图 4-60 较优条件下再生钴酸锂材料的 XRD、EDS

a—XRD；b—EDS

较优条件下对再生制备钴酸锂材料进行充放电循环测试，结果如图 4-61 所示，可知该材料 0.2C 倍率首次充电比容量和放电比容量分别达到 124.9mA·h/g 和 119.1mA·h/g，从 1st 到 50th 充放电测试，结果表明，其充电平台逐渐提升，放电平台逐渐降低，再生钴酸锂材料经 50 圈循环后，放电比容量仍有 105.3mA·h/g，容量保持率为 88%，其循环稳定性良好。与先前文献报道相比（见表 4-19），该材料循环性能稍差。

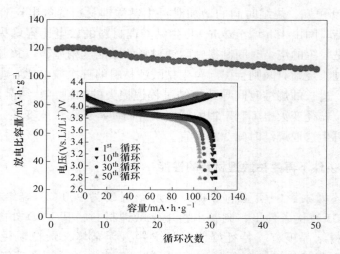

图 4-61　较优条件下再生钴酸锂材料的循环测试

表 4-19　再生钴酸锂材料循环性能比较

序　号	再生阴极	放电电流	放电容量（1st）	放电容量循环次数
1	LiCoO₂	—	120~130mA · h/g	—
2	LiCoO₂	0.2C	119.1mA · h/g	105.3mA · h/g（50th）
3	LiCoO₂	0.2C	133mA · h/g	125mA · h/g（20th）
4	LiCoO₂	0.1C	150.3mA · h/g	140.1mA · h/g（20th）

　　而后，考察再生钴酸锂材料的倍率性能，在 0.2C、0.5C、1C、2C、3C 和 0.2C 的倍率下进行放电测试，结果如图 4-62 所示。

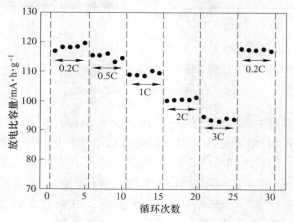

图 4-62　再生钴酸锂材料的倍率性能

从图4-62可知，随着放电倍率的不断增大，再生材料的放电比容量呈下降趋势，当放电倍率为0.2C、0.5C、1C、2C、3C和0.2C时，再生钴酸锂材料的首次放电比容量分别为119.7mA·h/g、115.6mA·h/g、108.9mA·h/g、100.1mA·h/g、94.7mA·h/g和117.7mA·h/g，其倍率性能较佳。

最后为获得该材料更高的放电比容量，并拓展再生钴酸锂材料的应用前景，探索高截至电压下的循环性能，结果如图4-63所示。

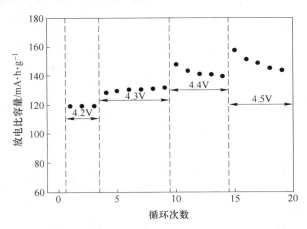

图4-63　再生钴酸锂材料的高截至电压下的循环性能

从图4-63可知，在截至电压为4.5V下，再生钴酸锂材料的首次放电比容量可以达到157.8mA·h/g，但其循环稳定性急剧下降，这可能是由高截至电压下钴酸锂材料极易快速生成SEI膜和电解液的剧烈分解等原因造成的，为此，后续可以开展高电压下再生钴酸锂材料电化学性能的强化研究。

4.4.4　小结

本节中TG/DSC分析表明，以Co_3O_4为前驱体再生钴酸锂材料的工艺可选温度区间为800~1000℃。因素影响研究表明，以Co_3O_4作前驱体，在烧结温度为900℃，烧结时间为20h，配锂量为1.05条件下，再生制备出的钴酸锂材料结晶度较高，0.2C倍率下首次放电比容量为119.1mA·h/g，循环50圈后容量保持率为88%，电化学性能良好。

参 考 文 献

[1] Meng Q, Zhang Y, Dong P. Use of electrochemical cathode-reduction method for leaching of cobalt from spent lithium-ion batteries [J]. J. Clean. Prod., 2018, 180: 64~70.

[2] Zhang Y, Meng Q, Dong P, et al. Use of grape seed as reductant for leaching of cobalt from

spent lithium-ion batteries [J]. J. Ind. Eng. Chem., 2018, 66: 86~93.

[3] Meng Q, Zhang Y, Dong P. Use of glucose as reductant to recover Co from spent lithium ions batteries [J]. Waste Manag., 2017, 64: 214~218.

[4] Meng Q, Zhang Y, Dong P. A combined process for cobalt recovering and cathode material regeneration from spent $LiCoO_2$ batteries: Process optimization and kinetics aspects [J]. Waste Manag., 2018, 71: 372~380.

[5] Zhou S, Zhang Y, Meng Q, et al. Recycling of spent $LiCoO_2$ material by electrolytic leaching of cathode electrode plate [J]. J. Environ. Chem. Eng., 2020, 9: 104789.

附　　　录

附录1　废旧锂离子电池回收利用相关政策

（1）2015年，财政部等四部委联合下发《关于2016～2020年新能源汽车推广应用财政支持政策的通知》指出，汽车生产企业及动力电池生产企业应承担动力电池回收利用的主体责任，负责动力电池的回收。

（2）2016年12月，工信部发布《新能源汽车动力蓄电池回收利用管理暂行办法》，明确汽车生产企业承担动力蓄电池回收利用主体责任。

（3）2017年2月，工信部等四部委联合印发《促进汽车动力电池产业发展行动方案》提出，加强动力电池产品回收利用标准的制修订工作，加大支持回收利用领域，逐步建立完善动力电池回收利用管理体系。

（4）2017年4月，工信部等三部委发布《汽车产业中长期发展规划》，提出落实生产者责任延伸制度，制定动力电池回收利用管理办法，推进动力电池梯级利用实施。

（5）2018年3月，工信部等七部委联合发布《关于组织开展新能源汽车动力蓄电池回收利用试点工作的通知》，要求构建回收利用体系，探索多样化商业模式，鼓励产业链上下游企业进行有效的信息沟通和密切合作，以满足市场需求和资源利用价值最大化为目标，建立稳定的商业运营模式，推动形成动力蓄电池梯次利用规模化市场。

（6）2019年12月，工信部联合发布《新能源汽车废旧动力蓄电池综合利用行业规范公告管理暂行办法》，明确新能源汽车废旧动力蓄电池梯次利用和再生利用过程，细化和区分相关企业从事梯次利用和再生利用应满足的不同要求，强化企业在溯源管理及回收体系建设等方面能力。

附录2　废旧锂离子电池回收利用相关标准

附表　废旧锂离子电池回收利用相关标准汇总表（截至2019年5月）

级　别	发布日期	实施日期	标准号	名　称
国家标准计划	2017-10-11	（批准、未实施）	GB/T 37281—2019	《废铅酸蓄电池回收技术规范》

续附表

级　别	发布日期	实施日期	标准号	名　称
国家标准 计划	2017-07-12	2018-02-01	GB/T 34015—2017	《车用动力电池回收利用 余能检测》
国家标准 计划	2017-05-12	2017-12-01	GB/T 33598—2017	《车用动力电池回收利用 拆解规范》
国家标准 计划	2016-10-13	2017-05-01 （发布）	GB/T 33059—2016	《锂离子电池材料废弃物 回收利用的处理方法》
国家标准 计划	2016-10-13	2017-05-01	GB/T 33062—2016	《镍氢电池材料废弃物 回收利用的处理方法》
国家标准 计划	2015-08-17	下达正起草、 未实施	计划号 20150677-T-339	《车用动力电池回收利用 材料回收要求》
国家标准 计划	2015-08-17	下达起草未 实施	计划号 20150670-T-339	《车用动力电池回收 利用拆卸要求》
国家标准 计划	2015-08-17	下达起草未 实施	计划号 20150678-T-339	《车用动力电池回收利用 包装运输规范》
国家标准 计划	2008-10-07	2009-04-01	GB/T 22425—2008	《通信用锂离子电池的 回收处理要求》
国家标准 计划	2008-10-07	2009-04-01	GB/T 22424—2008	《通信用铅酸蓄电池的 回收处理要求》
行业标准- YS 有色	2017-11-07	2018-04-01	YS/T 1174—2017	《废旧电池破碎分选 回收技术规范》
行业标准- YS 有色	2017-11-07	2018-04-01	YS/T 1175—2017	《废旧铅酸蓄电池自动分 选金属技术规范》
行业标准-WB 物管	2016-10-24	2017-01-01	WB/T 1061—2016	《废蓄电池回收管理规范》
行业标准- HG 化工	2016-07-11	2017-01-01	HG/T 5019—2016	《废电池中镍、钴 回收方法》
地方标准- 上海	2017-06-23	2017-10-01	DB31/T 1053—2017	《电动汽车动力蓄 电池回收利用规范》
地方标准- 广东	2014-12-02	2015-03-02	DB44/T 1477—2014	《电动汽车用金属氢化 物镍蓄电池 回收利用规范》
地方标准- 广东	2014-08-14	2014-11-14	DB44/T 1371—2014	《电动汽车用动力蓄电池 回收利用技术条件》
地方标准- 广东	2014-08-14	2014-11-14	DB44/T 1369—2014	《废旧电池回收处理场地 要求》

续附表

级　别	发布日期	实施日期	标准号	名　称
地方标准-广东	2013-05-08	2013-08-15	DB44/T 1135—2013	《废旧小型二次电池回收处置要求》
地方标准-广东	2013-09-16	2013-12-16	DB44/T 1203—2013	《电动汽车用锂离子动力电池回收利用规范》